高职高专规划教材

食品质量管理

（第二版）

曹　斌　主编

中国环境出版集团·北京

图书在版编目（CIP）数据

食品质量管理/曹斌主编. —2 版. —北京：中国环境出版集
团，2012.2（2019.8 重印）
ISBN 978-7-5111-0897-5

Ⅰ．①食… Ⅱ．①曹… Ⅲ．①食品—质量管理—高等
职业教育—教材 Ⅳ．①TS207.7

中国版本图书馆 CTP 数据核字（2012）第 018632 号

出 版 人	武德凯
责任编辑	孟亚莉
责任校对	任 丽
封面设计	玄石至上

出版发行 中国环境出版集团
　　　　（100062　北京市东城区广渠门内大街 16 号）
　　　　网　　址：http://www.cesp.com.cn
　　　　电子邮箱：bjgl@cesp.com.cn
　　　　联系电话：010-67112765（编辑管理部）
　　　　发行热线：010-67125803，010-67113405（传真）

印　　刷	北京中科印刷有限公司
经　　销	各地新华书店
版　　次	2006 年 8 月第一版　2012 年 2 月第二版
印　　次	2019 年 8 月第 9 次印刷
开　　本	787×960　1/16
印　　张	19.5
字　　数	400 千字
定　　价	28.00 元

中国环境出版集团郑重承诺：
中国环境出版集团合作的印刷单位、材料单位均具有中国环境标志产品认证；
中国环境出版集团所有图书"禁塑"。

本书编写人员

主　编　曹　斌　（江苏农牧科技职业学院）

参　编　张　伟　（江苏农牧科技职业学院）

　　　　覃海元　（广西农业职业技术学院）

　　　　刘　崑　（辽宁医学院食品科学与工程学院）

审　稿　贡汉坤　（江苏食品药品职业技术学院）

高职高专规划教材

编 写 委 员 会

审 读 委 员 会

前　言

　　本教材是在《食品质量管理》第一版的基础上进行修订的。随着《中华人民共和国食品安全法》以及新版国际食品安全管理体系的颁布实施，我国现行的食品法规和标准均已逐步修订，有必要对原教材进行内容更新和章节调整。根据食品质量与管理工作的理论体系和实际要求，结合国家现行有关法规和标准，参考以往教学、科研、生产中的有益成果及相关学科新成果编写而成。

　　本教材的编写，从农业高职高专的特色出发，以适应社会需要为宗旨，以阐明基本理论、强化应用为重点，在保持教材内容科学性和系统性的基础上，突出实践性、应用性。

　　本教材共分十章，第一章、第五章、第十章由江苏农牧科技职业学院曹斌编写；第二章、第六章、第七章由江苏农牧科技职业学院张伟编写；第三章、第四章由辽宁医学院食品科学与工程学院刘崑编写；第八章、第九章由广西农业职业技术学院覃海元编写。

　　在编写本书的过程中，得到中国环境出版社的大力支持，江苏食品药品职业技术学院贡汉坤教授审阅了全部书稿，提出了不少宝贵意见，在此一并致以衷心感谢！

　　由于水平有限，时间仓促，书中缺点和不足在所难免，恳请广大师生、读者、专家批评指正，以便今后进一步修订。

编　者

2014 年 1 月

第一版前言

  本教材是根据教育部《关于加强高职高专人才培养工作的意见》和《关于加强高职高专教育教材建设的若干意见》及中国环境科学出版社组织召开的"21世纪高职高专规划教材"会议精神，根据食品质量与管理工作的理论体系和实际要求，结合国家现行有关法规和标准，参考以往教学、科研、生产中的有益成果及相关学科新成果编写而成。

  本教材的编写从农业高职高专的特色出发，以适应社会需要为宗旨，以阐明基本理论、强化应用为重点，在保持教材内容科学性和系统性的基础上，突出实践性、应用性。

  本教材共分九章，第一章、第六章由江苏畜牧兽医职业技术学院曹斌编写；第二章、第九章由广西农业职业技术学院覃海元编写；第四章、第五章由锦州医学院畜牧兽医学院刘崑编写；第三章、第七章、第八章由江苏畜牧兽医职业技术学院张伟编写。

  在编写本书的过程中，得到中国环境科学出版社的大力支持，江苏食品职业技术学院贡汉坤教授主审此书，提出了不少宝贵意见，在此一并致以衷心感谢！

  由于水平有限、时间仓促，书中缺点和不足在所难免，恳请广大师生、读者、专家批评指正，以便今后进一步修订。

编　者

2006 年 5 月

目　录

第一章　绪　论

【知识目标】
- 熟悉质量管理的发展阶段
- 了解食品质量管理的基本概念
- 掌握食品质量管理的主要研究内容

食品工业是人类的生命产业，是个古老而又永恒不衰的产业。从 2004 年到 2010 年，中国食品工业总产值从 1.6 万亿元增加到 6.0 万亿元，翻了三番多。2010 年，中国农产品加工业总产值达到 7 万亿元，与农业总产值之比超过 1.5：1。我国以食品加工为主体的农产品加工产业体系初步形成，农产品加工业已成为国民经济的支柱产业。发展食品工业是我国经济发展的一大战略。目前我国食品工业总体发展水平还比较低，农产品加工率不高，产品结构不合理，生产技术水平有待于进一步提高，此外，我国还应建立健全食品工业质量安全监督检测体系，确保食品安全。

质量管理是生产力发展到一定水平的产物，质量管理水平和受重视程度也随着经济和社会发展而提高。发达国家的质量管理水平较高；一个国家内经济发达地区的质量管理水平较高；同一地区内实力雄厚有竞争力企业的质量管理水平较高。因此质量管理水平是国家、地区、企业发展水平的反映和标志。

从 21 世纪开始，我国已进入全面建设小康社会的发展阶段。国民经济的快速发展，经济结构的战略调整，都离不开经济增长质量和效益的提高，离不开国民经济整体素质的提高，离不开工业、农业、服务业产品质量的提高。农业和农村经济结构的调整必须按市场需求生产优质的农产品，因此，农业的产业和现代化也离不开食品质量管理。

食品质量管理与食品的国际贸易关系极大。加强食品质量管理有助于企业按国际通用标准生产出高质量的产品。海关等部门依照我国的法规对进口食品质量和安全进行严格管理，对保护我国人民的健康是必不可少的。在进入 WTO 以后，我国的对外贸易经常面对进口对象国的贸易技术壁垒。我们一方面要加强食品质量管理，提高出口食品的质量，促进食品出口；另一方面也要提高我们的检测检验水平，为推动食品的出口提供有力的质量保证。

总之，食品质量管理与国民经济和人民生活关系极大，必须引起政府、企业、全社会的关注和重视，共同努力，确保我国的食品安全和高品质。

一、质量管理

1. 质量管理的基本概念

质量管理是"在质量方面指挥和控制组织的协调的活动"。通常包括制定质量方针、质量目标、质量策划、质量控制、质量保证和质量改进。

质量方针是"一个组织的最高管理者正式发布的该组织总的质量宗旨和方向"。质量方针是组织总方针的组成部分，应与组织的总方针相一致。质量方针是一种精神，是企业文化的一个组成部分。企业的最高管理者应确定质量方针并形成文件。质量方针的基本要求应包括供方的组织目标和顾客的期望和需求，也是供方质量行为的准则。

质量目标是"组织在质量方面所追求的目的"。最高管理者应确保在组织的相关职能和层次上建立质量目标，并与质量方针保持一致。组织可以在调查、分析自身管理现状和产品现状的基础上，与行业内的先进组织相比较，制定出先进、经过努力在近期可以实现的质量目标。质量目标应当量化，尤其是产品目标要结合产品质量特性加以指标化，达到便于操作、比较、检查和不断改进的目的。

质量策划是"质量管理的一部分，致力于制定质量目标并规定必要的运行过程和相关资源以实现质量目标"。根据管理的范围和对象不同，组织内存在多方面的质量策划，例如质量管理体系策划、质量改进策划、产品实现策划及设计开发策划等。在通常情况下，组织将质量管理体系策划的结果形成质量管理体系文件，对于特定的产品，项目策划的结果所形成的文件称为质量计划。

质量控制是"质量管理的一部分，致力于满足质量要求"。质量控制是通过采取一系列作业技术和活动对各个过程实施控制，包括对质量方针和目标控制、文件和记录控制、设计和开发控制、采购控制、生产和服务运作控制、监测设备控制、不合格品控制等。质量控制是为了使产品、体系或过程达到规定的质量要求，是预防不合格发生的重要手段和措施。因此，组织要对影响产品、体系或过程质量的因素加以识别和分析，找出主导因素，实施因素控制，才能取得预期效果。

质量保证是"质量管理的一部分，致力于提供质量要求会得到满足的信任"。质量保证是组织为了提供足够的信任表明体系、过程或产品能够满足质量要求，而在质量管理体系中实施并根据需要进行证实的全部有计划和有系统的活动。质量保证定义的关键词是"信任"，对能达到预期的质量提供足够的信任。这种信任是在订货前建立起来的，如果顾客对供方没有这种信任则不会与之订货。质量保证不是买到不合格产品以后的包修、包换、包退。信任的依据是质量管理体系的建立和运行。因为这样的质量管理体系将所有影响质量的因素，包括技术、管理和人员方面的，都采取了有效的方法进行控制，因而质量管理体系具有持续稳定的满足规定质量要求的能力。

质量改进是"质量管理的一部分，致力于增强满足质量要求的能力"。作为质量管理的一部分，质量改进的目的在于增强组织满足质量要求的能力。由于要求可以是任何方面的，因此，质量改进的对象也可能会涉及组织的质量管理体系、过程和产品，可能会涉及组织的方方面面。同时，由于各方面的要求不同，为确保有效性、效率或可追溯性，组织应注意识别需改进的项目和关键质量要求，考虑改进所需的过程，以增强组织体系或过程实现产品并使其满足要求的能力。

2. 质量管理的发展

（1）质量检验阶段。第二次世界大战以前，主要通过百分之百检验的方式来控制和保证产品的质量。此阶段经历了操作工人检验、工长检验和专职检验员检验 3 个阶段。

（2）统计质量控制（SQC）阶段。这一阶段从第二次世界大战以后至 20 世纪 50 年代，其特征是数理统计方法与质量管理的结合。主要包括统计过程控制和统计抽样检验。

（3）全面质量管理（TQM）阶段。20 世纪 60 年代至今。全面质量管理具有"三全一多"的特点，即全面的质量概念、全过程的质量管理、全员的质量管理和多方法的质量管理。

质量管理各阶段特点见表 1-1。

表 1-1　质量管理各阶段特点

质量检验阶段	统计质量控制（SQC）阶段	全面质量管理（TQM）阶段
事后把关， 百分之百检验	统计过程控制：预防缺陷，控制过程质量 统计抽样检验：根据概率统计确定抽样方案	全面的质量概念 全过程的质量管理 全员的质量管理 多方法的质量管理

二、食品质量管理

食品质量管理是质量管理的理论、技术和方法在食品加工和贮藏工程中的应用。食品是一种与人类健康有着密切关系的特殊有形产品，它既符合一般有形产品质量特性和质量管理的特征，又具有其特殊性和重要性。因此，食品质量管理也有一定的特殊性。

1. 食品质量管理以食品安全为核心

食品安全是个综合概念。首先，食品安全包括食品卫生、食品质量、食品营养等相关方面的内容和食品（食物）种植、养殖、加工、包装、贮藏、运输、销售、消费等环节。而作为从属概念的食品卫生、食品质量、食品营养等，均无法涵盖上述全部内容和全部环节。食品卫生、食品质量、食品营养等在内涵和外延上存在许多交叉，由此造成食品安全的重复监管。

其次，食品安全是个社会概念。与卫生学、营养学、质量学等学科概念不同，食品安全是个社会治理概念。不同国家以及不同时期，食品安全所面临的突出问题和治理要求有所不同。在发达国家，食品安全所关注的主要是因科学技术发展所引发的问题，如转基因食品对人类健康的影响；而在发展中国家，食品安全所侧重的则是市场经济发育不成熟所引发的问题，如假冒伪劣、有毒有害食品的非法生产经营。我国的食品安全问题则包括上述全部内容。

再次，食品安全是个政治概念。无论是发达国家，还是发展中国家，食品安全都是企业和政府对社会最基本的责任和必须做出的承诺。食品安全与生存权紧密相连，具有唯一性和强制性，通常属于政府保障或者政府强制的范畴。近年来，国际社会逐步以食品安全的概念替代食品卫生、食品质量的概念，更加凸显了食品安全的政治责任。

最后，食品安全是个法律概念。自 20 世纪 80 年代以来，一些国家以及有关国际组织从社会系统工程建设的角度出发，逐步以食品安全的综合立法替代卫生、质量、营养等要素立法。1990 年，英国颁布了《食品安全法》；2000 年，欧盟发表了具有指导意义的《食品安全白皮书》；2003 年，日本制定了《食品安全基本法》；部分发展中国家也制定了《食品安全法》。综合型的《食品安全法》逐步替代要素型的《食品卫生法》《食品质量法》《食品营养法》等，反映了时代发展的要求。

基于以上认识，食品安全可以表述为：食品（食物）的种植、养殖、加工、包装、贮藏、运输、销售、消费等活动符合国家强制标准和要求，不存在可能损害或威胁人体健康的有毒有害物质以导致消费者病亡或者危及消费者及其后代的隐患。食品安全既包括生产安全，也包括经营安全；既包括结果安全，也包括过程安全；既包括现实安全，也包括未来安全。

食品安全性的重要性决定了食品质量管理中安全质量管理的重要地位。有人把食品安全管理比作仅次于核电站的安全管理，一点也不为过。因此，可以说食品质量管理以食品安全质量管理为核心，食品法规以安全卫生法规为核心，食品质量标准以食品卫生标准为核心。

2. 食品质量管理在空间和时间上具有广泛性

食品质量管理在空间上包括田间、原料运输车辆、原料贮存车间、生产车间、成品贮存库房、运载车辆、超市或商店、冰箱、再加工、餐桌等环节的各种环境。从田间到餐桌的任何一环的疏忽都可使食品丧失食用价值。在时间上食品质量管理包括三个主要的时间段：原料生产阶段、加工阶段、消费阶段，其中原料生产阶段时间特别长。任何一个时间段的疏忽都可使食品丧失食用价值。食用变质的食品，不仅对人的健康没有任何好处，还会产生极其严重的恶果。对加工企业而言，对加工期间的原料、在制品和产品的质量管理和控制能力较强，而对原料生产阶段和消费阶段的管理和控制能力往往忽视，今后加工企业也应加强这方面的管理和控制。

3. 食品质量管理的对象具有复杂性

食品原料包括植物、动物、微生物等。许多原料在采收以后必须立即进行预处理、贮存和加工，稍有延误就会变质或丧失加工和食用价值。而且原料大多为具有生命机能的生物体，必须控制在适当的温度、气压、pH 等环境条件下，才能保持其鲜活的状态和可利用的状态。食品原料还受产地、品种、季节、采收期、生产条件、环境条件的影响，这些因子都会很大程度上改变原料的化学组成、风味、质地、结构，进而改变原料的质量和利用程度，最后影响到产品的质量。因此，食品质量管理对象的复杂性增加了食品质量管理的难度，需要随原料的变化不断调整工艺参数，才能保证产品质量的一致性。

4. 食品质量管理对产品功能性和适用性有特殊要求

食品的功能性除了内在性能、外在性能以外，还有潜在的文化性能。内在性能包括营养性能、风味嗜好性能和生理调节性能。外在性能包括食品的造型、款式、色彩、光泽等。文化性能包括民族、宗教、文化、历史、习俗等特性。因此，在食品质量管理上还要尊重和遵循有关法律、道德规范、习俗习惯的规定，不得擅自做更改。例如，清真食品在加工时有一些特殊的程序和规定，也应列入相应的食品质量管理的范围。

许多食品适应于一般人群，但也有部分食品仅仅针对一部分特殊人群，如婴幼儿食品、孕妇食品、老年食品、运动食品等。政府及主管部门应对特殊食品制定相应的法规和政策，建立审核、检查、管理、监督制度和标准，特殊食品质量管理一般都比普通食品有更严格的要求和更高的监管水平。

三、食品质量管理的主要研究内容

食品质量管理的主要研究内容有五个方面：质量管理的基本理论和基本方法，食品质量管理的法规与标准，食品卫生与安全的全面质量控制，食品质量检验的制度和方法，食品安全风险监测和评估制度。

1. 质量管理的基本理论和基本方法

质量管理的基本理论和基本方法主要研究质量管理的普遍规律、基本任务和基本性质，如质量战略、质量意识、质量文化、质量形成规律、企业质量管理的职能和方法、数学方法和工具、质量成本管理的规律和方法等。质量战略和质量意识研究的任务是探索适应经济全球化和知识时代的现代化质量管理理念，推动质量管理上一个新的台阶。企业质量管理重点研究的是综合世界各国先进的管理模式，提出适合各主要行业的行之有效的规范化管理模式。数学方法和工具的研究正集中于超严质量管理控制图的设计方面。质量成本管理研究的发展趋势是把顾客满意度理论和质量成本管理结合起来，推行综合的质量经济管理新概念。

2. 食品质量管理的法规与标准

食品质量管理必须走法制化、标准化、规范化管理的道路。国际组织和各国政府制定了各种法规和标准，旨在保障消费者的安全和合法利益，规范企业的生产行为，促进企业的有序公平竞争，推动世界各国的正常贸易，避免不合理的贸易壁垒。因此，食品质量管理的法规和标准是保障人民健康的生命线，是企业行为的依据和准绳。

产品质量立法是我国经济生活中的一件大事，它标志着我国产品质量工作全面地走上了法制管理的轨道，对于提高我国产品质量的总体水平，明确产品质量责任，保护消费者的合法权益等方面发挥了重要作用，同时也为严厉制裁生产、销售假冒伪劣产品的违法行为，提供了法律依据。我国食品企业不仅要面对国内市场竞争，而且要积极参与国际市场竞争。各食品生产企业必须严格按照国家标准或行业标准组织和实施生产，走标准化生产之路，提高市场竞争能力。

各类标准制定后，各级质量技术监督检验部门和各行业行政主管部门应加强领导，大力宣传食品法规标准，食品企业应自觉遵守法规标准。从事食品生产、经营的单位和个人必须严格执行强制性标准，不符合强制性标准的产品，禁止生产销售。

在学习研究法规和标准时，除了掌握具体内容以外，还应了解法规产生的背景、依据、指导思想、体系、主要侧重点、存在问题等，洞悉法规和标准形成及发展的趋势。企业应根据国际、国内的法规标准，结合企业实际，制定企业自身的各项制度和标准体系。

3. 食品卫生与安全的全面质量控制

食品卫生与安全问题是全球性的严重问题，发达国家存在着严重的食品卫生安全问题，如英国的疯牛病、日本的大肠杆菌 O157 事件、比利时的二噁英事件等。发展中国家问题可能更加严重。食品卫生与安全质量控制无疑是食品质量管理的核心和工作重点。WHO 认为食品安全是该组织的工作重点和优先解决的领域。各国政府为保障人民健康和保持经济稳定增长，制定了相应的法规和体系。根据 WTO 的规定，为防止欺骗行为和保护人类健康安全，各国有权采取贸易技术壁垒，实施与国际标准或建议不尽一致的技术法规、标准和合格评定程序。此规定使问题变得更加复杂，即一部分国家以食品卫生与安全为借口进行贸易保护。

食品良好操作规范（GMP）、危害分析与关键控制点（HACCP）系统、ISO 22000 标准系列和 ISO 9000 标准系列都是行之有效的食品卫生与安全质量控制的保证制度和保证体系。GMP 是食品企业自主性的质量保证制度，是构筑 GMP 系统和 ISO 9000 标准系列的基础。HACCP 作为一种系统的方法，是保障食品安全的基础。它对食品生产、贮存和运输过程中所有潜在的生物的、物理的、化学的危害进行分析，制订一套全面有效的计划来防止或控制这些危害。ISO 22000 进一步确定了 HACCP 在食品安全体系中的地位，统一了全球对 HACCP 的解释，帮助企业更好地使用 HACCP 原则，所以 ISO 22000 在某种意义上就是一个国际 HACCP 体系标准。食品企业在构建食品卫生与安全保证体系时，首先要根据自身的规范、生产需要和管理水平确定适合的保证制度，然后结合生产实际把保证体系的内容细化和具体化，这是一个艰难的实验研究的过程。

4．食品质量检验的制度和方法

食品质量检验是食品质量控制必要的基础工作和重要的组成部分，是保证食品卫生与安全和营养风味品质的重要手段，也是食品生产过程质量控制的重要手段。食品质量检验主要研究确定必要的质量检验机构和制度，根据法规标准建立必需的检验项目，选择规范化的切合实际需要的采样和检验方法，根据检验结果提出科学合理的判定。

食品质量检验的主要热点问题有：

（1）根据实际需要和科学发展，提出新的检验项目和方法。食品质量检验项目和方法经常发生变动，例如基因工程的出现就要去对转基因食品进行检验。随着人们对食品卫生与安全问题的关注和担心，食品出口对农药残留和兽药残留的限制越来越严格，因此要求检验手段和方法进一步提高，替代原有的仪器和方法。

（2）研究新的简便快速方法。传统的或法定的检验方法往往比较繁复和费时，在实际生产中很难及时指导生产，因此需要寻找在精度和检出限上相当而又快速简便的方法。

（3）在线检验和无损伤检验。现代质量管理要求及时获取信息并反馈到生产线上进行检控，因此希望质量检验部门能开展在线检验。无损伤检验如红外线检测等手段已经在生产中得到应用。

5．食品安全风险监测和评估制度

随着经济全球化、贸易自由化和食品国际贸易的迅速发展，饮食的地域界限被打破，导致食品的不安全因素越来越多，食品安全的重要性日益凸显。如何做到既能保证公平贸易，又能有效规避风险及保障公众健康是我国食品质量管理必须面对的重大课题。

近几年，全球性食品安全事件频繁发生，人们已经认识到以往的基于产品检测的事后管理体系无论是在效果上还是效率上都不尽如人意。不仅事后检测无法改变食品已被污染的事实，而且对每一件产品进行检测会花费巨额成本。因此，现代食品安全风险管理的着眼点应该是进行事前有效管理。

食品安全风险分析以现代科学技术和很多生物学数据为基础，选择适当的模型对食品的不安全性进行系统研究，推导出科学、合理的结论，使食品的安全性风险处于可接受的水平。国家将建立健全食品安全风险监测制度，对食源性疾病、食品污染及食品中的有害因素进行监测，实施国家食品安全风险监测计划。建立食品安全风险评估制度，对食品、食品添加剂中生物性、化学性和物理性危害进行风险评估，对农药、肥料、生长调节剂、兽药、饲料和饲料添加剂等进行安全性评估。

四、我国食品质量与管理工作的展望

1. 食品质量与管理法制化进程将加快，逐步健全我国食品安全法规体系

随着我国法制化建设进程，我国将逐步完善食品质量与安全的法律法规，建立健全管理监督机构，完善审核、管理、监督制度。逐步建立形成一套有法律依据的、与国际通行做法相适应的国家食品安全卫生技术法规体系。企业的责任则必须按照政府制定的技术法规体系建立安全卫生自控体系，生产安全卫生的食品，并主动接受官方机构对其体系实施的监控。

2. 进一步规范和强化国家食品安全管理体系

从世界范围来看，国家的食品管理体系至少有三种组织方式，即多元管理机构体系、单一管理机构体系及统一管理机构体系。在发生了众多的食品安全问题以后，有些国家正在着手改革自己国家的食品安全管理体系，统一食品安全管理体系正在一些发达国家进行改革实践。统一食品安全管理体系表明，从农田到餐桌食品链上多个机构有效合作的愿望和决心是正确的，典型的统一食品安全管理体系组织机构应在四个层次上运作。第一层次，政策制定，风险评估及管理，标准和规章制订；第二层次，食品管理活动，管理和稽查合作；第三层次，监督和执行；第四层次，教育和培训。在对国家食品管理机构进行改革时，有些政府希望建立一个自主的国家级食品管理机构，负责第一层次和第二层次的问题，保留原来多元化的管理机构设置，由其负责第三层次和第四层次的问题。

为了保证食品安全，保障公众身体健康和生命安全，我国《食品安全法》在三个层面上对于我国的食品安全管理体制作出了规定。第一个层面规定，国务院设立食品安全委员会，作为高层次的议事协调机构，协调、指导食品安全监管工作，其具体工作职责由国务院规定；第二个层面规定了国务院卫生行政部门承担食品安全综合协调职责，负责食品安全风险评估、食品安全标准的制定、食品安全信息的公布、食品检验机构的资质认定条件和检验规程的制定、组织查处食品安全重大事故、其他需要国务院卫生行政部门承担综合协调职责的事项；第三个层面规定，国务院质量监督、工商行政管理和国家食品药品监督管理部门依照食品安全法和国务院规定的职责，分别对食品生产、食品流通、餐饮服务活动实施监督管理。这里明确了食品安全分段监管的体制，即国务院质量监督部门负责食品生产加工环节的监督管理；国务院工商行政管理部门负责食品流通环节的监督管理；国家食品药品监督管理部门负责对餐饮服务活动实施监督管理。

统一食品安全管理体系的优点在于：①使国家食品管理体系具有连贯性；②没有打乱原有机构的调查、监督和执行工作，使该项措施更易于执行；③在全国范围内整个食品链上实施统一的管理措施；④独立的风险评估和风险管理职能，落实对消费者的保护措施，取得国内消费者的信任，建立国际间的信用关系；⑤良好的实施设施有助于参与处理国际

范围内的食品安全问题，如参与食品法典委员会，或卫生和植物卫生检疫协定、技术性贸易壁垒协定的后继工作等；⑥增加决策的透明度，使执行过程更加负责任；⑦提高资金和其他投入的使用效率。一些国家正在建立国家层面上的政策制定和合作机制。将食品供应链条的管理交由一个胜任的、自主的机构来完成，有可能改变食品管理的途径。这类机构的角色是建立一个从国家角度出发的食品安全管理目标，并通过施加影响，使这些战略和技术措施成为实现国家食品安全管理目标的保障。

3．食品安全控制技术的研究与开发不断深入

目前，我国食品安全管理和控制体系不够完善，食品安全检测技术落后，相关的研究工作开展较少，研究力量薄弱。另外，严峻的食品安全形势又急需加强对食品有关的化学、微生物及新资源食品相关的潜在危险因素的评价，建立预防和降低食源性疾病暴发的新方法，改进或创建新的有效食品安全控制体系。要解决这些问题首先必须发展相关专业的高等教育，培养出一批食品安全控制的高级专门技术人才。今后我国食品质量管理专业教育和科研队伍不断壮大，学术水平将不断提高，特别是中青年学术骨干将担负起发展食品质量管理学科的重任。我国食品质量与安全专业的高职高专技能教育已经有了好的开端。食品管理的国际学术交流活动和研讨活动呈现增长趋势。

加大经费投入和依靠科技进步是加强食品卫生监督执法工作的基础。一方面，需要投入专项经费加强与国际发达国家的合作研究，包括改进检测方法，研究病原的控制等预防技术，食品的现代加工、贮藏技术等。另一方面，加强对国内研究项目的投入。新启动的"十二五"食品安全重大科技攻关专项，重点研究放在我国食品生产、加工和流通过程中影响食品安全的关键控制技术，食品安全检测技术与相关设备。超严质量管理、零缺陷质量控制稳健设计等理论及其在食品中的应用将会有突破性的进展。无损伤检验、传感器技术、生物芯片、微生物快速检测等技术及其应用将加快发展步伐。

4．进一步完善食品企业认证工作，推进食品企业标准化、国际化

认证是国际通行的现代质量管理、质量控制的有效手段。它是由处于公正第三方地位的认证机构证明食品及其生产、加工和储运、销售全过程符合标准、技术规范要求的合格评定活动。我国现阶段需要强化三方面的认证：一是需要继续推进产品认证；二是大力推进管理体系认证，例如，HACCP、ISO 9001和ISO 22000体系认证；三是将认证"关口"前移，提高食品安全准入门槛，强化动物性食品原料饲养用的饲料产品认证，确保饲料源头安全。通过完善食品企业认证工作，推进食品企业标准化、国际化进程，从而提高国内、国际的竞争力。

总体来看，食品质量安全保障体系不断健全，食品质量安全整体状况得到明显改善。今后我国将大力推进农业标准化工作。严格农业投入品监管，深入开展农药及农药残留、兽药及畜禽产品违禁药物滥用、水产品药物残留整治工作。建立健全食品质量安全例行监测制度，定期发布农产品农药残留、兽药残留等质量安全监测信息。强化食品质量安全追

溯管理工作，逐步实现生产记录可存储、产品流向可追踪、储运信息可查询。加快食品质量安全立法和农业技术标准制定，提高农业生产全过程监管能力。

复习思考题

1. 质量管理的概念及其发展阶段。
2. 食品质量管理的主要研究内容。
3. 为什么食品质量管理特别强调安全质量控制？

参考文献

[1] 陈宗道，刘金福，陈绍军. 食品质量管理. 北京：中国农业大学出版社，2003.

[2] 马林，罗国英. 全面质量管理基本知识. 北京：中国经济出版社，2004.

[3] 臧大存. 食品质量与安全. 北京：中国农业出版社，2005.

第二章　食品质量法规与标准

【知识目标】

- 了解我国食品质量安全法律法规的内容体系
- 熟悉《食品安全法》《农产品质量安全法》《产品质量法》，以及相关法律法规的主要内容
- 了解国际食品法典委员会、国际标准化组织等国际食品组织的作用、组织结构、制定的标准内容等

【能力目标】

- 能应用中国食品质量安全法律法规解决实际工作中的问题
- 能应用中国食品质量安全标准指标指导食品生产活动

第一节　中国食品质量法规与标准

一、中国食品质量法规

（一）《中华人民共和国食品安全法》

《中华人民共和国食品安全法》（以下简称《食品安全法》）于 2009 年 2 月 28 日第十一届全国人民代表大会常务委员会第七次会议通过，并于 2009 年 6 月 1 日起施行。同时，我国第一部食品卫生专门法律《中华人民共和国食品卫生法》废止。

《食品安全法》涵盖了"从农田到餐桌"食品安全监管的全过程，对涉及食品安全的相关问题作了全面规定。

《食品安全法》的颁布实施，对于提高我国食品质量，加快食品行业健康、快速发展，防止食品污染和有害因素对人体健康的危害，保障人民群众的身体健康，增强全民族身体

素质，发展国际食品贸易，具有重大意义，同时也标志着我国食品安全工作由行政管理走上了法制管理的轨道。

《食品安全法》共 10 章 104 条，主要内容归纳如下。

1. 适用范围

凡在中华人民共和国境内从事以下活动的均应遵守本法：食品生产和加工；食品流通和餐饮服务；食品添加剂的生产经营；用于食品的包装材料、容器、洗涤剂和用于食品生产经营的工具、设备的生产经营；食品生产经营者使用食品添加剂、食品相关产品；对食品、食品添加剂和食品相关产品的安全管理。

另外，供食用的源于农业的初级产品的质量安全管理，应遵守《中华人民共和国农产品质量安全法》的规定。但是制定有关食用的农产品的质量安全标准、公布食用农产品有关信息，应当遵守本法的规定。

2. 食品安全监管体制

为了完善食品安全监管体制，本法对国务院有关食品安全监管部门的职责进行了明确界定。国务院质量监督、工商行政管理和国家食品药品监督管理部门分别对食品加工、食品流通、餐饮服务活动实施监督管理。

国务院卫生行政部门承担食品安全综合协调职责，负责食品安全风险评估、食品安全标准制定、食品安全信息公布、食品检验机构的资质认定条件和检验规范的制定，组织查处食品安全重大事故。

为了使食品安全监管体制运行得更加顺畅，《食品安全法》规定，国务院设立食品安全委员会，其工作职责由国务院规定。

3. 食品安全风险监测和评估

食品安全风险监测和评估制度是国际上流行的预防和控制食品风险的有效措施。

关于食品安全风险监测和评估制度，《食品安全法》主要从以下两个方面进行规定：

（1）从食品安全风险监测计划的制订、发布、实施、调整等方面，规定了完备的食品安全风险监测制度。

《食品安全法》规定，国家建立食品安全风险监测制度，对食源性疾病、食品污染以及食品中的有害因素进行监测。

国务院卫生行政部门会同其他部门制订、实施国家食品安全风险监测计划。省、自治区、直辖市人民政府卫生行政部门根据国家食品安全风险监测计划，结合本行政区域的具体情况，组织制订、实施本行政区域的食品安全风险监测方案。

国务院农业行政、质量监督、工商行政管理和国家食品药品监督管理等有关部门获知有关食品安全风险信息后，应当立即向国务院卫生行政部门通报。国务院卫生行政部门会同有关部门对信息核实后，应当及时调整食品安全风险监测计划。

（2）从食品安全风险评估的启动、具体操作、评估结果的用途等方面规定了完整的食品安全风险评估制度。

《食品安全法》规定，国家建立食品安全风险评估制度，对食品、食品添加剂中的生物性、化学性和物理性危害进行风险评估。

国务院卫生行政部门通过食品安全风险监测或者接到举报发现食品可能存在安全隐患的，应立即组织进行检验和食品安全风险评估。国务院农业行政、质量监督、工商行政管理和国家食品药品监督管理等有关部门应当向国务院卫生行政部门提出食品安全风险评估的建议，并提供有关信息和资料。

关于食品安全风险评估的具体操作，国务院卫生行政部门负责组织食品安全风险评估工作，成立由医学、农业、食品、营养等方面的专家组成的食品安全风险评估委员会进行食品安全风险评估。

4. 食品安全标准

针对食品标准出现食品标准混乱、食品标准部分指标过高或过低等问题，《食品安全法》对食品安全标准做了相应的规定。

（1）食品安全标准制定原则和法律效力。

食品安全标准，应当以保证公众身体健康为宗旨，做到科学合理，同时安全可靠。同时规定，食品安全标准是强制执行标准，除食品安全标准外，不得制定其他的食品强制标准。

（2）食品安全标准的制定、发布主体及制定方法。

食品安全国家标准由国务院卫生行政部门负责制定、公布，国务院标准化行政部门提供国家标准编号。

制定食品安全国家标准，应当依据食品安全风险评估结果，并广泛听取食品生产经营者和消费者的意见。

（3）食品安全标准整合内容。

国务院卫生行政部门应当对现行的食用农产品质量安全标准、食品卫生标准、食品质量标准和有关食品的行业标准中强制执行的标准予以整合，统一公布为食品安全国家标准。

5. 食品生产经营

关于食品生产经营，《食品安全法》做了如下规定：

（1）加强对食品生产加工小作坊和食品摊贩的管理。

法律规定，县级以上地方人民政府鼓励食品生产加工小作坊改进生产条件；鼓励食品摊贩进入集中交易市场、店铺等固定场所经营。食品生产加工小作坊和食品摊贩从事食品生产经营活动，应当符合本法规定的与其生产经营规模、条件相适应的食品安全要求，保证所生产经营的食品卫生、无毒、无害，有关部门应对其加强监督管理。

（2）鼓励食品生产经营企业采用先进管理体系。

国家鼓励食品生产经营企业符合良好生产规范要求，实施危害分析与关键控制点，提高食品安全管理水平。

（3）要求食品生产经营企业建立完备的索证索票制度、台账制度等。

食品生产者采购食品原料、食品添加剂、食品相关产品，应当查验供货者的许可证和产品合格证明文件；食品生产企业应当建立食品出厂检验记录制度等。

（4）严格对声称具有特定保健功能的食品的管理。

声称具有特定保健功能的食品不得对人体产生急性、亚急性或者慢性危害，其标签、说明书不得涉及疾病预防、治疗功能，内容必须真实，应当载明适宜人群、不适宜人群、功效成分或者标志性成分及其含量等；产品的功能与成分必须与标签、说明书相一致。

（5）建立食品召回制度。

国家建立食品召回制度。食品生产者发现其生产的食品不符合食品安全标准，应当立即停止生产，召回已经上市销售的食品，通知相关生产经营者和消费者，并记录召回和通知情况。食品经营者发现其经营的食品不符合食品安全标准，应当立即停止经营，通知相关生产经营者和消费者，并记录停止经营和通知情况。食品生产者认为应当召回的，应立即召回。食品生产者应当对召回的食品采取补救、无害化处理、销毁等措施，并将食品召回和处理情况向县级以上质量监督部门报告。食品生产经营者未依照本条规定召回或者停止经营不符合食品安全标准的食品的，县级以上质量监督、工商行政管理、食品药品监督管理部门可以责令其召回或者停止经营。

（6）严格对食品广告的管理。

食品广告的内容应当真实合法，不得含有虚假、夸大的内容，不得涉及疾病预防、治疗功能。食品安全监督管理部门或者承担食品检验职责的机构、食品行业协会、消费者协会不得以广告或者其他形式向消费者推荐食品。社会团体或者其他组织、个人在虚假广告中向消费者推荐食品，使消费者的合法权益受到损害的，与食品生产经营者承担连带责任。

6．食品检验

关于食品检验，《食品安全法》首先明确食品检验需由食品检验机构指定的检验人独立进行。食品检验实行食品检验机构与检验人共同负责制。食品检验报告应当加盖食品检验机构公章，并有检验人的签字或者盖章。食品检验机构和检验人对出具的食品检验报告负责。

其次，明确食品安全监督管理部门对食品不得实施免检。同时明确规定，进行抽样检验应当购买抽取的样品，不收取检验费和其他任何费用。

7．食品进出口

关于食品进出口，《食品安全法》首先明确：进口的食品、食品添加剂以及食品相关产品应当符合我国食品安全国家标准。进口尚无食品安全国家标准的食品，或者首次进口食品添加剂新品种、食品相关产品新品种，进口商应当向国务院卫生行政部门提出申请并提交相关的安全性评估材料。国务院卫生行政部门依法作出是否准予许可的决定，并及时制定相应的食品安全国家标准。

其次，《食品安全法》规定：境外发生的食品安全事件可能对我国境内造成影响，或者在进口食品中发现严重食品安全问题的，国家出入境检验检疫部门应当及时采取风险预警或者控制措施，并向国务院卫生行政、农业行政、工商行政管理和国家食品药品监督管理部门通报。

8．食品安全事故处置

关于食品安全事故处置，《食品安全法》做了如下规定：

（1）制定食品安全事故应急预案及食品安全事故的报告制度。

事故发生单位和接收病人进行治疗的单位应当及时向事故发生地县级卫生部门报告。农业行政、质量监督、工商行政管理、食品药品监督管理部门在日常监督管理中发现食品安全事故，或者接到有关食品安全事故的举报，应当立即向卫生行政部门通报。

发生重大食品安全事故的，接到报告的县级卫生行政部门应当按照规定向本级人民政府和上级人民政府卫生行政部门报告。县级人民政府和上级政府卫生行政部门应当按照规定上报。

（2）规定了县级以上卫生行政部门处置食品安全事故的措施。

如开展应急救援工作，对因食品安全事故导致人身伤害的人员，卫生行政部门应当立即组织救治；封存被污染的食品用工具及用具，并责令进行清洗消毒；做好信息发布工作，依法对食品安全事故及其处理情况进行发布，并对可能产生的危害加以解释、说明。

9．监督管理

针对食品安全监督管理过程中执行力不强、执法不严；食品安全信息公布不规范、不统一，公布的信息有的不够科学，造成消费者不必要的恐慌等问题。《食品安全法》作出如下规定：

（1）明确了食品安全监督管理机构履行食品安全监管时的权利。

县级以上质量监督、工商行政管理、食品药品监督管理部门履行各自食品安全监督管理职责，有权采取下列措施：

①进入生产经营场所实施现场检查。

②对生产经营的食品进行抽样检验。

③查阅、复制有关合同、票据、账簿以及其他有关资料。

④查封、扣押有证据证明不符合食品安全标准的食品，违法使用的食品原料、食品添加剂、食品相关产品，以及用于违法生产经营或者被污染的工具、设备。

⑤查封违法从事食品生产经营活动的场所。

（2）明确了食品安全信息统一发布制度。

《食品安全法》明确规定国务院卫生行政部门负责对食品安全信息进行统一公布，公布内容主要包括：

①国家食品安全总体情况。

②食品安全风险评估信息和食品安全风险警示信息。

③重大食品安全事故及其处理信息。

④其他重要的食品安全信息和国务院确定的需要统一公布的信息。

对于第②和第③项规定的信息，其影响限于特定区域的，也可以由有关省、自治区、直辖市人民政府卫生行政部门公布。县级以上农业行政、质量监督、工商行政管理、食品药品监督管理部门依据各自职责公布食品安全日常监督管理信息。

10．法律责任

《食品安全法》加大了食品生产经营违法行为的处罚力度，主要体现在：

（1）将违法罚款金额大幅提高，由原来的最高处以违法所得5倍的罚款提高为货值金额10倍的罚款。

（2）对特定人员从事食品生产经营、食品检验的资格进行限制。被吊销食品生产、流通或者餐饮服务许可证的单位，其直接负责的主管人员自处罚决定做出之日起五年内不得从事食品生产经营管理工作。违反《食品安全法》规定，受到刑事处罚或者开除处分的食品检验机构人员，自刑罚执行完毕或者处分决定做出之日起十年内不得从事食品检验工作。

（3）生产不符合食品安全标准的食品或者销售明知是不符合食品安全标准，消费者除要求赔偿损失外，还可以向生产者或销售者要求支付价款的10倍的赔偿金。

（二）《中华人民共和国产品质量法》

《中华人民共和国产品质量法》（以下简称《产品质量法》）于1993年2月22日第七届全国人民代表大会常务委员会第三十次会议通过，1993年9月1日实施，并于2000年7月8日第九届全国人民代表大会常务委员会第十六次会议修改，自2000年9月1日起施行。

产品质量立法是我国经济生活中的一件大事，它标志着我国产品质量工作全面走上了法制化管理的轨道。对于提高我国产品质量的总体水平，明确产品质量责任，保护消费者的合法权益等方面发挥了重要作用。同时也为严厉制裁生产、销售假冒伪劣产品的违法行为，提供了法律依据。

产品质量立法的重要意义有：

（1）提高我国产品质量的需要。随着我国科学技术的进步，产品质量有了很大的提高。但是和发达国家相比，产品质量差、市场竞争力低，仍然是目前急需解决的问题。因此产品质量法，对于提高我国产品质量具有重要作用。

（2）规范社会主义市场经济秩序的需要。社会主义市场经济要求必须有完备的法制加以规范和保障。产品质量立法就是用法律手段禁止各种不正当竞争行为，规范社会经济秩序，保护公平竞争，保证社会主义市场经济有序发展。

（3）保护消费者合法权益的需要。产品质量立法在法律上明确了产品质量责任，规定了民事赔偿，为消费者维护自身合法权益提供了法律保障。

（4）建立和完善我国产品质量法制的需要。完备的法制是社会主义市场经济体制完善、社会发展成熟的标志之一，为适应社会主义市场经济发展的需要，国家需要建立健全的产品质量法规体系。

1.《产品质量法》的调整对象与适用范围

《产品质量法》是调整在生产、流通以及监督管理过程中，因产品质量而发生的各种经济关系的法律规范的总称。《产品质量法》主要适用于：在中国境内从事产品生产、销售活动，包括销售进口商品的活动；生产、流通的产品即各种动产（不适用于不动产）；生产者、销售者、用户和消费者以及监督管理机构。

2.《产品质量法》的主要内容

《产品质量法》共分 6 章，包括 74 条款，主要内容阐述如下。

（1）产品质量监督管理及其制度。

产品质量监管是为了确保产品持续满足规定的要求，对产品的质量进行监督、验证和分析，并对不满足规定要求的产品及其责任者进行处理的活动。包括国家产品质量管理对产品质量的监督，也包括社会各界对产品质量的监督，同时还包括产品生产者、销售者对产品的生产和经营获得的监督管理。

《产品质量法》规定我国产品质量监管制度主要有以下内容：

①标准化制度。《产品质量法》规定，产品质量应当检验合格，不得以不合格产品冒充合格产品。可能危及人体健康和人身、财产安全的工业产品，必须符合保障人体健康，人身、财产安全的国家标准及相关行业标准。对于未规定国家标准、行业标准的产品，必须符合保障人体健康，人身、财产安全的要求。禁止生产、销售不符合保障人体健康和人身、安全的标准和要求的工业产品。

②企业质量体系认证制度。"企业质量体系认证"是指依据国际通用的"质量管理和质量保证"系列标准，经过认证机构对企业的质量体系进行审核，通过颁发认证证书的形式，证明企业的质量体系和质量保证能力符合相应要求的活动。企业质量体系认证的目的，在合同环境中是为了提高供方的质量信誉，向需方提供质量担保，增强企业在市场上的竞争能力；在非合同环境下是为了加强企业内部的质量管理，实现质量方针和质量目标。企业质量体系认证的依据是《质量管理体系要求》（GB/T 19001—2008）。"企业根据自愿原则"是指企业质量体系认证和产品质量认证实行企业自愿申请原则。这是法律赋予企业申请认证的自主权和选择权。任何部门和单位不得违反本法规定的自愿原则强制企业申请认证。

③产品质量认证制度。产品质量认证是指依据具有国际水平的产品标准和技术要求，

经过认证机构确认并通过颁发认证证书和产品质量认证标志的形式，证明产品符合相应标准和技术要求的活动。产品质量认证是产品质量监督的一种重要形式，是国际上通行的一种产品质量符合技术标准、维护消费者和用户利益的有效方法。

产品质量认证的对象是产品。根据《中华人民共和国产品质量认证条例》，产品质量认证分安全认证与合格认证两种，前者为强制性的，后者为自愿性的。

凡属强制性认证范围的产品，企业必须取得认证资格，并在出厂合格的产品上或其包装上使用认证机构发给特定的认证标志，否则不准生产、销售或进口和使用。这类产品一般涉及人民群众和用户的生命和财产的安全。合格认证属于自愿性认证，包括质量体系认证和非安全性产品质量认证，这种自愿性体现在：企业自愿决策是否申请质量认证；企业自愿选择由国家认可的认证机构，不应有部门和地方的限制。

（2）《产品质量法》规定生产者不得从事的活动。

《产品质量法》规定食品生产者不得从事以下活动：

①生产者不得生产国家明令淘汰的产品。

②生产者不得伪造产地，不得伪造或者冒用他人的厂名、厂址。

③生产者不得伪造或者冒用认证标志、名优标志等质量标志。

④生产者生产产品，不得掺杂、掺假，不得以假充真、以次充好，不得以不合格品冒充合格产品。

（3）《产品质量法》规定销售者的义务。

《产品质量法》规定销售者应当履行产品质量义务，对销售的产品负责。包括以下内容：

①销售者应当执行进货检查验收制度，对销售的产品质量负责。

②销售者应当妥善保管销售的产品，保持销售产品的质量。

③销售者销售的产品标识应当包括：合格证明、产品名称、生产厂厂名和厂址，产品的规格、等级、主要成分及含量等，限时使用的产品有生产日期和安全使用期或失效日期，使用不当容易造成产品本身损坏或者可能危及安全的产品，有警示标志或中文警示说明等。

④销售者不得违反《产品质量法》的禁止性规范，不得销售国家明令淘汰并停止销售的产品和失效、变质的产品；不得掺杂、掺假、以假充真、以次充好；不得销售标识不符合规定的产品；不得伪造产地、不得伪造或者冒用他人的厂名、厂址、质量标志等。

（三）《中华人民共和国农产品质量安全法》

为保障农产品质量安全，维护公众健康，促进农业和农村经济发展，《中华人民共和国农产品质量安全法》（以下简称《农产品质量安全法》）在 2006 年 4 月 29 日第十届全国人民代表大会常务委员会第二十一次会议通过，并于 2006 年 11 月 1 日起实施。

1. 实施《农产品质量安全法》的意义

（1）填补我国初级农产品质量监管法律空白。我国对农产品质量安全管理的法律规范尚属空白。《食品安全法》已经将"种植业养殖业"除外，《产品质量法》规范的是"经过加工、制作，用于销售的产品"，也不包括农产品。因此，亟须通过立法来规范农产品生产经营行为，保证公众消费安全。

（2）保证老百姓消费安全。农产品质量安全事关人民群众身体健康，历来是社会广泛关注的热点和焦点问题。老百姓每天消费的食物主要是鲜活农产品，一旦出事，后果非常严重，危及人民群众的生命安全。

（3）应对国际化竞争。加入世贸组织后，我国具有劳动力优势的园艺产品和畜禽水产品本应在国际市场上有着很强的价格优势，但从现实看，效果并不明显。由于我国农产品质量安全管理无法可依，一些国家对我国农产品频频设置技术性贸易壁垒。通过立法，健全农产品质量安全法制，维护我方权益，提高我国优势农产品的竞争力，在促进和保护本国农业发展的同时，积极解决农产品国际贸易摩擦。

2.《农产品质量安全法》的调整范围

《农产品质量安全法》调整的范围包括三个方面：

（1）调整的产品范围，包括在农业活动中获得的植物、动物、微生物及其产品。

（2）调整的行为主体，包括农产品的生产者、销售者、农产品质量安全管理者以及相应的检测机构和人员等。

（3）调整的管理环节，包括农产品的包装、标识、标志和市场准入管理。

3.《农产品质量安全法》的主要内容

《农产品质量安全法》共分8章，包括56条款，主要内容阐述如下。

（1）农产品质量安全监管体制的规定。

农产品质量安全是由政府统一领导，农业主管部门依法监督，其他有关部门分工负责的农产品质量安全管理体制。

（2）农产品质量安全标准的要求。

国家对农产品质量安全标准实行强制实施制度。政府有关部门应当按照保障农产品质量安全的要求，依法制定和发布农产品质量安全标准并监督实施；不符合农产品质量安全标准的农产品，禁止销售。

（3）农产品产地管理的规定。

农产品产地环境对农产品质量安全具有直接、重大的影响。《农产品质量安全法》对农产品产地管理作了如下规定：

①县级以上政府应当加强农产品产地管理，改善农产品生产条件。

②禁止违反法律、法规的规定向农产品产地排放或者倾倒废水、废气、固体废物及其他有毒、有害物质。

③禁止在有毒、有害物质超过规定标准的区域生产、捕捞、采集农产品和建立农产品生产基地。

④县级以上地方政府农业主管部门按照保障农产品质量安全的要求，根据农产品品种特性和生产区域的大气、土壤、水体中有毒、有害物质状况等因素，认为不适宜特定农产品生产的，应当提出禁止生产的区域，报本级政府批准后公布执行。

（4）生产过程中保障农产品质量安全的规定。

生产过程是影响农产品质量安全的关键环节。《农产品质量安全法》对农产品生产者在生产过程中保证农产品质量安全的基本义务作了如下规定：

①合理使用化肥、农药、兽药、饲料和饲料添加剂等农业投入品，严格执行农业投入品使用安全间隔期或者休药期的规定，禁止使用国家明令禁止使用的农业投入品。

②对农产品生产过程进行记录，以便可追溯体系的建立。

③农产品生产者、农产品生产企业或农民专业合作经济组织应对农产品的质量安全状况进行检测，经检测不符合农产品质量安全标准的，不得销售。

（5）农产品包装和标识的要求。

逐步建立农产品的包装和标识制度，对消费者识别农产品质量安全状况，建立农产品质量安全追溯制度有重要作用。《农产品质量安全法》对农产品包装和标识的规定如下：

①对国务院农业主管部门规定在销售时应当包装和附加标识的农产品，农产品生产企业、农民专业合作经济组织，以及从事农产品收购的单位或者个人，应当按照规定包装或者附加标识后方可销售；属于农业转基因生物的农产品，应当按照农业转基因生物安全管理的规定进行标识。依法需要实施检疫的动植物及其产品，应当附具检疫合格的标志。

②农产品在包装、保鲜、储存、运输中使用的保鲜剂、防腐剂和添加剂等材料，应当附具检疫合格的标志。

③销售的农产品符合农产品质量安全标准的，生产者可以申请使用无公害农产品标识；农产品质量符合国家规定的有关优质农产品标准的，生产者可以申请使用相应的农产品质量标志。

（四）其他相关法律法规

1.《中华人民共和国标准化法》

《中华人民共和国标准化法》（以下简称《标准化法》）于1988年12月29日第七届全国人民代表大会常务委员会第五次会议通过，自1989年4月1日起施行。

《标准化法》对发展社会主义商品经济，促进技术进步，改进产品质量，提高社会经济效益，维护国家和人民的利益，使标准化工作适应社会主义现代化建设和发展对经济关系，有十分重要的意义。

《标准化法》共 5 章 26 条，主要内容如下。

第一章，总则。需指定标准的情况有以下 5 类：

①工业产品的品种、规格、质量、等级或者安全卫生要求。

②工业产品的设计、生产、检验、包装、储存、运输、使用的方法或者生产、储存运输过程中的安全卫生要求。

③有关环境保护的各项技术要求和检验方法。

④建设工程的设计、施工方法和安全要求。

⑤有关工业生产、工程建设和环境保护的技术术语、符号、代号和制图方法。重要产品和其他需要制定的项目，由国务院规定。

标准化工作的任务是制定标准，组织实施标准和对标准的实施进行监督。

各级标准化行政主管部门负责本辖区内标准化工作。

第二章，标准的制定。标准依适用范围分为国家标准、行业标准、地方标准和企业标准。标准又可分为强制性和推荐性标准。标准的制定应遵循其制定的原则，由标准化委员会负责草拟、审查工作。

第三章，标准的实施。企业产品应向标准化主管部门申请产品质量认证。合格者授予认证证书，准许使用认证标志，各级标准化主管部门应加强对标准实施的监督检查。

第四章，法律责任。对于任何违反标准化法规的行为，国家相关管理部门有权依法处理。当事人依法申请复议或向人民法院起诉。

第五章，附则。

2.《中华人民共和国计量法》

《中华人民共和国计量法》（以下简称《计量法》）于 1985 年 9 月 6 日经第六届全国人民代表大会常务委员会第十二次会议通过，自 1986 年 7 月 1 日起正式施行。

计量立法的宗旨主要是为了加强计量监督管理，健全计量法制，解决国家计量单位制的统一和全国量值的准确可靠问题，《计量法》中的各项规定都围绕着这两个核心问题。但是《计量法》的最终目的，还是促进科学技术和国民经济的发展，保护消费者免受不准确或不诚实测量所造成的危害，保护国家权益不受侵犯。

凡在中华人民共和国境内，所有国家机关、社会团体、中国人民解放军、企事业单位和个人，凡是建立计量基准、计量标准，进行计量检定，制造、修理、销售、进口、使用计量器具，以及《计量法》有关条款中规定的使用计量单位，开展计量认证，实施仲裁鉴定和调解计量纠纷，进行计量监督管理所发生的各种法律关系，都必须遵守《计量法》的规定。

计量法规是指以《计量法》为母法及其从属于《计量法》的若干法规、规章所构成的有机联系的整体。计量法规体系主要包括以下三个方面的内容：第一是法律，即《计量法》。

第二是法规，包括国务院依据《计量法》制定或批准的计量行政法规，如《计量法实施细则》。《计量监督管理条例》《进口计量器具监督管理办法》等，迄今共有八件。其次还包括部分省、自治区、直辖市人大或常委会制定的地方性计量法规。第三是规章和规范性文件。包括国家技术监督局制定的有关计量的部门规章，如《计量法条文解释》《计量基准管理办法》《计量标准考核办法》《制造，修理计量器具许可证管理办法》《货量器具新产品管理办法》《计量认证评审规范》等，迄今共有三十多件。其次还包括国务院有关部门制定的计量管理办法，如《国家海洋局计量监督办法》等。此外，是县级以上地方人民政府及计量行政部门制定的地方计量管理规范性文件。

以上三个方面的计量法律、法规、规章及规范性文件，构成了我国计量法规体系，这些法规体系中的法律、法规和规章具有不同的层级效力，其中《计量法》是具有最高效力的。

3.《中华人民共和国进出口商品检验法》

《中华人民共和国进出口商品检验法》（以下简称《商检法》）由中华人民共和国第七届全国人大常委会第六次会议于 1989 年 2 月 21 日通过，自 1989 年 4 月 1 日起施行；2002年 4 月 28 日经第九届全国人大常委会第二十七次会议审议通过《中华人民共和国进出口商品检验法修正案》，并于 2002 年 10 月 1 日起正式施行。

《商检法》规定了商品检验的宗旨是确保进出口商品质量，促进对外贸易的发展。它以法律的形式明确了商检机构对进出口商品实施法定检验，办理进出口商品鉴定业务以及监督管理进出口商品检验工作等基本职责。《商检法》同时规定了法定检验的内容、标准，以及质量认证、质量许可、认可国内外检验机构等监管制度，并规定了相应的法律责任。

（1）《商检法》的内容。

①进口商品检验。第五条规定列入《种类表》的进出口商品和其他法律、行政法规规定，须经商检机构检验的进出口商品，必须经过商检机构或者国家商检部门、商检机构指定的检验机构检验。前款规定的进口商品未经检验的，不准销售、使用；前款规定的出口商品未经检验合格的，不准出口。

②出口商品检验。第十六条规定对装运出口易腐烂变质食品的船舱和集装箱，承运人或者装箱单位必须在装货前申请检验。未经检验合格的，不准装运。

③公证鉴定。第二十五条规定商检机构和其指定的检验机构以及经国家商检部门批准的其他检验机构，可以接受对外贸易关系人或者外国检验机构的委托，办理进出口商品鉴定业务。进出口商品鉴定业务的范围包括：进出口商品的质量、数量、重量、包装鉴定，海损鉴定，集装箱检验，进口商品的残损鉴定，出口商品的装运技术条件鉴定、货载衡量、产地证明、价值证明以及其他业务。

（2）进出口商品检验法的法律责任。

①《商检机构实施检验的进出口商品类表》中的商品必须经商检机构检验的进口商品未报经检验而擅自销售或者使用的，出口商品未报经检验合格而擅自出口的，由商检机构处以罚款；情节严重，造成重大经济损失的，对直接责任人员比照刑法第一百八十七条的规定追究刑事责任。

②国家商检机构工作人员的法律责任。第二十九条规定国家商检部门、商检机构的工作人员和国家商检部门、商检机构指定的检验机构的检验人员，滥用职权，徇私舞弊，伪造检验结果的，或者玩忽职守，延误检验出证的，根据情节轻重，给予行政处分或者依法追究刑事责任。

二、中国食品质量标准

（一）中国食品质量标准基础知识

1. 标准及标准化的概念

标准是指为了在一定范围内获得最佳秩序，对活动或结果所作的统一规定、指南或特性文件，该文件经协商一致制定并经一个公认机构批准，以特定形式发布，作为共同遵守的准则和依据。它以科学、技术和实践经验的综合成果为基础，以促进最佳社会效益为目的。

标准化是指为在一定的范围内获得最佳秩序，以实际的或潜在的问题制定共同的和重复使用的规则的活动。尤其是标准的制定、发布和实施标准过程，即将各种食品按照标准要求，进行操作，达到统一指标的过程。标准化能够改进产品、过程和服务的适用性，防止贸易壁垒，便于技术合作。只有高标准要求，才有高质量产品。

2. 标准化的作用

标准化是国民经济建设和社会发展的重要基础工作之一，是各行各业实现管理现代化的基本前提。搞好标准化工作，对于参与国际经济大循环，促进科学技术转化为生产力，使国民经济走可持续发展道路等都有重要的意义。

具体来说，标准化至少有如下几方面的重要作用：

①标准化可以规范社会的生产、经营活动，推动建立最佳秩序，促进相关产品在技术上相互协调和配合。有利于企业之间的生产协作，为社会化专业大生产创造条件。有利于提高产品的适用性和对产品的品种、规格进行合理的控制，有利于实现最佳经济效益和社会效益。

②标准化有利于实现科学管理和提高管理效率。

③标准化可以为各种产品提供接口和互换性，使各种产品和系统的零部件实现互联和

互换，促进技术改造和技术进步，并且方便了生产和生活。

④标准化有利于稳定和提高产品、工程和服务的质量，促进企业走质量效益型发展道路，增强企业素质，提高企业竞争力。

⑤标准化可以保护人体健康，保障人身和财产安全，保护人类生态环境，合理利用资源。

⑥标准化有利于维护消费者权益。

⑦标准化可以增强世界各国相互沟通和理解，消除技术壁垒，促进国际间的经贸发展和科学、技术、文化的交流与合作。

3．我国食品质量标准的分类

（1）按级别分类。

标准的种类按《中华人民共和国标准化法》的规定，我国的标准分为四级：国家标准、行业标准、地方标准和企业标准。

①国家标准。对需要在全国范围内统一的技术要求，应当制定国家标准。国家标准由国务院标准化行政主管部门编制计划和组织草拟，并统一审批、编号和发布。

国家标准的编号由国家标准代号、发布的顺序号和发布的年号三个部分组成。我国国家标准代号，用"国标"两个汉字拼音的第一个字母"GB"表示。如：2004 年由国家技术监督局发布的食品标签通用标准，其国家标准的顺序号为 7718，其标准号为 GB 7718—2004。

②行业标准。对没有国家标准而又需要在全国某个行业范围内统一的技术要求，可以制定行业标准。制定行业标准的项目由国务院有关行政主管部门确定。行业标准由国务院有关行政主管部门编制计划、组织草拟，统一审批、编号、发布，并报国务院标准化行政主管部门备案。行业标准是对国家标准的补充，行业标准在相应国家标准实施后，应自行废止。行业标准代号由国务院标准化行政主管部门规定。目前，已批准了 58 个行业标准代号。如轻工行业标准代号为"QB"、农业行业标准"NY"、卫生行业标准代号为"WS"、进出口商品检验行业"SN"等。

③地方标准。对没有国家标准和行业标准而又需要在省、自治区、直辖市范围内统一的工业产品的安全要求，可以制定地方标准。制定地方标准的项目，由省、自治区、直辖市人民政府标准化行政主管部门确定。地方标准由省、自治区、直辖市人民政府标准化行政主管部门编制计划，组织草拟，统一审批、编号、发布，并报国务院标准化行政主管部门和国务院有关行政主管部门备案。在相应的国家标准或行业标准实施后，地方标准应自行废止。地方标准的代号，由汉语拼音字母"DB"加上省、自治区、直辖市行政区划代码前两位数字。如：江苏省地方标准代号为"DB 32"。

④企业标准。企业生产的产品在没有相应的国家标准、行业标准和地方标准时，应当制定企业标准，作为组织生产的依据。若已有相应的国家标准、行业标准和地方标准时，国家鼓励企业在不违反相应强制性标准的前提下，制定充分反映市场、用户和消费者要求

的企业标准，在企业内部适用。企业标准由企业组织制定，并按省、自治区、直辖市人民政府的规定备案。企业标准代号用"Q"表示。

对于四类标准，从法律的级别上来讲，国家标准高于行业标准，行业标准高于地方标准，地方标准高于企业标准，但从标准的内容上来讲却不一定与级别一致，一般来讲企业标准的某些技术指标应严于地方标准、行业标准和国家标准。

（2）根据法律的约束性分类。

按标准的约束性可分为强制性标准与推荐性标准。我国的国家标准和行业标准分为强制性标准和推荐性标准两类。

强制性标准：强制性标准范围主要是保障人体健康，人身、财产安全的标准和法律、行政法规规定强制执行的标准。对不符合强制标准的产品禁止生产、销售和进口。对于强制性标准，有关各方没有选择的余地，必须毫无保留地贯彻执行。对违反强制性标准而造成不良后果以致重大事故者由法律、行政法规规定的行政主管部门依法根据情节轻重给予行政处罚，直至由司法机关追究刑事责任。

推荐性标准：推荐性标准是指导性标准，是指由公认机构批准的，非强制性的，为了通用或反复使用的目的，为产品或相关生产方法提供规则、指南或特性的文件。标准也可以包括或专门规定用于产品、加工或生产方法的术语、符号、包装标准或标签要求。对于推荐性标准，各方有选择的自由，但一经选定，则该标准对采用者来说，便成为必须绝对执行的标准了。

（3）根据标准的性质分类。

按标准的性质分为技术标准、管理标准和工作标准。

①技术标准。对标准化领域中需要协调统一的技术事项而制定的标准。食品工业基础及相关标准中涉及技术的部分标准、食品产品标准、食品安全标准、食品添加剂标准、食品包装材料及容器标准、食品检验方法标准等，其内容都规定了技术事项或技术要求，属于技术标准。

②管理标准。对标准化领域中需要协调统一的管理事项所制定的标准。主要包括技术管理、生产管理、经营管理、劳动管理和劳动组织管理标准等。如《质量管理体系　要求》（GB/T 19001—2008）、《食品安全管理体系　食品链中各类组织的要求》（GB/T 22000—2006）、《食品企业通用卫生规范》（GB 14881—1994）等都属于管理标准。管理标准主要是规定人们在生产活动和社会生活中的组织结构、职责权限、过程方法、程序文件以及资源分配等事宜，它是合理组织国民经济，正确处理各种生产关系，正确实现合理分配，提高生产效率和效益的依据。

③工作标准。工作标准也叫工作质量标准，主要是针对具体岗位而规定人员和组织在生产经营管理活动中的职责、权限、考核方法所做的规定，是衡量工作质量的依据和准则。

工作标准可以分为决策层工作标准、管理层工作标准和操作人员工作标准。在决策层工作标准中又可以分为最高决策层者工作标准和决策层人员工作标准两类。在管理层工作标准中又可以分成中层管理人员工作标准和一般管理人员工作标准两类。在操作人员工作标准中又可以分为特殊过程操作人员工作标准和一般人员（岗位）工作标准两类。

（4）根据标准的内容分类。

按照标准的内容可分为食品基础标准、食品产品标准、食品安全标准、食品添加剂标准、食品检验方法标准、食品包装材料与容器包装标准、食品管理标准等。我国食品标准基本上是按照内容进行分类并编辑出版的。

4．食品质量标准的制定

标准的编制是标准化工作的重要任务，因此，编制标准应有计划、有组织地按一定的程序进行。

（1）食品质量标准制定的原则。

①制定标准应当有利于保障食品安全和人体健康，保护消费者利益，保护环境。

②制定标准应当有利于合理利用国家资源，推广科学技术成果，提高经济效益，并符合使用要求，有利于食品的通用和互换，做到技术上先进，经济上合理。

③制定标准应当做到有关标准的协调配套，有利于标准体系的建立和不断完善。

④制定标准应当有利于促进对外经济技术合作和对外贸易，有利于参与国标经济大循环，并有利于我国标准与国际接轨。

⑤制定标准应当发挥行业协会、科学研究机构和学术团体的作用。

（2）食品质量标准制定的依据。

①法律依据。《中华人民共和国食品安全法》《中华人民共和国标准化法》等法律及有关法规是制定食品质量标准的法律依据。以上法律对食品质量安全标准的制定与批准、食品质量安全标准的适用范围、食品质量安全标准的技术内容 3 个重要方面作了明确的规定。

②科学技术依据。食品质量标准是科学技术研究和生产经验总结的产物。在标准制定过程中，应尊重科学，尊重客观规律，保证标准的真实性；应合理使用已有的科研成果，善于总结和发现与标准有关的各种技术问题；应充分利用现代科学技术条件，使标准具有一定的先进性。

③有关国际组织的规定。WTO 制定的《卫生和植物卫生措施协定（SPS）》《贸易技术壁垒协定（TBT）》是食品贸易中必须遵守的两项协定。SPS 和 TBT 协定都明确指出，国际食品法典委员会（CAC）的法典标准可作为解决国际贸易争端，协调各国食品安全标准的依据。因此，每一个 WTO 的成员国都必须履行 WTO 有关食品标准制定和实施的各项协议和规定。

（3）食品质量标准的制定程序。

食品质量标准的制定工作是标准化工作的重要任务，应有计划、有组织地按一定的程序进行。

食品质量标准制定的正常程序为：

①预备阶段。该阶段的主要任务是在充分研究和论证的基础上，提出食品质量标准制定的建议。

②立项阶段。在对食品质量标准制定的必要性和可行性进行充分论证、审查和协调的基础上，进行立项。

③起草阶段。标准起草阶段是制定标准的关键阶段，该阶段的主要工作内容是编制标准征求意见稿、编制说明和有关附件。

④征求意见阶段。将标准征求意见稿发往有关单位征求意见。标准起草工作组根据收集到的反馈意见对征求意见稿进行修改，在此基础上编制标准送审稿、回函意见处理汇总表。

⑤审查阶段。标准化技术委员会以会审或函审的形式对标准送审稿进行审查、表决，一般同意票数在全体委员的三分之二以上方可通过。通过的送审稿根据审查意见进行修改并编制报批稿。

⑥批准阶段。对标准报批稿进行审查、批准和编号，并提供标准出版稿。

⑦出版阶段。由出版社印刷出版正式标准。

⑧复审阶段。按规定定期对标准进行复审。

⑨废止阶段。根据复审结果，通过一定形式宣布某标准废止。

快速程序是在正常标准制定程序的基础上省略起草阶段或省略起草阶段和征求意见阶段的简化程序。凡符合下列之一的项目，均可申请采用快速程序：①等同采用或修改采用国际标准制定国家标准的项目；②等同采用或修改采用国外先进标准制定国家标准的项目；③现行国家标准的修订项目；④现行其他标准转化为国家标准的项目。

5．食品质量标准的贯彻实施

食品质量标准的贯彻实施一般可分为计划、准备、实施、检查、总结五个步骤。

①计划。标准发布后，根据该项标准的性质和适用范围，有关部门、地区和企业，应拟订标准的实施计划或方案。从总体上分析影响标准贯彻实施的因素与相关条件，选择合适的贯彻方式和方法，选定贯彻标准的时机、人力安排及经费。

②准备。准备工作是标准实施的重要环节。实践证明，准备阶段的工作做得扎实细致，实施阶段就能比较顺利地进行。

③实施。实施就是要把标准的规定内容在生产、流转和使用等环节中加以执行，有关人员应严格按标准要求进行设计，按符合标准要求的图纸和技术文件组织生产，按符合标准的试验方法对产品进行检验，以及按标准要求进行包装和标识等。

④检查。检查就是对图样、工艺规程、检验规程等文件检查其是否符合标准的要求，以及这些文件实施的情况，也就是对各个环节中标准化要求进行认真检查其是否贯彻了有关标准。

⑤总结。总结包括技术上的总结，方法上的总结以及各种文件、资料的收集，整理，立卷，归档，还包括对下一步工作提出意见和建议。以力求及时总结经验，组织交流，以点带面，推动标准的全面实施。应该注意的是，总结并不意味着标准贯彻的终止，只是完成一次贯彻标准的"PDCA 循环"（ISO 9001 质量管理体系有详细介绍），还应继续进行下次的 PDCA。总之，在标准的有效期内，应不断地实施，使标准贯彻得越来越全面、越来越深入，直到修订成新的标准为止。

6．采用国际标准

我国《采用国际标准管理办法》中规定：采用国际标准和国外先进标准，简称"采标"，是指把国际标准和国外先进标准的内容，通过分析研究，不同程度地定入我国标准并贯彻执行。

（1）采用国际标准的程度。

我国对采用国际标准程度的划分与 ISO/IEC 的规定相同，分为 3 种情况：

①等同采用：是指国家标准与国际标准在技术内容上完全相同，编写方法上完全对应，仅有或没有编辑性修改。

②等效采用：是指国家标准与国际标准在技术内容上等效，在编写方法上不完全对应，仅有小的技术差异。

③不等效采用：指国家标准与国际标准之间有重大技术差异，它又包括以下 3 种情况。

内容少：国家标准对国际标准的内容进行了选择或要求降低等；

内容多：国家标准增加了新内容或要求高；

内容交错：部分内容完全等同或技术上等效，但国家标准与国际标准各自包含了对方没有的条款或内容。

在进行国际贸易中，等同采用不会造成贸易上的障碍。等效采用在一般情况下也不会造成贸易的障碍。但是，若进行交易的双方都采用此种等效程度，则叠加起来就有可能造成两国贸易中的不可接受性。所以，按此种等效程度采标时，需十分注意。而按不等效采用方式进行贸易时，都有造成贸易障碍的可能性。需要说明的是采用程度仅表示国家标准与国际标准之间的异同情况，并不表示技术水平的高低。

（2）采用程度的表示方法。采用国际标准程度有 3 种表示方法。

①用文字叙述：一般用在标准的引言中，任何采用程度均可用此方法。

②双重编号法：只适用于等同采用，即在标准的封面和首页上同时标出国家标准的编号和采用的国际标准的编号。

③字母代号表示法，如表 2-1 所示。

表 2-1 采用程度的字母代号表示法

采用程度	字母代号	图示符号
等同采用	idt 或 IDT	≡
等效采用	equ 或 EQU	=
不等效采用	neq 或 NEQ	≠

（二）我国食品质量安全标准

目前，我国食品质量安全标准中，有两套体系，一套是卫生标准，主要由卫生部门提出；一套是质量标准，主要由质检和农业部门制定。两者互不协调，造成很多混乱。为此，新出台的《食品安全法》规定，国务院卫生行政主管部门将会将现行的食用农产品质量安全标准、食品卫生标准、食品质量标准和有关食品的行业标准中强制执行的标准予以整合，统一公布为食品安全国家标准。

目前，我国食品质量安全标准体系如图 2-1 所示。

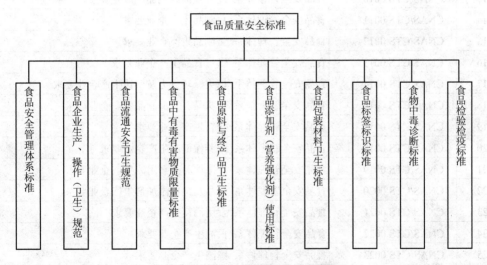

图 2-1 我国食品质量安全标准体系

1. 食品安全管理体系标准

我国食品安全管理体系标准主要包括食品安全管理体系（ISO 22000）、质量管理体系（ISO 9001）、危害分析及关键控制（HACCP）三个方面的系列标准。表 2-2、表 2-3、表 2-4 分别列出了现行的食品安全管理体系、食品质量管理体系和危害分析及关键控制点系列标准。

表 2-2　食品安全管理体系系列标准

序号	标准编号	标准名称
1	GB/T 22000—2006	食品安全管理体系 食品链中各类组织的要求
2	GB/T 27301—2008	食品安全管理体系 肉及肉制品生产企业要求
3	GB/T 27302—2008	食品安全管理体系 速冻方便食品生产企业要求
4	GB/T 27303—2008	食品安全管理体系 罐头生产企业要求
5	GB/T 27304—2008	食品安全管理体系 水产品加工企业要求
6	GB/T 27305—2008	食品安全管理体系 果汁和蔬菜汁类生产企业要求
7	GB/T 27306—2008	食品安全管理体系 餐饮业要求
8	GB/T 27307—2008	食品安全管理体系 速冻果蔬生产企业要求
9	CNAS/CTS 0006	食品安全管理体系 谷物磨制品生产企业要求
10	CNAS/CTS 0007	食品安全管理体系 饲料加工企业要求
11	CNAS/CTS 0008	食品安全管理体系 食用植物油生产企业要求
12	CNAS/CTS 0009	食品安全管理体系 制糖企业要求
13	CNAS/CTS 0010	食品安全管理体系 淀粉及淀粉制品生产企业要求
14	CNAS/CTS 0011	食品安全管理体系 豆制品生产企业要求
15	CNAS/CTS 0012	食品安全管理体系 蛋制品生产企业要求
16	CNAS/CTS 0013	食品安全管理体系 烘焙食品生产企业要求
17	CNAS/CTS 0014	食品安全管理体系 糖果、巧克力及蜜饯生产企业要求
18	CNAS/CTS 0016	食品安全管理体系 调味品、发酵制品生产企业要求
19	CNAS/CTS 0017	食品安全管理体系 味精生产企业要求
20	CNAS/CTS 0018	食品安全管理体系 营养保健品生产企业要求
21	CNAS/CTS 0019	食品安全管理体系 冷冻饮品及食用冰生产企业要求
22	CNAS/CTS 0020	食品安全管理体系 食品及饲料添加剂生产企业要求
23	CNAS/CTS 0021	食品安全管理体系 食用酒精生产企业要求
24	CNAS/CTS 0022	食品安全管理体系 白酒生产企业要求
25	CNAS/CTS 0023	食品安全管理体系 啤酒生产企业要求
26	CNAS/CTS 0024	食品安全管理体系 黄酒生产企业要求
27	CNAS/CTS 0025	食品安全管理体系 葡萄酒生产企业要求
28	CNAS/CTS 0026	食品安全管理体系 饮料生产企业要求
29	CNAS/CTS 0027	食品安全管理体系 茶叶生产企业要求
30	CNAS/CTS 0028	食品安全管理体系 其他未列明的食品生产企业要求

表 2-3　食品质量管理体系标准

序号	标准编号	标准名称
1	GB/T 19000—2000	质量管理体系　基础术语
2	GB/T 19001—2008	质量管理体系　要求
3	GB/T 19004—2000	质量管理体系　业绩改进指南
4	GB/T 19011—2000	质量和（或）环境管理体系审核指南
5	GB/T 19080—2003	食品和饮料行业 ISO 9001：2000 应用准则

表 2-4　危害分析及关键控制点系列标准

序号	标准编号	标准名称
1	GB/T 19538—2004	危害分析与关键控制点（HACCP）体系及其应用指南
2	GB/T 27341—2009	危害分析与关键控制点体系食品生产企业通用要求
3	GB/T 20551—2006	畜禽屠宰 HACCP 应用规范
4	GB/T 19537—2004	蔬菜加工企业 HACCP 体系审核指南
5	GB/T 19838—2005	水产品危害分析与关键控制点（HACCP）体系及其应用指南
6	GB/T 20572—2006	天然肠衣生产 HACCP 应用规范
7	GB/T 20809—2006	肉制品生产 HACCP 应用规范
8	GB/T 22656—2008	调味品生产 HACCP 应用规范
9	GB/T 27342—2009	危害分析与关键控制点（HACCP）体系 乳制品生产企业要求
10	NY 932—2005	饲料企业 HACCP 管理通则
11	NY/T 1336—2007	肉用家畜饲养 HACCP 管理技术规范
12	NY/T 1242—2006	奶牛场 HACCP 饲养管理规范
13	NY/T 1337—2007	肉用家禽饲养 HACCP 管理技术规范
14	NY/T 1338—2007	蛋鸡饲养 HACCP 管理技术规范
15	NY/T 1570—2007	乳制品加工 HACCP 准则

2. 食品企业生产、操作（卫生）规范

食品从"农田到餐桌"的全过程监控体系是食品安全的重要保障。在种植、养殖过程中应用良好农业规范（GAP）、食品加工过程中应用良好操作规范（GMP）、食品流通过程中应用良好分销规范（GDP）等先进的食品安全控制技术，对提高食品质量安全十分有效。

食品企业良好操作规范是一套为了保障食品质量与安全而制定的，贯穿于食品生产全过程的措施、方法和技术要求，是一种特别注重生产过程中食品品质与卫生安全的自主性管理制度，是一种专业的质量保证与卫生安全管理体系。食品企业良好操作规范标准见表 2-5。

表 2-5 食品企业良好操作规范系列标准

序号	标准代号	标准名称
1	GB 14881—1994	食品企业通用卫生规范
2	GB 8950—1988	罐头厂卫生规范
3	GB 8951—1988	白酒厂卫生规范
4	GB 8952—1988	啤酒厂卫生规范
5	GB 8953—1988	酱油厂卫生规范
6	GB 8954—1988	食醋厂卫生规范
7	GB 8955—1988	食用植物油厂卫生规范
8	GB 8956—1988	蜜饯卫生规范
9	GB 8957—1988	糕点厂卫生规范
10	GB 12693—1990	乳品厂卫生规范
11	GB 12694—1990	肉类加工厂卫生规范
12	GB 12695—1990	饮料厂卫生规范
13	GB 12696—1990	葡萄酒厂卫生规范
14	GB 12697—1990	果酒厂卫生规范
15	GB 12698—1990	黄酒厂卫生规范
16	GB 13122—1991	面粉厂卫生规范
17	GB 16330—1996	饮用天然矿泉水厂卫生规范
18	GB 17403—1998	巧克力厂卫生规范
19	GB 17404—1998	膨化食品良好生产规范
20	GB 17405—1998	保健食品良好生产规范
21	GB 19303—2003	熟肉制品企业生产卫生规范
22	GB 19304—2003	定型包装饮用水企业生产卫生规范

良好分销规范（GDP）就是在食品流通销售环节中遵循的一系列规范性操作，目的是在食品流通销售环节能保持原有的品质，不产生安全危害。良好分销规范部分标准见表 2-6。

表 2-6 良好分销规范系列标准

序号	标准代号	标准名称
1	GB/T 23346—2009	食品良好流通规范
2	SB/T 10395—2005	畜禽产品流通卫生操作技术规范
3	GB/T 21735—2008	肉与肉制品物流规范

良好农业规范（GAP）是通过经济的、环境的和社会的可持续发展，来保障食品安全和食品质量的一种方法和体系。

GAP 的特点是通过全程质量控制体系的建立，打破农产品生产、加工、销售（贸易）脱节的传统格局，从根本上解决食品质量与安全问题。

　　良好农业规范标准分为农场基础标准、种类标准（作物类、畜禽类和水产类等）和产品模块标准（大田作物、果蔬、茶叶、肉牛、生猪、奶牛、家禽、罗非鱼、大黄鱼等）三类（表 2-7）。在实施认证时，应将农场基础标准、种类标准与产品模块标准结合使用。例如，对生猪的认证应当依据农场基础、畜禽类、生猪模块三个标准进行检查/审核（示例见图 2-2）。

表 2-7　用于认证的良好农业规范国家系列标准列表

序号	标准代号	标准名称
1	GB/T 20014.1—2005	良好农业规范 第 1 部分：术语
2	GB/T 20014.2—2008	良好农业规范 第 2 部分：农场基础控制点与符合性规范
3	GB/T 20014.3—2005	良好农业规范 第 3 部分：作物基础控制点与符合性规范
4	GB/T 20014.4—2005	良好农业规范 第 4 部分：大田作物控制点与符合性规范
5	GB/T 20014.5—2005	良好农业规范 第 5 部分：水果和蔬菜控制点与符合性规范
6	GB/T 20014.6—2005	良好农业规范 第 6 部分：畜禽基础控制点与符合性规范
7	GB/T 20014.7—2005	良好农业规范 第 7 部分：牛羊控制点与符合性规范
8	GB/T 20014.8—2005	良好农业规范 第 8 部分：奶牛控制点与符合性规范
9	GB/T 20014.9—2005	良好农业规范 第 9 部分：生猪控制点与符合性规范
10	GB/T 20014.10—2005	良好农业规范 第 10 部分：家禽控制点与符合性规范
11	GB/T 20014.11—2005	良好农业规范 第 11 部分：畜禽公路运输控制点与符合性规范
12	GB/T 20014.12—2008	良好农业规范 第 12 部分：茶叶控制点与符合性规范
13	GB/T 20014.13—2008	良好农业规范 第 13 部分：水产养殖基础控制点与符合性规范
14	GB/T 20014.14—2008	良好农业规范 第 14 部分：水产池塘养殖基础控制点与符合性规范
15	GB/T 20014.15—2008	良好农业规范 第 15 部分：水产工厂化养殖基础控制点与符合性规范
16	GB/T 20014.16—2008	良好农业规范 第 16 部分：水产网箱养殖基础控制点与符合性规范
17	GB/T 20014.17—2008	良好农业规范 第 17 部分：水产围栏养殖基础控制点与符合性规范
18	GB/T 20014.18—2008	良好农业规范 第 18 部分：水产滩涂/吊养/底播养殖基础控制点与符合性规范
19	GB/T 20014.19—2008	良好农业规范 第 19 部分：罗非鱼池塘养殖基础控制点与符合性规范
20	GB/T 20014.20—2008	良好农业规范 第 20 部分：鳗鲡池塘养殖基础控制点与符合性规范
21	GB/T 20014.21—2008	良好农业规范 第 21 部分：对虾池塘养殖基础控制点与符合性规范
22	GB/T 20014.22—2008	良好农业规范 第 22 部分：鲆鲽工厂化养殖基础控制点与符合性规范
23	GB/T 20014.23—2008	良好农业规范 第 23 部分：大黄鱼网箱养殖基础控制点与符合性规范
24	GB/T 20014.24—2008	良好农业规范 第 24 部分：中华绒螯蟹围栏养殖基础控制点与符合性规范

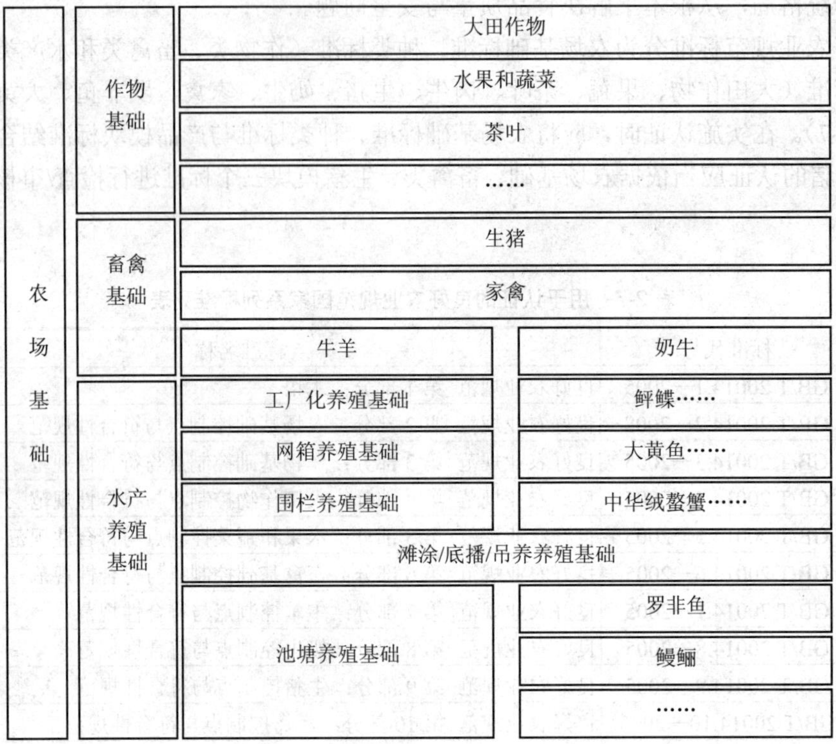

图 2-2 良好农业规范控制点与符合性规范使用示例

（来源：国家认证认可监督管理委员会 CNCA-N-004：2007 良好农业规范认证实施规则）

3. 食品中有毒有害物质限量标准

食品原料中常常含有一些有毒有害物质，食品加工过程中也会给最终产品带入一些有毒有害的物质。这些有毒有害物质的存在对人体的健康构成了极大的危害，所以要对这些物质的存在量制定一些标准，以保证食用这些食品后不会对人体造成伤害。这些有毒有害物质通常包括：天然毒素，如黄曲霉毒素；环境污染物，如一些重金属；农药、兽药残留等。

（1）食品中真菌毒素限量标准（GB 2761—2011）。

食品中真菌毒素是指某些真菌在生长繁殖过程中产生的次生有毒代谢产物。真菌毒素主要是由于食物和饲料发生霉变而引起的，人和动物食用后会引起致死性的急性疾病，并且与癌症风险增高有关，且一般加工方式难以去除。所以要对食品中真菌毒素制定严格的限量标准。

《食品中真菌毒素限量》（GB 2761—2011）规定了黄曲霉毒素 B_1、黄曲霉毒素 M_1、脱氧雪腐镰刀菌烯醇、赭曲霉素 A、玉米赤霉烯酮及展青霉素在各类食品中的限量标准以及检测方法。

（2）食品中污染物限量标准（GB 2762—2005）。

食品中的污染物是指食品在生产、加工、贮存、运输、销售，直至食用过程或环境污染所导致产生的任何物质，这些非有意加入食品中的物质为污染物，包括除农药、兽药和真菌毒素以外的污染物。

《食品中污染物限量》（GB 2762—2005）详细规定了铅、镉、汞、砷、铬、铝、硒、氟、苯并（a）芘、N-亚硝胺、多氯联苯、亚硝酸盐、稀土在各类食品中限量标准以及检测方法。

（3）食品中农药最大残留限量标准（GB 2763—2005）。

农药残留是指由于实施农药而存留在环境和农产品、食品、饲料中的农药及其具有毒性的代谢物、降解转化产物、杂质等。还包括环境背景中存有的农药污染物或持久性农药的残留物再次在商品中形成的残留。

《食品中农药最大残留限量》（GB 2763—2005）详细规定了乙酸甲胺磷等 136 种农药的最大残留限量标准及检验方法。

该标准的实施，对进一步提高我国食品的安全性，保护我国人民群众的健康安全，促进我国食品进入国际市场奠定了良好的基础。

（4）动物性食品中兽药最大残留限量标准。

兽药残留是指食品动物用药后，动物产品的任何可食部分所含兽药的母体化合物及（或）其代谢物，以及与兽药有关的杂质的残留。造成动物性食品兽药残留超标的主要原因是非法使用违禁药物，滥用抗菌药物和药物添加剂，不遵守休药期的规定。兽药残留既包括原药也包括药物在动物体内的代谢产物。主要的残留兽药有抗生素类、磺胺药类、呋喃药类、抗球虫药、激素药类和驱虫药类。

兽药残留严重影响了我国动物源性食品的出口，造成了巨大的经济损失，给人民健康带来极大的危害。因此，必须加强兽药残留监测工作，开展兽药安全性评价，建立完善的兽药残留监控体系，最大限度地保障畜禽产品的安全，减少环境污染，促进和保证养殖业健康持续发展。

为加强兽药残留监控工作，保证动物性食品卫生安全，根据《兽药管理条例》规定，农业部组织修订了《动物性食品中兽药最高残留限量》，于 2002 年 12 月 24 日以 235 号公告发布。

第二节 国际食品质量法律法规与标准

国际食品质量法律法规与标准是由国际政府组织或民间组织制定的，被广大国家所接受承认的法律制度和标准。随着我国经济的发展，食品参与国际贸易越来越多，很多国际法律法规和标准被引入我国，对于保证我国食品质量，参与国际交流，提高国际市场竞争能力起到很大作用。

一、食品法典委员会（CAC）与食品法典

食品法典委员会（简称 CAC）成立于 1961 年，是联合国粮农组织（FAO）和世界卫生组织（WHO）建立的政府间协调食品标准的国际组织，目前已有 165 个成员国，覆盖全球约 98% 的人口。CAC 通过制定推荐的食品标准及食品加工规范，协调各国的食品标准立法并指导其建立食品安全体系，保护消费者的健康，促进公平的食品贸易。CAC 已经成为了世界上最重要的食品标准制定组织。

CAC 的组织机构包括执行委员会、秘书处、一般问题委员会、商品委员会、政府间特别工作组和地区协调委员会（图 2-3）。

CAC 大会每两年召开一次，轮流在粮农组织总部所在地意大利罗马和世界卫生组织总部所在地瑞士日内瓦举行。每个成员国的首要义务是出席大会会议，各成员国政府委派官员招集组成本国代表团，代表团成员包括企业代表、消费者代表、学术研究机构代表，非委员会成员国的国家有时也可以观察员的身份出席会议。大多数国际政府组织和国际非政府组织均可作为观察员列席委员会大会。与各成员国所不同的是，观察员不具备大会通过决议的最终表决权，除此之外，食品法典委员会允许观察员随时提出他们的观点。

所有法典标准都需通过八道程序，其中包括经委员会审核两次，经各国政府及相关机构（包括食品生产经营者和消费者）审核两次方可采纳。某个标准一经颁布，法典委员会秘书处就定期提供已认可了该标准的国家的清单。这样出口商们就可以了解其符合法典要求的商品将运往哪些国家。

CAC 标准共有 13 卷，包括 237 个食品产品标准，41 个卫生或技术规范，185 种评价的农药、2 374 个农药残留限量、25 个污染物准则、1 005 种食品添加剂、54 种兽药规定。

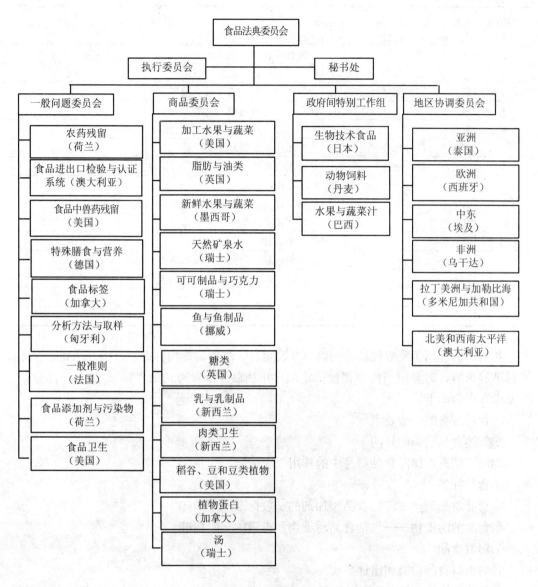

图 2-3　CAC 组织结构图

CAC 标准框架如表 2-8 所示。

表 2-8　CAC 标准框架

序号	卷	标题
1	第一卷　第一部分	一般要求
2	第一卷　第二部分	一般要求（食品卫生）
3	第二卷　第一部分	食品中的农药残留（一般描述）
4	第二卷　第二部分	食品中的农药残留（最大限量值）
5	第三卷	食品中的兽药残留
6	第四卷	特殊膳食食品（包括婴幼儿食品）
7	第五卷　第一部分	加工和速冻水果及蔬菜
8	第五卷　第二部分	新鲜水果和蔬菜
9	第六卷	果汁及相关产品
10	第七卷	谷物、豆类及其制品和植物蛋白
11	第八卷	油脂及相关产品
12	第九卷	鱼和鱼制品
13	第十卷	肉和肉制品，包括浓肉汤和清肉汤
14	第十一卷	糖、可可制品、巧克力及其他制品
15	第十二卷	乳及乳制品
16	第十三卷	取样和分析方法（第二版）

各卷总的包括了一般原则、一般标准、定义、法典、货物标准、分析方法和推荐性技术标准等内容，每卷所列内容都按一定顺序排列以便于参考。如"第一卷　第一部分　一般要求"内容如下：

①食品法典的一般要求

②叙述食品法典的目的

③地方法典在国际食品贸易中的作用

④食品标签

⑤食品添加剂——包括食品添加剂的一般标准

⑥食品的污染物——包括食品污染物和毒素的一般标准

⑦辐射食品

⑧进出口食品检验和出证系统

食品法典的各卷标准分别用英文、法文和西班牙文出版，各个标准均可在万维网上阅览。

二、国际标准化组织（ISO）

国际标准化组织（简称 ISO），是一个全球性的非政府组织，是国际标准化领域中一个十分重要的组织。ISO 成立于 1946 年，总部设在瑞士日内瓦。

我国是 ISO 始创成员国之一，也是最初的 5 个常任理事国之一。1978 年 9 月，中国以中国标准化协会名义参加 ISO，1985 年改由中国国家标准局参加，1989 年又改由中国国家技术监督局参加。2001 年机构改革后，国家标准委代表中国参加该组织的活动。中国现在是 ISO 145 个技术委员会和 356 个分委员会的积极成员，是 49 个技术委员会和 238 个分委员会的观察成员。我国目前还承担了 ISO 的一个技术委员会和五个分委员会的秘书处工作。

ISO 组织机构包括全体大会、理事会、中央秘书处、政策制定委员会、技术管理局、标准物质委员会、技术咨询组、技术委员会等，ISO 组织机构设置见图 2-4。

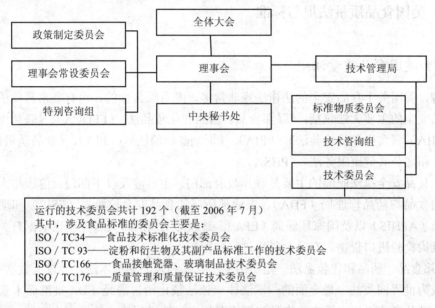

图 2-4　ISO 组织机构示意图

国际标准化组织的目的和宗旨是："在全世界范围内促进标准化工作的发展，以便于国际物资交流和服务，并扩大在知识、科学、技术和经济方面的合作。"其主要活动是制定国际标准，协调世界范围的标准化工作，组织各成员国和技术委员会进行情报交流，以及与其他国际组织进行合作，共同研究有关标准化问题。

ISO 是专门从事国际标准化活动的国际组织。下设许多专门领域的技术委员会（TC），其中 TC34 为农产食品技术委员会，技术委员会根据各自专业领域的工作量又分别成立了一些分委员会（SC）和工作组（WG）。

TC34 主要制定农产食品各领域的产品分析方法标准。为了避免重复，凡 ISO 制定的产品分析标准都被 CAC 直接采用。近年来，ISO 开始关注水果、蔬菜、粮食等大宗农产品贮藏、冷藏、规格（等级）标准的制定，小麦、苹果等重要产品的等级标准已发布。我国承担了绿茶规格、八角规格标准的制定任务。

ISO 对采用其标准的行为有一定的规定（ISO 指南 21 号），但 ISO 并未要求其成员国通报对 ISO 标准的采用情况。

第三节　国外食品质量法规与标准

一、美国食品质量法规与标准

（一）美国食品质量法规

目前，美国关于食品安全的法律法规非常多，既有综合性的，也有非常具体的。美国有关食品安全的主要大法包括：《联邦食品、药品和化妆品法》（FFDCA）、《联邦肉类检验法》（FMIA）、《禽肉制品检验法》（PPIA）、《蛋制品检验法》（EPIA）、《食品质量保护法》（FQPA）和《公共健康服务法》（PHSA）。

承担食品安全执法职能的主要是联邦政府部门。主要涉及以下部门：健康与人类服务部所属的食品与药品管理局（FDA）、农业部所属的食品安全检验局（FSIS）和动植物健康检验局（APHIS）以及国家环保局（EPA）。财政部所属的海关服务局也根据有关指南协助执法机构检验进口货物，有时对货物进行扣留。

《联邦食品、药品和化妆品法》是美国关于食品和药品的基本法。经过无数次修改后，该法已成为世界同类法中最全面的一部法律。该法禁止销售需经 FDA 批准而未获得批准的物品，以及未获得相应报告的物品和拒绝对规定设施进行检查的厂家生产的产品。除大部分肉和家禽外的食品，所有仪器、药品、生物制品、化妆品、医药器械、有放射性的电子产品以及《联邦食品、药品和化妆品法》及相关法律中规定的产品均需在进口时或供出口美国时接受 FDA 的检查。该法规定进口食品必须清洁、完整并且食用安全，在卫生条件下生产；药品和器械必须安全有效；化妆品必须安全并含经过审批的成分；放射性器械必须符合确定的标准；并且所有产品均必须有英文说明资料和可信的标记。所有生产热加工的"低酸罐头食品和酸化食品"的商业性加工制作，均需在 FDA 对所有这类产品进行登记和资料归档并获得合格的记录。登记和归档是美国有关部门及向美国出口这类食品的国家所要求的。《联邦食品、药品和化妆品法》还规定如果食品、药品、化妆品和有些医疗器械中含有未经 FDA 证明的某些特殊用途所需安全性的色素时，此类产品即为伪劣产品。

而肉类和家禽基本上是由美国农业部（USDA）实施的另一个法令管理。《美国联邦法典》（CFR）是美国联邦政府的行政部门和机构在联邦登记上发布的永久性和完整的法规汇编，分 50 卷，与食品有关的主要是第 7 卷（农业）、第 9 卷（动物与动物产品）和第 21 卷（食品和药品）。这些法律法规涵盖了所有食品，为食品安全制定了非常具体的标准以及监管程序。

除了以上法律法规之外，美国缺陷食品召回制度也是相当完善的。食品召回制度，是指食品的生产商、进口商或者经销商在获悉其生产、进口或经销的食品存在可能危害消费者健康、安全的缺陷时，依法向政府部门报告，及时通知消费者，并从市场和消费者手中收回问题产品，予以更换、赔偿的积极有效的补救措施，以消除缺陷产品危害风险的制度。实施食品召回制度的目的就是及时收回缺陷食品，避免流入市场的缺陷食品对大众人身安全损害的发生或扩大，维护消费者的利益。

美国产品召回制度是在政府行政部门的主导下进行的。负责监管食品召回的是农业部食品安全检验局（FSIS）、食品和药品管理局（FDA）。FSIS 主要负责监督肉、禽和蛋类产品质量和缺陷产品的召回，FDA 主要负责 FSIS 管辖以外的产品，即肉、禽和蛋类制品以外食品的召回。美国食品召回的法律依据主要是：《联邦肉类检验法》《禽肉制品检验法》《联邦食品、药品及化妆品法》以及《消费者产品安全法》。FSIS 和 FDA 是在法律的授权下监管食品市场，召回缺陷食品。美国 FSIS 和 FDA 对缺陷食品可能引起的损害进行分级并以此作为依据确定食品召回的级别。

美国的食品召回有三级：第一级是最严重的，消费者食用了这类产品将肯定危害身体健康甚至导致死亡；第二级是危害较轻的，消费者食用后可能不利于身体健康；第三级是一般不会有危害的，消费者食用后不会引起任何不利于健康的后果，比如贴错产品标签、产品标识有错误或未能充分反映产品内容等。随着这项制度的深入，食品召回有增加的趋势，但并不是说食品质量下降了，而是人们对食品质量有了更高的要求。食品召回级别不同，召回的规模、范围也不一样。召回可以在批发层、用户层（学校、医院、宾馆和饭店）、零售层，也可能在消费者层次。

美国食品召回在两种情况下发生：一种是企业得知产品存在缺陷，主动从市场上撤下食品；另一种是 FSIS 或 FDA 要求企业召回食品。无论哪种情况，召回都是在 FSIS 或 FDA 的监督下进行的，它们在食品召回中发挥着关键作用。美国食品安全体系是根据强有力的、灵活的、以科学为依据的法律以及行业的法律责任来生产食品。联邦当局可以互补和互相依赖的食品安全机构，他们与各州和地方政府的相关机构协调互动，形成了一个综合性的、有效的体系。

（二）美国食品质量标准

美国目前涉及食品的标准有 660 余项，主要是检测方法标准和食品质量标准两大类。标准化活动的自愿性和分散性是其两大特点。

美国食品质量标准分为行业标准、国家标准、有机食品标准体系和农产品分类分级标准四大类。

（1）行业标准。

行业标准由民间团体制定，诸如谷物化学师协会、苗圃主协会、奶制品学会、饲料工业协会等制定的标准。民间组织制定的标准具有很大的权威性，不仅在国内享有良好的声誉而颇受青睐，在国际上也得到高度评价而广泛采用。行业标准是美国标准的主体。

（2）国家标准。

国家标准是由联邦农业部食品安全检验局、动植物健康检验局、农业市场局、粮食检验包装储存管理局、卫生部食品与药品管理局、环境保护署等政府机构制定的标准，还包括联邦政府授权的机构如饲料官方管理协会制定的标准。

（3）有机食品标准体系。

美国农业部于 2001 年公布了"有机食品"的正式定义，并开始对有机食品发放统一许可证。对有机食品的管理主要包括以下内容：有机生产加工处理系统计划，土地法规，土壤肥力和作物营养管理标准，种子和栽种苗木的操作标准，作物轮作实施标准，作物害虫、杂草和疫病的管理措施标准，野生作物收获操作标准，家畜来源标准，家畜饲料标准，家畜保健标准，有机产品标签规定等。

（4）农产品分类分级标准。

目前，农业部农业市场服务局制定的农产品分级标准有 360 个。其中，新鲜果蔬分级标准 158 个，涉及新鲜果蔬、加工用果蔬和其他产品等 85 种农产品；加工的果蔬及其产品分级标准 154 个，分为罐装果蔬、冷冻果蔬、干制和脱水产品、糖类产品和其他产品五大类；乳制品分级标准 17 个；蛋类产品分级标准 3 个；畜产品分级标准 10 个；粮食和豆类分级标准 18 个。这些农产品分级标准是依据美国农业销售法制定的，对农产品的不同质量等级予以标明。

二、欧盟食品质量法规与标准

（一）欧盟食品质量法规

1. 欧盟食品安全管理机构

欧盟食品安全管理机构主要有欧洲食品安全局，欧盟公众健康、消费者保护部，欧盟委员会，欧洲食品兽医办公室等。

（1）欧洲食品安全局。欧洲食品安全局是一个独立的科技咨询机构，该机构不受欧盟委员会、欧盟其他的机构和成员国的管理机构管辖，独立开展工作。欧洲食品安全局负责监督整个食品链，根据科学的证据做出风险评估，为政府制定政策和法规提供信息依据。

（2）欧盟公众健康、消费者保护部。欧盟公众健康、消费者保护部是一个监督机构，旨在为欧洲消费者的身体健康、消费者安全提供保障并保持相关法制建设的完善更新；对欧盟各成员国在食品安全、消费者权益及公众健康等方面开展的工作进行监督。

（3）欧盟委员会。欧盟委员会是一个执行机构，主要负责法律议案的提议、法律法规的执行、条约的保护及欧盟保护措施的管理。

欧盟食品安全管理法规由欧盟委员会健康和消费者保护部提出提议，经成员国专家讨论，形成欧盟委员会最终提议，然后将提议提交给欧盟食品链和动物卫生常设委员会，或将提议直接提交给理事会，再由理事会和议会共同决策。

（4）欧洲食品兽医办公室。欧洲食品兽医办公室通过派巡视员与专家对欧盟成员国以及向欧盟国家出口农产品的其他国家的食品进行抽检、审计，一旦发现严重缺陷，巡视员会反复回访，直到问题解决，他们还会把巡视报告发表在欧盟委员会的网站上。

通过这种方式对食物生产各个环节的监控，确保从农场到餐桌每个环节的最大限度的安全。

2. 欧盟食品质量安全法规

欧盟食品质量安全法规主要有：食品安全白皮书、178/2002 号法令、欧盟食品卫生法令等。

（1）食品安全白皮书。食品安全白皮书是欧盟食品安全法律的核心，这部法律提出了一项根本性的改革，就是以控制"从农田到餐桌"全过程为基础，包括普通动物饲养、动物健康与保健、污染物和农药残留、新型食品、添加剂、香精、包装、辐射、饲料生产、农场主和食品生产者的责任，以及各种农田控制措施等。

（2）178/2002 号法令。该法令 2005 年 1 月 1 日起生效，共有 5 章 65 条款。该法规的主要内容有：制定食品法律的总体原则和要求，包括建立欧盟共同的原则和责任，建立提供强大科学支撑的手段，建立有效的组织安排和程序来控制食品和饲料安全，建立欧洲食品安全局；制定处理直接或间接影响食品和饲料安全事件的程序。

（3）欧盟食品卫生法令。欧盟食品卫生法令主要包括：852/2004 号法令、853/2004 号法令、854/2004 号法令、882/2004 号法令等。

852/2004 号法令主要内容包括企业经营者应承担食品安全的主要责任；应在食品链上全面推行危害分析和关键控制点（HACCP）体系；应建立微生物准则和温度控制要求；应确保进口食品符合欧盟标准或与之等效的标准。

853/2004 号法令是关于动物源性食品特殊卫生规则。主要内容有：只能用饮用水对动物源性食品进行清洗；所用的食品生产加工设施必须在欧盟获得批准和注册；动物源性食品必须加贴识别标志；只允许从欧盟许可清单所列国家进口动物源性食品。

854/2004 号法令是关于人类消费用动物源性食品官方控制组织的特殊规则。主要内容有：食品企业注册的批准的有关规定；对违法行为的惩罚，如限制或禁止投放市场、限制或禁止进口等；进口程序，如允许进口的第三国或企业名单；在附录中分别规定了对肉、双壳软体动物、水产品、原乳和乳制品的专用控制措施。

882/2004 号法令是关于确保符合饲料和食品法、动物健康和动物福利规定。主要内容有：预防、消除或减少通过直接方式或通过环境渠道等间接方式对人类与动物造成的安全风险；严格食品和饲料标识管理，保证食品与饲料贸易的公正；检查成员国或欧盟以外的出口国是否正确履行了欧盟食品与饲料法和动物健康与福利条例要求的职责。

（二）欧盟食品质量标准

为了控制食品质量安全，欧盟建立了适应市场经济发展的国家技术标准体系。欧盟食品质量标准已深入社会生活的各个层面，为法律法规提供技术支撑，成为市场准入、契约合同维护、贸易仲裁、合格评定、产品检验、质量体系认证等的基本依据。

欧盟委员会负责起草与制定与食品质量安全相应的法律法规，如体现欧盟食品最高标准的《欧共体食品安全白皮书》等。而欧共体理事会同样也负责制定食品卫生规范要求，在欧盟的官方公报上以欧盟指令或决议的形式发布，如有关食品卫生的理事会指令 93/43/EEC。以上两个部门在控制食品链的安全方面只负责立法，而不介入具体的执行工作。

欧洲标准（EN）和欧共体各成员国国家标准是欧共体标准体系中的两级标准，其中欧洲标准是欧共体各成员国统一使用的区域级标准，对贸易有重要的作用。欧洲标准由三个欧洲标准化组织制定，分别是欧洲标准化委员会（CEN）、欧洲电工标准化委员会（CENELEC）、欧洲电信标准协会（ETSI）。食品领域的标准由 CEN 制定，到目前为止，CEN 已经发布了 260 多个欧洲食品标准，主要用于取样和分析方法，这些标准由 7 个技术委员会制定，与果蔬安全有关的技术委员会有：TC174（水果和蔬菜汁——分析方法）、TC194（与食品接触的器具）、TC275（食品分析——协调方法）、TC307（含油种子、蔬菜及动物脂肪和油以及其副产品的取样和分析方法）。

CEN 与 ISO 有密切的合作关系，并于 1991 年签订了《维也纳协议》。《维也纳协议》是 ISO 和 CEN 间的技术合作协议，主要内容是 CEN 采用 ISO 标准（当某一领域的国际标准存在时，CEN 即将其直接采用为欧洲标准），ISO 参与 CEN 的草案阶段工作（如果某一领域还没有国际标准，则 CEN 先向 ISO 提出制定标准的计划）等。CEN 的目的是尽可能使欧洲标准成为国际标准，以使欧洲标准有更广阔的市场。目前，40%的 CEN 标准也是 ISO 标准。

欧盟食品质量标准是欧洲共同体各成员国统一使用的区域性标准，对国际贸易有着重要的作用。主要包括：食品采样和分析方法标准，农药残留标准，食品包装、贮运与标志标准，农产品进口标准，水产品标准等。

三、日本食品质量法规与标准

（一）日本食品质量法律法规

日本拥有比较完善的食品安全法律法规体系，主要有《食品卫生法》和《食品安全基本法》，以及伴随而生的有关法律的实施令和实施规则，对该法律加以补充说明和规范。根据相关的法律规定，分别由厚生劳动省与农林水产省承担食品卫生安全方面的行政管理职能。其中，厚生劳动省负责稳定的食物供应和食品安全，农林水产省负责食品生产和质量保证。

1.《食品卫生法》

日本的食品安全管理依据《食品卫生法》进行。《食品卫生法》制定于1947年，后根据需要有过几次修订。该法由36条组成。

《食品卫生法》有如下四个特点：

第一，该法涉及众多的对象。其宗旨是防止人因消费食物而受到健康危害。该法不仅涉及食物和饮料，还涉及包括天然调味剂在内的添加剂和用于处理、制造、加工或输送食物的设备和容器（包装）。该法还涉及开展与食物有关的企业活动，如食品制造和食品进口的人员。

第二，该法将权力授予健康、劳动和福利部。这项授权使健康、劳动和福利部能够迅速对上述事项采取法律行动。

第三，该法从公共健康的角度出发，管理了与食物有关的众多企业。该法授权各地方政府在其管辖范围内对当地的企业采取必要的措施，这些措施包括为企业设施制定必要的标准、发放或吊销执照、给予指导以及中断或终止营业活动。

第四，日本使用以HACCP为基础的一个全面的卫生控制系统。1995年修订《食品卫生法》时，日本建立了该系统。在该系统中，制造商或加工商根据危害分析和关键控制点系统确定对象食物的制造或加工方法及卫生控制方法。然后，健康、劳动和福利部确认这些确定的方法是否符合审批标准。在该系统中得到批准的制造或加工方法被认为符合该法规定的制造或加工标准，这意味着该系统使人们能够对食品生产采用众多的方法而需遵循统一的标准。

2.《食品安全基本法》

《食品安全基本法》为日本的食品安全行政制度提供了基本的原则和要素。主要特点有：

（1）确保食品安全。

《食品安全基本法》体现了消费者至上的原则，所有食品安全政策和指标的确定都是基于科学的风险评估的基础上，实行从农场到餐桌的全过程监控。

（2）体现了地方政府和消费者共同参与的理念。

《食品安全基本法》规定，食品行业机构对确保食品安全负首要责任；同时要求消费者应接受食品安全方面的教育并参与政策的制定过程。

（3）协调政策原则。

在决定政策之前应进行风险评估；以必要的危害管理和预防措施为重点；风险评估员和风险管理者协同行动；要促进风险信息交流。

（4）建立食品安全委员会。

《食品安全基本法》建立了食品安全委员会，该机构作为独立的机构负责开展危险性评估，并向风险管理部门，也就是农林水产省和厚生劳动省，提供科学建议、与社会各界开展危险性信息交流、处理突发的食源性事件；同时食品安全委员会为内阁所属部门，直接向首相报告。

（二）日本食品质量标准

日本食品质量标准体系分为国家标准、行业标准和企业标准三层。国家标准以农产品、林产品、畜产品、水产品及其加工制品和油脂为主要对象；行业标准多由行业团体、专业协会和社团组织制定，主要作为国家标准的补充或技术储备；企业标准是各株式会社制定的操作规程或技术标准。

日本的食品标准数量很多，标准种类齐全，科学、先进、实用，并注重与法律法规的紧密结合，执行有力，目的明确，标准具有很强的可操作性和可检验性。在标准制定的开始，就注重与国际接轨，注重参照国际标准和国外先进标准，一开始就融入国际标准行列和适应国际市场要求。同时，又结合日本的具体情况加以细化，既符合本地实际情况，又具有可操作性。

复习思考题

1. 简述我国食品安全监管体系。
2. 简述《产品质量法》规定我国产品质量监管的方法。
3. 美国的法律法规有什么值得我们学习的？
4. 简述标准化的意义。
5. 简述我国食品标准化现状及存在的问题。

参考文献

[1]　吕杰，李江华，李哲敏，曹建云. 欧盟果蔬食品安全标准体系研究. 中国食物与营养，2005，11.

[2]　臧大存. 食品质量与安全，2 版. 北京：中国农业出版社，2010.

[3]　陈宗道，刘金福，陈绍军. 食品质量管理. 北京：中国农业大学出版社，2003.

[4]　江汉湖. 食品安全性与质量控制. 北京：中国轻工业出版社，2004.

[5]　国家技术监督局标准司，全国食品工业标准化技术委员会. 食品标签通用标准实施指南. 北京：中国标准出版社，1994.

[6]　张建新，陈宗道. 食品标准与法规. 北京：中国轻工业出版社，2006.

第三章 ISO 9000 质量管理体系与 ISO 14000 环境管理体系

【知识目标】
- 了解食品企业建立食品质量管理体系和环境管理体系的步骤和方法
- 掌握 ISO 9000 系列标准以及 ISO 14000 环境管理体系的主要内容

【能力目标】
- 能够在食品生产企业中实施食品质量管理体系和环境管理体系

第一节 ISO 9000 系列标准概述

一、ISO 9000 系列标准产生和发展

ISO 9000 系列标准是国际标准化组织（ISO）所制定的关于质量管理和质量保证的一系列国际标准。它可以帮助组织建立、实施并有效运行的质量保证体系，是质量保证体系通用的要求或指南。它不受具体的行业或经济部门的限制，可广泛适用于各种类型和规模的组织，在国内和国际贸易中促进相互理解和信任。

（一）ISO 9000 系列标准产生

ISO 9000 系列标准是总结各个国家在质量管理与质量保证的成功经验的基础上产生。经历了由军用到民用，由行业标准到国家标准，进而发展到国际标准的发展过程。第二次世界大战期间，美国国防部吸取"二战"中军品质量优劣的经验和教训，决定在军火和军需品订货中实行质量保证。经过几年的实施，1959 年美国国防部发布了军用标准 MIL-Q-9858A《质量保证大纲》，是世界上最早的有关质量保证方面的标准。此后，美国国防部还发布了《承包商质量大纲评定》《承包商检验系统评定》等标准文件，形成了一套完整的质量保证文件。美国军品生产方面的质量保证活动的成功经验取得令人信

服的成效，在世界范围内产生了很大的影响，一些工业发达国家将其引用到民品生产。1971年，借鉴军用质量保证标准的成功经验，美国机械工程师协会（ASME）和美国国家标准协会（ANSI）分别发布了一系列有关原子能发电和压力容器生产方面的质量保证标准。英国于1979年发布了一套质量保证标准：BS5750《质量保证体系》，共分3部分和相应的使用指南。加拿大1979年制定了一套质量保证标准：CSA CAN3—Z299《质量大纲标准的选用指南》和《质量保证大纲》。此外，法国、挪威、荷兰、瑞士等国家也先后制定了质量保证标准。

随着国际贸易的不断发展，不同国家、企业之间的技术合作、经验交流日益频繁，在这些交往中，为了有效开展国际贸易，减少因产品质量问题及产品责任问题产生的经济贸易争端，各国、各企业先后发布了一些关于质量保证体系及审核的标准，但由于各国、各企业实施的标准不一致，在国际贸易中形成了技术壁垒，因而阻碍了国际间的经济合作和贸易往来。与此同时，对于顾客来说，要求产品能够具有满足其需要和期望的特性，这些需求和期望通常表述在产品的规范或标准中。如果企业、组织没有完善的质量保证体系，就很难具备持续提供满足顾客要求的产品的能力，也就不能始终满足顾客的需要。

基于上述背景，制定国际化的质量管理和质量保证标准就成为一种迫切需求。

在这样的背景下，ISO在1980年成立了质量管理与质量保证标准化技术委员会（ISO/TC176），专门负责制定有关质量管理与质量保证方面的国际标准。在总结和参考各国实践经验的基础上，ISO/TC176于1986年发布了ISO 8402《质量 术语》标准，该标准包括了22个术语。1987年ISO相继发布了ISO 9000质量管理和质量保证系列标准。该系列标准是质量管理和质量保证系列标准中主体，包括"标准选用、质量保证和质量管理"三类五项，分别是ISO 9000《质量管理和质量保证 选择和使用指南》、ISO 9001《质量体系 设计开发、生产、安装和服务的质量保证模式》、ISO 9002《质量体系 生产和安装的质量保证模式》、ISO 9003《质量体系 最终检验和试验的质量保证模式》、ISO 9004《质量管理和质量体系要素 指南》，这些标准统称为ISO 9000系列标准。

ISO 9000系列标准的颁布，得到了世界各国的普遍关注和广泛应用，使不同国家、不同企业之间在经贸往来中有了共同的语言、统一的认识和共同遵守的规范，对推动国际贸易和经济发展起着重要的作用。

（二）ISO 9000系列标准发展

随着国际贸易与经济发展的需要和针对标准实施中出现的问题，为使1987年版的ISO 9000系列标准更加协调和完善，具有更广泛的适用性，1994年对其做出了进一步的补充和完善，形成了ISO 9000：1994版国际标准。即将ISO 9000标准发展成ISO 9000—1、ISO 9000—2、ISO 9000—3和ISO 9000—4；ISO 9004发展成ISO 9004—1、ISO 9004—2、

ISO 9004—3 和 ISO 9004—4 等标准。2000 年 12 月 15 日 ISO/TC176 又正式发布了新版的
ISO 9000 系列标准,2000 版 ISO 9000 系列标准整体结构上较 1994 年版发生了较大的变化,
标准的数量在合并、调整的基础上也大幅度减少。即核心标准 4 个(ISO 9000、ISO 9001、
ISO 9004、ISO19011)、其他标准 1 个(ISO 10012)、技术报告若干份(ISO/TR 10006、ISO/TR
10007、ISO/TR 10013、ISO/TR 10014、ISO/TR 10015、ISO/TR 10017)、小册子若干份,
统称为 2000 版 ISO 9000 系列标准。2000 版 ISO 9000 系列标准强调顾客满意及监视和测量
的重要性,以促进质量管理原则在各类组织中的应用,满足了使用者对标准更通俗易懂的
要求,强调质量管理体系要求标准和指南标准的一致性。在 2000 版 ISO 9001 标准实施和
应用经验基础上,2008 年 11 月 15 日,ISO 再次发布了 2008 版 ISO 9001 标准,中国国家
标准 GB/T 19001—2000 标准于 2008 年 12 月 30 日发布,2009 年 3 月 1 日实施。2008 版
ISO 9001 标准没有增加新的条款,只是对 ISO 9001:2000 版有关条款要求进行了适当的改
进,提高了与 ISO 14001:2004 标准兼容,保持与 ISO 9000 族的其他标准的一致。本章主
要介绍 2008 版 ISO 9000 系列标准的内容。

二、ISO 9000 系列标准的构成

根据 ISO 指南 72《管理体系标准的论证和制定指南》的规定,管理体系标准分为三类。
A 类:管理体系要求标准。向市场提供有关组织的管理体系的相关规范,以证明组织
的管理体系是否符合内部和外部要求(例如,通过内部和外部各方予以评定)的标准。如
管理体系要求标准、专业管理体系要求标准。
B 类:管理体系指导标准。通过对管理体系要求标准各要素提供附加指导或提供非同
于管理体系要求标准的独立指导,以帮助组织实施和(或)完善管理体系标准。例如使用
标准的指导,建立、改进和改善管理体系的指导,专业管理体系指导标准。
C 类:管理体系相关标准。就质量管理体系的特定部分提供详细信息或就管理体系的
相关支持技术提供指导的标准。例如管理体系术语文件,评审、文件提供、培训、监督、
测量绩效评价标准。
目前,ISO/TC176 发布的各类标准如下:
A 类:管理体系要求标准
(1)ISO 9001:2008《质量管理体系 要求》
(2)ISO 16949:2002 《质量管理体系 汽车生产件及相关维修零件组织应用 ISO
9001—2000 的特别要求》
B 类:管理体系指导标准
(1)ISO 9004:2000《质量管理体系 业绩改进指南》
(2)ISO 10006:2003《质量管理体系 项目质量管理》

（3）ISO 10012：2003《测量管理体系　测量过程和测量设备的要求》

（4）ISO 10014：2006《质量管理　实现财务和经济效益的指南》

C 类：管理体系相关标准

（1）ISO 9000：2005《质量管理体系　基础和术语》

（2）ISO 10001：2007《质量管理　顾客满意　组织行为规范指南》

（3）ISO 10002：2004《质量管理　顾客满意　组织处理投诉指南》

（4）ISO 10003：2007《质量管理　顾客满意　组织外部争议解决指南》

（5）ISO 10005：2005《质量管理体系　质量计划指南》

（6）ISO 10007：2005《质量管理体系　技术状态管理指南》

（7）ISO/TR10013：2001《质量管理体系文件指南》

（8）ISO 10015：1999《质量管理　培训指南》

（9）ISO/TR10017：2003《ISO 9001：2000 的统计技术指南》

（10）ISO 19011：2002《质量和（或）环境管理体系审核指南》

（11）ISO 10019：2005《质量管理体系咨询师的选择及其服务使用的指南》

ISO 小册子

（1）《质量管理原则及其应用指南》

（2）《ISO 9000 系列标准的选择和使用》

（3）《小型组织实施 ISO 9001：2000 指南》

三、ISO 9000 系列标准的作用

ISO 9000 系列标准是在总结世界经济发达国家的质量管理实践经验的基础上制定的通用性和指导性的国际标准。实施 ISO 9000 系列标准，可以促进组织质量管理体系的改进和完善，对促进国际经济贸易活动、消除贸易技术壁垒、提高组织的管理水平起到良好的作用。概括起来，实施 ISO 9000 系列标准具有以下几方面的作用和意义。

1. 有利于提高产品质量，保护消费者利益

消费者在购买或使用产品时，一般都很难在技术上对产品加以鉴别。当产品技术规范本身不完善或组织质量管理体系不健全时，组织就无法保证持续提供满足要求的产品。如果组织按 ISO 9000 系列标准建立质量管理体系，通用体系的有效应用，促进组织持续改进产品和过程，实现产品质量的稳定和提高，无疑是对消费者利益的一种最有效的保护。

2. 为提高组织的运作能力提供了有效的方法

ISO 9000 系列标准鼓励组织建立、实施和改进质量管理体系时采用过程方法，通过识别和管理众多相互关联的过程，以及对这些过程进行系统的管理和连续的监视与控制，以

得到顾客能接受的产品。此外，质量管理体系提供了持续改进的框架，增加顾客和其他相关方满意的机会。因此，ISO 9000 系列标准为有效提高组织的运作能力和增强市场竞争能力提供了有效的方法。

3．有利于增进国际贸易，消除技术壁垒

贯彻 ISO 9000 系列标准为国际经济技术合作提供了国际通用的共同语言和准则；取得质量管理体系认证，已成为组织参与国内和国际贸易、增强竞争能力的有力武器。因此贯彻 ISO 9000 系列标准对消除技术壁垒、排除贸易障碍起到十分积极的作用。

4．有利于组织的持续改进和持续满足顾客的需求、期望

顾客的需求、期望是不断变化的，这就促使组织要持续地改进产品和过程。而质量管理体系要求恰恰为组织持续改进其产品和过程提供了一条有效途径。ISO 9000 系列标准将质量管理体系要求和产品要求区分开来，它不是取代产品要求而是把质量管理体系要求作为产品要求的补充，这样有利于组织的持续改进和持续满足顾客的需求、期望。

第二节 ISO 9000 质量管理体系的建立和实施

一、质量管理体系基础

ISO 9000 标准在 ISO 9000 系列标准中占有十分重要的地位，它是 ISO 9001 和 ISO 9004 的指导思想和理论基础，对有效地理解、掌握和使用这两项标准是不可缺少的前提和基础。2008 版 ISO 9000 标准采用 2005 版的 ISO 9000 质量管理体系——基础和术语，ISO 9000：2005 质量管理体系的基本原理如 ISO 9000：2000 版标准所述，未做任何改变，只是增加了一些定义，对解释的条款的内容已做了进一步扩充。

八项质量管理原则是根据现代科学的管理理论和实践总结的指导思想和方法，是 ISO 9000 标准的理论基础，体现并渗透在标准的每一部分或每一条款里。由此可以看出八项质量管理原则的重要性。

（一）八项质量管理原则

八项质量管理原则是管理实践经验和理论的总结，是 ISO 9000 系列标准实施的经验和理论研究的总结，是质量管理的最基本、最通用的一般性规律，适用于所有类型的产品和组织，是质量管理理论的基础。

八项质量管理原则的目的是帮助组织的管理者深入理解质量管理，确立质量管理的基本指导思想，系统地建立质量管理理念，真正理解 ISO 9000 系列标准的内涵，提高其管理水平，完善本组织的质量管理。

原则一：以顾客为关注焦点

标准中提出："组织依存于其顾客。因此，组织应理解顾客当前的和未来的需求，满足顾客要求并争取超越顾客期望。"

在现代市场经济环境中，除了垄断性行业中的组织可能有所不同以外，绝大多数的组织在激烈的市场竞争中都会感受到争夺市场、争取顾客的巨大压力。对于某些组织而言，顾客是否选择本组织所提供的产品和服务，对组织存在和发展就具有了决定性的意义。

组织的存在和发展依存于其顾客，具体地说，是依存于顾客对组织所提供的产品和服务所做出的购买决策和实际购买选择。从顾客方面看，之所以决定购买某种产品和服务，是基于自身的需要。组织要能够使得顾客决定购买其提供的产品和服务，其中的一个关键环节就是必须理解和确定顾客的需求和期望，并针对这种需求和期望来设计、提供产品和服务。组织要存在，并得到发展，就不仅要理解和确定顾客当前的要求，也必须理解和确定顾客未来的需求，通过持续满足顾客的需求求得发展。

原则二：领导作用

标准中提出："领导者确立组织统一的宗旨和方向。他们应该创造并保持使员工能充分参与实现组织目标的内部环境。"

领导作用指的是最高管理者具有决策和领导一个组织的关键性的作用。

组织的领导者应将本组织的宗旨、发展规划、战略方向和内部组织机构、职能、活动加以统筹规划和协调。

领导对组织发展是至关重要的，而领导作用是首要方面，即在于为组织发展确立一个根本方向、宗旨和战略规划。只有这样，才能为一个组织的长远的成功提供必要的基础和前提。领导作用的另一个重要方面，体现在领导应能够创造出使员工充分参与实现组织目标的环境。

为了营造员工充分参与组织发展的环境，要求组织的领导者采取相应具体措施，确保建立适当的质量方针和质量目标，确保关注顾客要求，确保建立和实施一个有效的质量管理体系，确保应有的资源，并随时将组织运行的结果与组织目标加以对照，寻找差距，发现不足，根据实际情况决定实现质量方针和目标的措施，决定保持改进的措施。

原则三：全员参与

标准中提出："各级人员是组织之本，只有他们的充分参与，才能使他们的才干为组织带来最大的收益。"

各级人员是组织之本，组织的质量管理不仅需要最高领导者的正确领导，还有赖于组织的全员参与。因此，为提高质量管理活动的有效性，深入开展质量管理，确保产品、体系和过程的质量满足顾客和其他相关方的需要和期望，应充分重视提高各级各类人员的质量意识、思想和业务素质、事业心、责任心和职业道德以及适应本职工作的能力。

组织在推行质量管理中应当十分重视人才的作用，为组织各类人员创造一个积极投入、奋发进取、充分发挥聪明才智的工作环境，为提高组织效益和实现发展目标做出贡献。

原则四：过程方法

标准中提出："将活动和相关的资源作为过程进行管理，可以更高效地得到期望的结果。"

过程是指使用资源将输入转化为输出的活动的系统。任何一项活动都可以作为过程进行管理。一个组织的质量管理工作的开展，是通过一系列的活动来进行的。

过程方法的原则，不仅适用于组织质量管理中某些较为独立和单纯的过程，也适用于由许多过程所构成的过程网络。

在应用质量管理体系时，过程模式把管理职责、资源管理、产品实现、测量、分析与改进作为质量管理体系构成和运行的四大主要过程，以过程网络的形式来描述其相互关系并以顾客要求为输入，以提供给顾客的产品为输出，通过信息反馈来测定顾客满意度，评价组织质量管理体系的业绩。

组织质量体系的管理职责过程，要求组织的最高管理者对顾客和其他相关方做出满足其要求和进行持续改进的承诺，相应地建立质量方针和质量目标，组织策划和提供为达到质量目标所需的各种资源，然后通过资源管理过程，提供质量管理所需的人力资源、设施及实现产品质量要求相应的工作环境，作为对产品实现支持。

产品的实现过程的输入以顾客和其他相关方需要和期望为主，以此作为设计和开发的依据，通过产品实现过程的各个环节，最终输出产品提供给顾客。同时，产品实现过程和实现持续质量改进，又必然地要求进行测量、分析和改进过程，一方面通过对组织内部产品实现过程进行测量和分析，保证产品质量和寻求改进机会，另一方面还需要从外部顾客那里获取对产品和服务的满意程度的信息进行分析和改进。

要确保过程的有效性，提高过程的运行效率，依赖于控制的有效和高效。这就要求将过程和过程网络作为一种控制论系统来看待，借助于控制论的概念和方法进行分析。

原则五：管理的系统方法

标准中提出："将相互关联的过程作为系统加以识别、理解和管理，有助于组织提高实现目标的有效性和效率。"

管理的系统方法实质上指用系统的方法去实施管理。"系统"是指将组织中为实现目标所需的全部的相互关联或相互作用的一组要素予以综合考虑，要素的集合构成系统。

质量管理体系的构成要素是"过程"，系统方法的重点也是"过程"，一个过程也可能是一个系统。一组相互关联的过程的有机组合也构成一个系统，因此，"系统"和"过程"是相对的。

应当看到产品质量是识别顾客和其他相关方需要和期望，确定产品和服务的质量要求和实现过程的技术规范，以及产品实现等众多过程结果的综合反映。这些过程是相互关联和相互作用的，其中每个过程的结果都在不同程度上影响着最终产品的质量。要对各个过程系统地实施控制，确保组织的预定目标的实现，就需要建立质量管理体系，运用系统管理方法对各个过程和过程网络实行控制。

原则六：持续改进

标准中提出："持续改进总体业绩应当是组织的一个永恒目标。"

持续改进指为改善产品特性，提高用于设计、生产和交付产品的过程的有效性和效率所开展的活动，也就是增强满足要求的能力的循环活动。

质量管理实践表明，只有将持续改进作为质量管理的一项基本原则，积极寻找不足和差距，积极发现改进的机会，采取有效的改进措施的组织，才能不断提高其质量水平，保持稳定的、较高的质量水平，在市场竞争中立于不败之地。

持续改进是组织的各级管理者永恒的目标，也是组织的一个永恒主题。有效地开展持续改进，要求组织领导者加强质量意识，尤其要加强持续改进意识，并在组织各层次人员中进行普及，形成重视持续改进的氛围。

原则七：基于事实的决策方法

标准中提出："有效决策是建立在数据和信息的分析基础上。"

决策就是人们为了达到一定的目标，在掌握充分的信息和对有关情况进行深刻分析的基础上，用科学的方法拟定并评估各种方案，从中选出合理方案的过程。在一定程度上，可以认为决策是管理活动的核心，在管理活动中具有极为重要的地位和作用。因此，为了做出有效决策，提高质量管理效率，应当充分重视进行数据和信息分析。在决策和质量管理中应当充分重视统计分析和统计分析技术的作用。

一般认为，决策作为一个过程，可以划分四个主要阶段：①找出制定决策的理由和原因；②找出可能的行动方案；③对诸行动方案进行评价和抉择；④对于付诸实施的抉择进行评价。

前三个阶段是决策过程的核心，然后经过执行过程中的评价阶段，又进入一轮新的决策循环。因此，决策实际上是一个"决策—实施—再决策—再实施"的连续不断循环过程，贯穿于全部管理活动始终，贯穿于管理的各种职能活动中。

最高管理者对重大问题决策正确与否，将会影响到组织的兴衰；能否对与质量有关的各个过程做出正确决策，也将直接影响到组织和过程的有效性和效率。贯彻落实基于事实的决策方法的管理原则，将为组织做出正确有效决策提供必要的前提。

原则八：与供方互利的关系

组织与供方是相互依存的，互利的关系可增强双方创造价值的能力。

组织与其供方是相互依存的。在现代经济发展中，诸多经济技术因素使得单个组织往往必须从外部采购零部件等中间产品，组织的产品实现与供方发展有直接紧密联系，供方产品的质量也必然直接或间接地影响到组织的最终产品质量。

互利的关系可增强双方创造价值的能力。

相互依存的组织与其供方之间，应该通过各种方式的沟通、合作，共同发展，达到"双赢"的目的。

（二）质量管理体系的十二条基础内容

ISO 9000 标准阐明了有关质量管理体系的 12 条基础内容。这些内容对于实际应用 ISO 9001 标准建立和保持质量管理体系，实际应用 ISO 9004 标准提高组织质量管理业绩都是必要的基础。下面分别予以简要介绍。

1. 质量管理体系的理论说明

质量管理体系能够帮助组织增强顾客满意。

顾客要求产品具有满足其需求和期望的特性，这些需求和期望在产品规范中表述，并集中归结为顾客要求。顾客要求可以有顾客以合同方式规定或有组织自己确定。在任一情况下，产品是否可接受最终由顾客确定。因为顾客的需求和期望是不断变化的，以及竞争的压力和技术的发展，这些都促使组织持续地改进产品和过程。

质量管理体系方法鼓励组织分析顾客要求，规定相关的过程，并使其持续受控，以实现顾客能接受的产品。质量管理体系能提供持续改进的框架，以增加顾客和其他相关方满意的机会。质量管理体系就组织能够提供持续满足要求的产品，向组织及其顾客提供信任。

2. 质量管理体系要求与产品要求

ISO 9000 系列标准区分了质量管理体系要求和产品要求。

ISO 9001 规定了质量管理体系要求。质量管理体系要求是通用的，适用于所有行业经济领域，不论其提供何种类别的产品。ISO 9001 本身不规定产品要求。

产品要求可由顾客规定，或由组织通过预测顾客的要求规定，或由法规规定。在某些情况下，产品要求和有关过程的要求可包含在诸如技术规范、产品标准、过程标准、合同协议和法规要求中。

一个组织在使用质量管理体系标准时应与产品要求一并考虑，表 3-1 体现了质量管理体系要求和产品要求的主要区别。

表 3-1　质量管理体系要求和产品要求的主要区别

	质量管理体系要求	产品要求
含义	1. 为建立质量方针和质量目标并实现这些目标的一组相互关联的或相互作用的要素，是对质量管理体系固有特性提出的要求 2. 质量管理体系的固有特性是体系满足方针和目标的能力、体系的协调性、自我完善能力、有效性的效果等	1. 对产品的固有特性所提出的要求，有时也包括与产品有关过程的要求 2. 产品的固有特性主要是指产品物理的、感观的、行为的、时间的、功能的和人体功效方面的有关要求
目的	1. 证实组织有能力稳定地提供满足顾客和法律法规要求的产品 2. 通过体系有效应用，包括持续改进和预防不合格而增强顾客满意	验收产品并满足顾客
适用范围	通用的要求，适用于各种类型、不同规模和提供不同产品的组织	特定要求，适用于特定产品
表达形式	ISO 9001 质量管理体系要求标准或其他质量管理体系要求或法律法规要求	技术规范、产品标准、合同、协议、法律法规，有时反映在过程标准中
要求的提出	ISO 9001 标准	可由顾客规定；可由组织通过预测顾客要求来规定；可由法规规定
相互关系	质量管理体系要求本身不规定产品要求，但它是对产品要求的补充	

3. 质量管理体系方法

质量管理体系方法是为实现组织的质量方针和目标而提出的一套系统、严谨的逻辑步骤和运作程序，它是"管理系统方法"在质量管理体系中的研究结果和具体应用，为质量管理体系标准制度提供了总体框架，体现了 PDCA 循环。

建立和实施质量管理体系的方法包括以下步骤：

（1）确定顾客和其他相关方需求和期望。

（2）建立组织的质量方针和质量目标。

（3）确立实现质量目标必需的过程和职责。

（4）确立和提供实现质量目标必需的资源。

（5）规定测量每个工程的有效性和效率的方法。

（6）应用这些测量方法确定每个过程的有效性和效率。

（7）确定防止不合格并消除产生原因的措施。

（8）建立和应用持续改进质量管理体系的过程。

上述方法也适用于保持和改进现有的质量管理体系。

采用上述方法的组织能对其过程能力和产品质量树立信心，为持续改进提供基础，从而增进顾客和其他相关方满意并使组织成功。

4．过程方法

使用资源将输入转化为输出的任何一项或一组活动可视为过程。

为使组织有效运行，必须识别和管理许多相互关联和相互作用的过程。通常，一个过程的输出将直接成为一个过程的输入。系统的识别和管理组织所使用的过程，特别是这些过程之间的相互作用，称为"过程方法"。本标准鼓励采用过程方法管理组织。

图 3-1 为以过程为基础的质量管理体系。

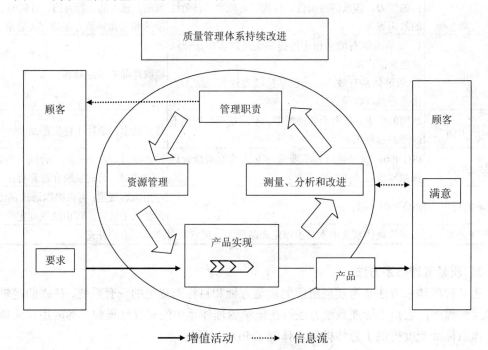

图 3-1 以过程为基础的质量管理体系

该图表达意义有如下几方面：

（1）根据顾客需要，通过各过程的应用提供产品给顾客，可视为四个大过程。对该过程向组织提供输入方面，顾客起着重要的作用。

（2）图中圆内部分的过程构成一个质量管理体系。

（3）基于过程方法，为满足顾客及其他相关方的需求提供产品并使其满足的组织活动。可有四个过程构成：产品实现过程、管理过程、资源管理过程、测量、分析和改进过程，即图中圆内所包括的过程。

（4）这四个过程存在着相互作用。以产品实现过程的为主过程，对过程的管理构成管理过程，即管理职责，实现过程所需资源的提供构成资源管理过程，对实现过程的测量、分析和改进构成支持过程。

（5）这四个过程中分别可以依据实际情况分为更详细的过程。如在图中产品实现方块中重叠的三个箭头表明产品实现过程是由一系列过程构成的。

（6）监视相关方满意程度需要评价有关相关方感受的信息。这可通过测量、分析和改进过程实现。

（7）PDCA 方法适合组织的质量管理体系的持续改进，持续改进使质量管理体系螺旋式提升。

P——策划（Plan）：根据顾客的要求和组织的方针，为提供的结果建立必要的目标和过程；D——实施（Do）：实施过程；C——检查（Check）：根据方针、目标和产品要求，对过程和产品进行监视和测量，并报告结果；A——处置（Action）：采取措施，以持续改进过程业绩。

PDCA 方法也适合于每一个过程的持续改进。

（8）图中实线箭头表示增值活动，虚线表示信息流，且是双向的。

5．质量方针和质量目标

建立质量方针和质量目标为组织提供了关注的焦点。两者确定了预期的结果，并帮助组织利用其资源达到这些结果。质量方针为建立和评审质量目标提供了框架。质量目标需要与质量方针和持续改进的承诺相一致，其实现是可测量的。质量目标的实现对产品质量、运行有效性和财务业绩都有积极影响，因此对相关方的满意和信任也产生积极影响。

6．最高管理者在质量管理体系中作用

最高管理者通过其领导作用及各种措施可以创造一个员工充分参与的环境，质量管理体系能够在这种环境中有效运行。最高管理者可以运用质量管理原则作为发挥以下作用的基础：

（1）制定并保持组织的质量方针和质量目标。

（2）通过增强员工参与意识、积极性和参与程度，在整个组织内促进质量方针和质量目标的实现。

（3）确保整个组织关注顾客要求。

（4）确保实施适宜的过程以满足顾客和其他相关方要求并实现质量目标。

（5）确保建立、实施和保持一个有效的质量管理体系以实现质量目标。

（6）确保获得必要的资源。

（7）定期评审质量管理体系。

（8）决定有关质量方针和质量目标的措施。

（9）决定改进质量管理体系和措施。

7．文件

（1）文件的价值在于能够沟通意图、统一行动，其使用有助于：① 满足顾客要求和质量改进；② 提供适宜的培训；③ 重复性和可追溯性；④ 提供客观证据；⑤ 评价质量

管理体系的有效性和持续性。

文件的形成本身并不是目的，它应是一项增值的活动。文件是指信息及其承载的媒体。它是由两个要素构成的。一是信息，二是承载媒体。媒体可以是纸张、计算机磁盘、光盘或其他电子媒体，照片或标准样品，或组合。信息是文件的实质内容，信息的不同，决定了文件的不同性质。

（2）质量管理体系通常应用的几种类型的文件。

文件的类型是依据文件中的信息来分类的。

①向组织内部和外部提供关于质量管理体系的一系列信息的文件，这类文件称为质量手册。

②表述质量管理体系如何应用于特定产品、项目或合同文件，这类文件称为质量计划。

③阐明要求的文件。规范可能与活动有关，如程序文件、过程规范和实验规范等；也可能与产品有关，如产品规范、性能规范和图样等，这类文件称为规范。

④阐明推荐的方法或建议的文件，这类文件称为指南。

⑤提供如何一致地完成活动和过程的信息的文件，这类文件包括形成文件的程序、作业指导书和图样。

⑥为完成的活动或到达的结果提供客观证据的文件，这类文件称为记录。

每个组织确定其所需文件的多少和详略程度及使用的媒体。这取决于下列因素，诸如组织的类型和规模、过程的复杂性和相互作用、产品的复杂性、顾客要求、适用的法规要求、经证实的人员能力以及满足质量管理体系要求所需证实的程度。

8．质量管理体系评价

（1）质量管理体系过程评价。

组织应根据不同的目的和需要对质量管理体系进行评价。质量管理体系评价是对构成体系的过程进行评价，然后综合回答每个评价的过程所提出的基本问题，确定评价结果。

对每个被评价的过程，通常就以下四个基本问题进行评价：①工程是否已被识别并适当规定？②职责是否已被分配？③程序是否被实施和保持？④在实现所要求的结果方面，过程是否有效？

第①②问题的评价通常可以对表述过程的文件评价来实现；第③问题可以通过对过程实现运作或过程完成后所提供证据的评价来完成；而第④问题可以通过过程输出与规定要求的对比评价来完成。

（2）质量管理体系审核。

审核用于确定符合质量管理体系要求的程度。审核发现用于评定质量管理体系的有效性和识别改进的机会。

第一方审核用于内部目的，由组织自己或以组织的名义进行，可作为组织声明自身合格的基础。

第二方审核由组织的顾客或由其他人以顾客的名义进行。

第三方审核由外部独立的组织进行。这类组织通常是经认可的，提供符合要求的认证或注册。

（3）质量管理体系评审。

最高管理者的任务之一是就质量方针和质量目标，有规则的、系统的评价质量管理体系的适宜性、充分性、有效性和效率。这种评审可包括考虑修改质量方针和质量目标的需求以响应相关方需求和期望的变化。评审包括确定采取措施的需求。审核报告与其他信息源一同用于质量管理体系的评审。

（4）自我评定。

组织的自我评定是一种参照质量管理体系或优秀模式对组织的活动和结果所进行的全面和系统的评审。

自我评定可提供一种对组织业绩和质量管理体系成熟程度总的看法。它还有助于识别组织中需要改进的领域并确定优先开展的事项。

9．持续改进

持续改进质量管理体系的目的在于增加顾客和其他相关方满意的机会，改进包括下述活动：

（1）分析和评价现状，以识别改进区域。

（2）确定改进目标。

（3）寻找可能的解决办法，以实现这些目标。

（4）评价这些解决办法并做出选择。

（5）实施选定的解决办法。

（6）测量、验证、分析和评价实施的结果以确定这些目标已经实现。

（7）正式采纳更改。

必要时，对结果进行评审，以确定进一步改进的机会。从某种意义上说，改进是一种持续的活动。顾客和其他相关方的反馈以及质量管理体系的审核和评审均能用于识别改进的机会。

10．统计技术的作用

应用统计技术可帮助组织了解变异，从而有助于组织解决问题并提高有效性和效率。这些技术也有助于更好地利用可获得的数据进行决策。

在许多活动的状态和结果中，甚至是在明显的稳定条件下，均可观察到变异。这种变异可通过产品和过程可测量的特性观察到，并且在产品的整个寿命周期（从市场调研到顾客服务和最终处置）的各个阶段，均可看到其存在。统计技术有助于对这类变异进行测量、描述、分析、解释和建立模型，甚至在数据相对有限的情况下也可实现。这种数据的统计分析能为更好地理解变异的性质、程度和原因提供帮助。从而有助于解决，甚至防止由变异引起的问题，并促进持续改进。

11. 质量管理体系与其他管理体系的关注点

质量管理体系是组织的管理体系的一部分，它致力于使与质量目标有关的结果适当地满足相关方的需求、期望和要求。组织的质量目标与其他目标，如增长、资金、利润、环境及职业卫生与安全等目标相辅相成。一个组织的管理体系的各个部分，连同质量管理体系可以合成一个整体，从而形成使用共有要素的单一的管理体系。这将有利于策划、资源配置、确定互补的目标并评价组织的整体有效性。组织的管理体系可以对照其要求进行评价，也可以对照国家标准如 ISO 9001 和 ISO 14001 的要求进行审核，这些审核可分开进行，也可合并进行。

12. 质量管理体系与优秀模式之间的关系

ISO 9000 系列标准和组织优秀模式提出的质量管理体系方法依据共同的原则。它们两者均：

（1）使组织能够识别它的强项和弱项。

（2）包含对照通用模式进行评价的规定。

（3）为持续改进提供基础。

（4）包含外部承认的规定。

ISO 9000 系列标准质量管理体系与优秀模式之间的差别在于它们的应用范围不同。

ISO 9000 系列标准提出了质量管理体系要求和业绩改进指南，质量管理体系评价可确定这些要求是否得到满足。优秀模式包含能够对组织业绩进行比较评价的准则，并能适用于组织的全部活动和所有相关方。优秀模式评定准则提供了一个组织与其他组织的业绩相比较的基础。

二、质量管理体系的选择

选择合适的质量管理体系是建立体系并保证其合理、经济且有效运行的前提。为了更好地选择质量管理体系，就应该熟悉质量管理体系的内容、特点、适用范围，以便进行选择。

1. 《质量管理体系　基础和术语》（ISO 9000：2005）

该标准规定了质量管理体系的基础和术语，提出了八项质量管理原则、建立和运行质量管理体系应遵循的 12 个方面的质量管理体系基础知识。同时，给出了有关质量管理的 10 个部分 84 个术语，用较通俗的语言阐明了质量管理领域所用术语的概念，用概念图表达了各术语间的相互关系。

2. 《质量管理体系　要求》（ISO 9001：2008）

该标准规定了质量管理体系的要求是通用的，旨在适用于各种类型、不同规模和提供不同产品的组织，以证实其具有稳定地提供顾客要求和适用法律法规要求产品的能力，并通过体系的有效应用，包括持续改进体系的过程以及确保符合顾客与适用法律法规的要求，增强顾客满意。该标准可用作内部审核与外部第三方认证注册审核或第二方评定的准则。

3.《质量管理体系　业绩改进指南》（ISO 9004：2000）

该标准提供了改进质量管理体系业绩指南，包括持续改进的过程，提高业绩，使组织的顾客和其他相关方满意。ISO 9001 和 ISO 9004 都是质量管理体系标准，这两项标准相互补充，但也可单独使用。

该标准为补充 ISO 9001 标准和其他管理体系标准的应用提供指南，不是 ISO 9001 标准的实施指南，也不能用于认证或合同的目的。

4.《质量和（或）环境管理体系审核指南》（ISO 19011：2002）

该标准在术语和内容方面，以遵循"不同管理体系可以共同管理和审核"的原则，兼容了质量管理体系和环境管理体系的特点，对质量管理体系和环境管理体系审核的基本原则、审核方案的管理、审核的实施以及审核员的资格要求提供了指南。在对审核员的基本能力及审核方案的管理中，均增加了了解及确定法律法规的要求。

该标准适用于所有运行质量和环境管理体系的组织，指导其内部审核和外部审核的管理工作。

通过上述的介绍可知：ISO 9000 作为质量管理体系的基础，为 ISO 9000 系列提供指导思想和理论基础，为各类使用者理解、掌握 ISO 系列标准的相关基础和背景知识提供了极大的便利，为企业如何建立、实施、保持和改进质量管理体系和质量认证提供了比较完整、清晰的知识，形成完整的印象。

ISO 9001 与 ISO 9004 有着许多相同点：二者是建立在质量管理过程方法模式基础之上，编写结构大体相同；都包含了质量管理体系的四大基本模块的内容，而且按照同样的顺序逐一开展；都遵循质量管理八项原则和质量管理体系十二项基本内容；所追求的根本目的是以顾客为关注焦点，识别顾客需求和期望，采取过程方法，实施和运作所建立的质量管理体系，来实现持续的顾客满意，实现、保持并改进组织的整体业绩。质量管理体系评价方法的基本相同，都包括内部审核和管理评审；改进过程的要求和程序，都是通过不断改善产品的特性和特征，提高用于生产和交付产品的一系列相关过程来实现持续改进，所采取的相应改进措施也大致相同。

但 ISO 9001 与 ISO 9004 之间存在不同点：①目的不同：ISO 9001 标准的目的在于证实组织具有满足顾客和使用的法律法规要求的能力；ISO 9004 标准的目的包括所有相关方满意和改善组织的业绩，为希望通过追求业绩持续改进的组织推荐了指南。②用途不同：ISO 9001 标准根据要求既可以用作内部审核和外部认证的依据，又可用于合同目的；ISO 9004 标准只是体系业绩改进指南，不能作为体系认证、合同的依据。③管理内容不同：在满足顾客的要求方面，ISO 9001 关注的是质量管理体系的有效性；ISO 9004 标准除了关注质量管理体系的有效性外，还特别关注持续改进一个组织的总体业绩和效率。④评价质量管理体系的方法不同：除了内审核管理评审的方法以外，ISO 9004 标准还增加了自我评价的方法。⑤ISO 9001 标准增强了与其他国际认可管理体系标准的兼容性，它与ISO 14000 系列环境管理体系国际标准共享普通的管理体系原则，建议在组织内就两个系列标准中的通用部分可以整合在一起实施，以免不必要的重复或要求的冲突。

ISO 19011 兼容了质量管理体系和环境管理体系的特点，对质量管理体系和环境管理体审核的基本原则、审核方案的管理、审核的实施以及审核员的资格要求提供了指南。在对审核员的基本能力及审核方案的管理中，均增加了了解及确定法律法规的要求。适用于所有运行质量和环境管理体系的组织，指导其内部审核和外部审核的管理工作。

企业在选择质量管理体系时，应根据本企业的自身发展状况及特点，考虑对其进行删减，（删减内容仅限于"产品实现"部分）来选择适合于本企业的模式。

三、质量管理体系的建立和实施

企业贯彻 ISO 9000 标准，就是建立和完善质量管理体系并被确认的过程，这是一项系统、严密、扎实而又艰巨的工作，必须有通盘的策划和计划。

（一）质量管理体系建立的组织策划

质量管理体系建立前期的工作包括：

（1）领导决策，统一思想，形成共识。建立和实施质量管理体系领导建立统一意识，向员工表明最高管理层推进的决心，使企业主要领导建立 ISO 9000 的概念，明白要做的工作和将来可能投入的工作量。

（2）组织落实，成立领导小组和精干的工作班子。领导任命管理者代表，代表要有一定威信熟悉认证的要求。

（3）拟定贯彻标准工作计划。组织应该搭建贯彻标准班子，由最高管理层挂帅，制定各相关部门的负责和协调人员，共同完成工作计划。

（4）进行质量意识和标准培训。首先对贯彻标准的班子和成员进行培训，在此基础上，有计划地对各级领导、管理人员、技术人员或具体操作人员进行必要的培训，提高每个职工的质量意识。

以上工作中，企业管理层的认识与投入是质量管理体系建立与实施的关键，组织和计划是保证，教育和培训是基础。

（二）质量管理体系的总体设计

这一阶段的工作包括：

（1）质量管理体系现状的调查与评价。

（2）确定质量方针和质量目标。

（3）确定管理者代表。

（4）确定组织结构，明确与质量有关人员的职责、权限和相互关系。

（5）配备资源。

（6）确定质量管理体系结构。

质量管理体系由组织结构、程序、过程和资源构成。在质量管理体系总体设计过程中，选择和确定质量管理模式和质量体系要素，制定适合本身特点的方针和目标，构建适合自身实际情况的体系结构是保证质量管理体系有效运行的必要条件。在质量管理体系的设计过程中，组织结构的设计是本阶段工作的重点和难点。组织结构的设置应坚持精简、效率原则，职能完备且各部门之间无重叠、重复或抵触现象存在。

（三）质量管理体系文件的编制

编制适合企业自身特点，并具有可操作性的质量管理体系文件是质量管理体系建立过程中的中心任务。这项工作包括：

（1）质量管理体系文件结构的策划。

（2）体系文件编写培训。

（3）体系文件的编制（包括质量手册、程序文件、质量计划、作业指导书、质量记录的编制）。

（4）文件审核、批准和发放。

质量手册是描述质量管理体系的纲领性文件，其编写要求可参照 ISO 10013《质量手册编制指南》；程序文件是描述为实施质量管理体系要素所涉及的各职能部门的活动，是质量管理体系有效运行的主要依据。程序文件应具有系统性、先进性、可行性以及协调性；质量计划是针对特定产品或项目所规定的措施和活动顺序的文件；作业指导书、质量记录属详细的作业文件，企业可根据需要增加或减少。质量手册、程序文件的编制顺序可依企业情况而定。文件发放前，要由授权人审批，发放时应做好记录，以便修改、收回。

（四）质量管理体系的实施、运行和保持

质量管理体系文件是否可行有效，要在运行中检查，这一阶段的工作包括：

（1）质量管理体系实施的教育培训。

（2）质量管理体系的实施运行。

（3）内审计划的编制与审批。

（4）内部质量管理体系审核。

（5）纠正措施的跟踪。

（6）管理评审。

评价质量管理体系，首先看文件化的质量管理体系是否建立，然后看是否按文件要求贯彻实施，并且在提供预期的结果方面是否有效，以上3个问题的回答，决定了对质量管理体系的评价结果。内部审核与管理评审是企业内部对质量管理体系评审、检查、评价的方法，在体系文件中，对开展此项工作的目的、要求、时间间隔等均应有所规定。在质量管理体系实施、运行过程中，企业应逐步建立起一种长期有效的信息反馈系统，对审核中发现的问题，应及时采取纠正措施，建立起一种自我改进和完善的机制。

（五）质量管理体系的合格评定

在以上工作全部完成后，企业可根据需要申请第三方认证，这项工作包括：
（1）选择认证机构。
（2）提出认证申请。
（3）认证日程表确定。
（4）认证时的准备。
（5）认证后纠正措施的跟踪。

选择合适的认证机构对企业进入市场、提高信誉非常重要。很多企业过于迷信国外的认证机构，他们不了解认证机构无等级之分，只有信誉之别。认证机构的选择同样要以市场为导向、以顾客需求为导向。

贯彻ISO 9000系列标准，建立与实施质量管理体系是一项涉及方方面面、系统性、复杂性的工作。很多企业在建立质量管理体系之前，对ISO 9000系列标准没有接触，靠企业本身来完成这项工作有一定的难度，因此，聘请外部的专家或顾问指导、协助企业建立健全科学有效的质量管理体系，是多数企业的习惯做法。

企业建立与实施质量管理体系，无论采用何种途径，关键要树立正确的观念，坚持从头做起，从领导做起，树立第一次就把事情做好的良好习惯，以此为起点，以质量管理为突破口，把这种观念、想法、做法推广到企业管理的方方面面，做到凡事有章可循，凡事有人负责，凡事有据可查，凡事有准控制，企业就会少走弯路，达到事半功倍的效果。

第三节　ISO 14000环境管理体系

ISO 14000系列标准是由国际标准化组织（ISO）第207技术委员会（ISO/TC 207）组织制订的环境管理体系标准，其标准号从14001至14100，共100个标准号，统称为ISO 14000系列标准。它是顺应国际环境保护的发展，依据国际经济贸易发展的需要而制定的。

该标准的主要特点以市场驱动为前提，是自愿性标准；强调对有关法律、法规的持续符合性，没有绝对环境行为的要求；强调污染预防和持续改进；标准强调的是管理体系，特别注重体系的完整性；广泛的实用性、灵活性和兼容性。该标准有助于提高组织的环境意识和管理水平；有助于推行清洁生产，实现污染预防；有助于企业节能降耗，降低成本。在减少污染物排放，降低环境事故风险；保证符合法规、法律要求避免环境刑事责任；满足顾客要求，提高市场份额；取得绿色通行证，走向国际贸易市场等方面具有重要意义。

一、环境管理体系的产生和发展

（一）环境管理体系的产生和发展

随着社会、经济的不断发展，人口的不断增加，越来越多的环境问题摆在了我们面前：温室效应加剧、酸雨不断蔓延、臭氧空洞的出现、水体不断遭到严重污染、土地大量荒漠化、草原退化、森林锐减、许多珍稀野生动植物濒临灭绝……这一系列的环境问题中，可以说有大部分是人为对自然的破坏造成的。这些问题已经危及了我们人类社会的健康生存和可持续发展，面对如此严重的形势，人类开始考虑采取一种行之有效的办法来约束自己的行为，使各种各样的组织重视自己的环境行为和环境形象；并希望以一套比较系统、完善的管理方法来规范人类自身的环境活动，以求达到改善生存环境的目的。

1972年，联合国在瑞典斯德哥尔摩召开了人类环境大会。大会成立了一个独立的委员会，即"世界环境与发展委员会"。该委员会承担重新评估环境与发展关系的调查研究任务，历时若干年，在考证大量素材后，于1987年出版了《我们共同未来》。这篇报告首次引进了"持续发展"的观念，敦促工业界建立有效的环境管理体系。这份报告一颁布即得到了50多个国家领导人的支持，他们联合呼吁召开世界性会议专题讨论和制定行动纲领。

从20世纪80年代起，美国和西欧的一些公司为了响应持续发展的号召，减少污染，提高在公众中的形象以获得经营支持，开始建立各自的环境管理方式，这是环境管理体系的雏形。1985年，荷兰率先提出建立企业环境管理体系的概念，1988年试行实施，1990年进入标准化和许可制度。1990年，欧盟在慕尼黑的环境圆桌会议上专门讨论了环境审核问题。英国也在质量体系标准（BS5750）基础上，制定BS7750环境管理体系。英国的BS7750和欧盟的环境审核实施后，欧洲的许多国家纷纷开展认证活动，由第三方予以证明企业的环境绩效。这些实践活动奠定了ISO 14000系列标准产生的基础。

1992年，在巴西里约热内卢召开环境与发展大会，183个国家和70多个国际组织出席会议，通过了《21世纪议程》等文件。这次大会的召开，标志着全球谋求可持续发展的时代开始了。各国政府领导、科学家和公众认识到要实现可持续发展的目标，就必须改变工业污染控制战略，从加强环境管理入手，建立污染预防的新观念。通过企业的"自我决策、自我控制、自我管理"方式，把环境管理融于企业全面管理之中。

为此，国际标准化组织（ISO）于1993年6月成立了ISO/TC 207国际标准化组织环境管理标准化技术委员会，专门负责环境管理工作，主要工作目的就是要支持环境保护工作，改善并维持生态环境的质量，减少人类各项活动所造成的环境污染，使之与社会经济发展达到平衡，促进经济的持续发展。其职责是在理解和制定管理工具和体系方面的国际标准和服务上为全球提供一个先导，主要工作范围就是环境管理体系（EMS）的标准化。为此，ISO中央秘书处为TC207预留了100个标准号，标准标号为ISO 14001~14100，统称为ISO 14000系列标准。其标准号分配见表3-2。

表3-2　ISO 14000系列标准、标准号分配表

	名　称	标　准　号
SC1	环境管理体系（EMS）	14001~14009
SC2	环境审核（EA）	14010~14019
SC3	环境标志（EL）	14020~14029
SC4	环境行为评价（EPE）	14030~14039
SC5	生命周期评估（LCA）	14040~14049
SC6	术语和定义（T&D）	14050~14059
WG1	产品标准中的环境指标	14060
备用		14062~14100

ISO/TC207总结了世界各国的环境管理标准化成果，充分借鉴了国际环境保护方面的经验，并具体参考了英国的BS7750标准，在此基础上，于1996年9月和10月正式发布了第一批有关环境管理体系和环境审核方面的国际标准。

ISO 14001：1996《环境管理体系　规范及使用指南》

ISO 14004：1996《环境管理体系　原则、体系和支持技术通用指南》

ISO 14010：1996《环境审核指南　通用原则》

ISO 14011：1996《环境审核指南　审核程序　环境管理体系审核》

ISO 14012：1996《环境审核指南　环境审核员资格要求》

ISO 14040：1997《生命周期评估　原则和框架》

（1）ISO 14001：1996《环境管理体系　规范及使用指南》。

ISO 14001是ISO 14000系列标准中的主体标准。它规定了组织建立环境管理体系的要求，明确了环境管理体系的诸要素，根据组织确定的环境方针目标，活动性质和运行条件，把本标准的所有要求纳入组织的环境管理体系中。该项标准向组织提供的体系要素或

要求，适用于任何类型和规模的组织。

本标准要求组织建立环境管理体系，必须建立一套程序来确立环境方针和目标，实现并向外界证明其环境管理体系的符合性，以达到支持环境保护和预防污染的目的。

（2）ISO 14004《环境管理体系　原则、体系和支持技术通用指南》。

本标准简述了环境管理体系要素，为建立和实施环境管理体系，加强环境管理体系与其他管理体系的协调提供可操作的建议和指导。它同时也向组织提供了如何有效地改进或保持的建议，使组织通过资源配置，职责分配以及对操作惯例、程序和过程的不断评价（评审或审核）来有序地处理环境事务，从而确保组织确定并实现其环境目标，达到持续满足国家或国际要求的能力。

指南不是一项规范标准，只作为内部管理工具，不适用于环境管理体系认证和注册。

（3）ISO 14010《环境审核指南　通用原则》。

它是 ISO 14000 系列标准中的一个环境审核通用标准。

环境审核与质量体系审核一样，是验证和持续改进环境管理行为的重要措施。ISO 14010 标准定义了环境审核及有关术语，并阐述了环境审核通用原则，宗旨是向组织、审核员和委托方提供如何进行环境审核的一般原则。

（4）ISO 14011《环境审核指南　审核程序　环境管理体系审核》。

本标准提供了进行环境管理体系审核的程序，以判定环境审核是否符合环境管理体系审核准则。本标准适用于实施环境管理体系的各种类型和规模的组织。

（5）ISO 14012《环境审核指南　环境审核员资格要求》。

本标准提供了关于环境审核员和审核组长的资格要求，他对内部审核员和外部审核员同样适用。

内部审核员和外部审核员都需具备同样的能力，但由于组织的规模、性质、复杂性和环境因素不同，组织内有关技能与经验的发展速度不同等原因，不要求必须达到本标准中规定的所有具体要求。

（6）ISO 14040《生命周期评估　原则和框架》。

根据 ISO 制定规则的规定，为了保证 ISO 标准的内容和思路能够适应时代的变化，应至少每隔 5 年对国际标准进行一次复审，以确定有无修改的必要。为了与 ISO 9000 系列标准进行更好地兼容，同时保证 ISO 14000 标准的要求和内容清晰并体现其在执行过程中所积累的经验，ISO/TC 207 于 2000 年启动 ISO 14001：1996 和 ISO 14004：1996 标准的修订。2004 年 11 月 15 日，ISO/TC 207 正式发布了 ISO 14001：2004 和 ISO 14004：2004 标准。ISO 已发布的环境管理标准见表 3-3。

表 3-3　ISO 已发布的环境管理标准

标准编号	标准名称	国际标准 发布日期	内容简介
ISO 14001	环境管理体系　规范及使用 指南	1996-12-20 （第 1 版） 2004-11-25 （第 2 版）	规定了对用于认证审核进行自我声明目的的 环境管理体系的要求
ISO 14004	环境管理体系　原则、体系 和支持技术通用指南	1996-09-01 （第 1 版） 2004-11-15 （第 2 版）	ISO 14001 的配套标准，为组织建立与实施环境 管理体系，并与其他管理体系相协调提供指导
ISO 14015	现场和组织的环境评价	2001-11-15	旨在帮助组织识别和评价各类现场和组织的 环境因素
ISO 14020	环境标志和声明　通用原则	1998-08-01 2000-09-15	为制定有关环境标志和声明方面的 ISO 标准 和指南提供了通用原则
ISO 14021	环境标志和声明　自我环境 声明（Ⅱ型环境标志）	1999-09-15	用于对产品的环境因素进行自我声明提供了 有关术语、符号、测试和验证的方法
ISO 14024	环境标志和声明　Ⅰ型环境 标志　原则和程序	1999-04-01	规定了实施第三方环境标志认证的指导原则 和程序
ISO 14031	环境表现评价　指南	1999-11-15	为选择和使用评价组织的环境业绩指标提供 了指南
ISO 14040	生命周期评价　原则和框架	1997-08-01	提供了用于产品生命周期评价的通用原则、框 架和方法
ISO 14041	生命周期评价　目的与范围 的确定和清单分析	1998-10-01	规定了用于确定生命周期评价的目的与范围， 以及实施、解释和报告生命周期清单分析两个 阶段所需的要求和程序
ISO 14042	生命周期评价　生命周期影 响评价	2000-03-01	对用于生命周期研究阶段进行生命周期影响 评价提供了指南
ISO 14043	生命周期评价　生命周期解 释	2001-03-01	提供了生命周期评价或生命周期清单分析研 究中进行生命周期解释的要求和建议
ISO 14050	环境管理　术语	1998-05-01 （第 1 版） 2002-05-01 （第 2 版）	旨在帮助组织理解 ISO 14000 系列标准的基本 术语和定义
ISO 19011	质量和环境管理体系　审核 指南	2002-10-01	为审核原则、审核方案的管理、内部或外部质 量管理体系审核和环境管理体系审核实施以 及审核员的能力和评价提供了指南

标准编号	标准名称	国际标准发布日期	内容简介
ISO/G64	产品标准中的环境因素指南	1997	旨在帮助产品标准的编制者确定产品标准中的环境因素
ISO/TR14025	环境标志和声明 Ⅲ型环境声明 原则和程序	2000-03-15	确定并描述了当以生命周期为基础进行环境声明时应考虑的要素和问题
ISO/TR14032	环境表现评价 ISO 14031 应用示例	1999-11-15	提供了应用 ISO 14031 的示例
ISO/TR14047	生命周期评价 ISO 14042 应用示例	2003-10-01	提供了应用 ISO 14032 的示例
ISO/TR14048	生命周期评价数据文件格式	2002-04-01	对生命周期评价中数据文件格式提出了要求
ISO/TR14049	生命周期评价 ISO 14041 关于目的和范围的确定及清单分析应用示例	2000-03-15	提供了有关 ISO 14041 目的与范围确定和清单分析的应有示例
ISO/TR14061	林业组织实施 ISO 14001 和 ISO 14004 的支持信息	1998-12-15	旨在帮助森林组织建立并实施环境管理体系
ISO/TR14062	产品设计和开发中的环境因素	2002-11-01	阐述了与产品设计和开发中对环境因素的考虑有关的概念和现行实践
ISO/IEC 导则 66	环境管理体系认证机构基本要求	1999	规定了对从事环境管理系统审核工作的认证机构的要求

注：以上发布截至 2005 年 3 月。

（二）实施 2004 版 ISO 14001 标准的作用和意义

1. 实施 2004 版 ISO 14001 标准的作用

ISO 14000 系列标准是国际社会环境管理经验的荟萃与总结，是顺应社会市场经济发展形势的必然产物。实施 ISO 14001 标准将会对企业乃至全社会开辟环境管理新思维起到积极的作用。

（1）从保护人类生存与发展的角度讲，其根本目的就是要在全球范围内通过标准的实施，寻求环境管理和经济发展的结合点和平衡点，规范所有组织的环境行为，最大限度地合理配置和节约资源，减少人类活动对环境造成的不利影响，维持和改善人类生存和发展的环境。

（2）ISO 14000 系列标准为促进世界贸易的发展，满足各方面的需要，并对消除国际贸易壁垒起到积极作用。

（3）实施 ISO 14001 标准也是实现经济可持续发展的需要，持续改进是贯穿于 ISO 14000 系列标准的灵魂思想，在发展经济的同时，重视环境保护，使经济效益、环境效益和社会效益协调统一是世界各国所追求的共同目标，也是 ISO 14000 系列标准的最终目的所在。

（4）实施 ISO 14001 标准还是实现环境管理现代化的有力武器，环境管理是一项涉及面广而内容繁杂的系统性的综合管理，管理水平的高低将直接影响组织的整体经营管理状况，ISO 14000 系列标准集世界各国环境管理先进思想和经验之大成，具有广泛适用性和实际可操作性，这无疑将大大促进组织环境管理水平的提高，并为组织创建现代化的管理模式注入新鲜活力。

2. 实施 2004 版 ISO 14001 标准的意义

随着经济全球化趋势日益明显，企业的环境表现已成为政府、企业及其他组织采购产品选择服务时优先考虑的因素之一，实施 ISO 14001：2004 标准认证将为企业带来明显的效益，主要体现在：

（1）获取国际贸易的"绿色通行证"。

随着环境意识的普遍提高，西方发达国家对进口商品开始附加更多的环保要求。实施 ISO 14001 标准，相当于获取了一张国际贸易的绿色通行证，尤其是我国已加入 WTO，要想参与到世界总的贸易循环中去，就必须遵从国际贸易的规则，加大在环境保护方面的投入，以满足市场、用户和广大相关方的要求。

（2）树立优秀企业的形象，赢得客户信赖，满足相关方的需求和期望。

实施 ISO 14001 标准为企业提供了一个向外界相关方和全社会展示其遵纪守法和持续改善环境绩效的机会。拥有 ISO 14001 标准认证证书，从一定程度上讲，可以使人们相信这是一个关爱地球、爱护环境、对环境负责的企业，这样的企业不仅考虑赚钱，而且还追求环境、经济和社会效益的同步发展，那么，在受到顾客认同和欢迎的同时，企业的信誉和知名度就会有所提升，并会取得社会各界的广泛信赖。

（3）提高组织内部的管理水平，向管理要效益。

ISO 14000 系列标准融合了世界上许多发达国家在环境管理方面的经验，是一套完整的、系统的和可操作性强的体系标准。ISO 14000 标准基于科学的 PDCA 循环理论，为企业环境管理乃至全面管理提供了有效的手段和方法，使企业建立一个更加系统化的管理机制，就能够促进整体管理水平的提高，有利于生产效率的提高和经济效益的增长，从而使企业的市场竞争能力大大增强，市场份额不断扩大。

（4）改进产品性能，改革工艺设备，生产"绿色产品"，实现污染预防和节能降耗。

ISO 14000 标准要求企业对生产全过程进行有效控制，体现清洁生产和污染预防的思想，从最初的设计到最终的产品和服务都要减少污染物的产生、排放和对环境的影响；同时，还要注意原材料、能源和资源的节约，以及废弃物的回收利用问题。企业按照这样一个整体思路建立了环境管理体系，就会考虑通过改进工艺流程、设备和加强管理等手段来减少污染物的排放，开发环境友善的产品、采用替代材料、控制污染严重的工艺过程并对废弃物进行综合处理和利用，从而最终降低成本，实现节能降耗。

（5）提高全体员工的环保意识，增强遵纪守法的主动性和自觉性。

领导的承诺和全体员工的积极参与是企业实施有效环境管理的基本保证。企业在建立、实施并保持环境管理体系的全过程中，通过环境培训和教育，使组织的员工认识到本职工作对于改善环境所起到的重要作用，就能充分调动员工参与环境事务的积极性和创造性，主动为企业改善环境献计献策，也就增强了企业员工在生产活动和服务中对节约资源和保护环境的责任感和使命感，提高了爱护环境和保护环境的意识。

遵守环保法律法规是企业环境方针三个有效承诺之一，企业应针对实际情况建立获取现行法律法规的渠道，不断收集、熟悉并更新适用于本企业生产服务特点的环保法律法规的内容及要求，从过去被动地守法转变为自觉主动地学法、知法和用法，从而达到依法管理环境的目的。

（6）减少环境风险，避免因环境问题造成的经济损失，实现企业永续经营。

企业若是违反了法律法规或是发生了重大环境事故，将造成人员伤亡、财产损失，甚至受到巨额罚款或责令其关闭停产，这对于企业的自身发展将带来不利影响。那么与其被动守法，还不如积极主动地实施 ISO 14001：2004 环境管理体系标准，建立并保持应急准备与响应程序，以便确定潜在的事故和紧急情况，及时做出响应，从而预防或减少重大事故的发生以及可能伴随的环境影响，避免承担环境刑事责任，减少环境风险，避免经济受损。

（7）用标准化手段规范组织的环境管理工作。

ISO 14000 系列标准将标准化的方法和手段引入企业环境管理范畴，并且适用于任何规模、类型和性质的组织，使大家在环境管理方面能够具有共同的语言、统一的认识和共同遵守的规范，这也是国际标准化组织对全球环境管理事业的一个伟大贡献。

二、环境管理体系的主要内容

ISO 14001 是 ISO 14000 系列标准的核心内容，对环境管理体系提出规范性要求，一切组织的环境管理体系必须遵照本标准的要素、规定和模式。对组织进行环境管理体系认证时应以 ISO 14001 为尺度衡量。

ISO 14001 是由 5 部分组成，包含 17 个要素，它们之间关系如表 3-4 所示。这 5 部分内容包含了环境管理体系的建立过程和建立后有计划地评审及持续改进的循环，以保证组织内部环境管理体系的不断完善和提高。

表 3-4　环境管理体系的 5 个部分和 17 个要素关系

一级要素		二级要素
要素名称	（一）环境方针	1. 环境方针
	（二）策划	2. 环境因素
		3. 法律法规其他要求
		4. 目标、指标、方案
	（三）实施和运行	5. 资源、作用、职责和权限
		6. 能力、培训和意识
		7. 信息交流
		8. 文件
		9. 文件控制
		10. 运行控制
		11. 应急准备和反应
	（四）检查	12. 监测和测量
		13. 合理性评价
		14. 不符合、纠正措施和预防措施
		15. 记录控制
		16. 内部审核
	（五）管理评审	17. 管理评审

1. 环境方针

环境方针在 ISO 14001 标准中具有重要地位，它是组织建立环境管理体系的基础，也是统一全组织环境意识和行为的指针。适合于组织活动，产品和服务的性质、规模和环境影响。其核心内容体现污染预防、持续改进、遵守环境法律法规和其他要求最基本的承诺；同时，环境方针应为建立和评审环境目标和指标提供框架，形成文件，并通过组织的计划和行动付诸实施，其目的是确立组织环境保护宗旨，指明环境管理的总方向和总原则；确定整个组织所需的有关环境管理的职责和绩效目标；表明组织实行良好环境管理的正式承诺，尤其是组织最高管理者的承诺；作为评价环境管理体系有效性的基础。

2. 策划

策划阶段包括以下要素。

（1）确定重大环境因素。建立环境管理体系的最终目的，是合理地控制本单位的环境问题以实现环境行为的持续改进。为了达到此目的，组织在体系建立之初，就应全面系统地调查和评审本组织的总体环境状况，识别其环境管理体系覆盖范围内的活动、产品和服务中能够控制，或能够施加影响的环境因素。在此基础上，进行评价，确定出重大环境因素。

（2）法律法规与其他要求。组织应建立保持程序，用来确定适用于其活动、产品或服务中环境的法律，以及其他应遵守的要求，并建立获得这些法律和要求的渠道。确定这些要求如何应用于组织的环境因素。

（3）设立环境目标、指标，制定环境管理方案。组织应针对其内部的有关职能部门和不同的层次，建立、实施并保持形成文件环境目标和指标。目标和指标应符合环境方针，包括对污染预防、持续改进和遵守适用的法律法规和其他要求的承诺。

环境管理方案是策划的结果，是环境目标和指标的具体实施方案，包括：规定企业的每个有关职能和层次实现环境目标和指标的职责；实现目标和指标的方法和时间表。

3．实施与运行

实施与运行是实现目标、指标和环境管理方案，改善组织的环境行为，减少或消除组织在活动、产品或服务过程中环境影响的关键阶段。

（1）资源、作用、职责和权限。资源、作用、职责和权限的规定和沟通，对指挥和控制组织内与环境管理有关活动的协调和实现组织的环境目标而言至关重要。组织应确定适宜于组织环境管理体系的组织机构，并明确环境管理体系实施和运行过程中有关人员的作用、职责、权限，以便确保按照本标准的要求建立、实施和保持环境管理体系，并向最高管理者报告环境管理体系的运行情况以供评审，提出改建建议。

（2）能力、培训和意识。增强各层次职能人员的环境意识，提高环境管理技能，确保员工有能力履行相应的职责并完成各项环境管理任务。

（3）信息交流。主要是确保员工、相关方就内部、外部环境管理信息进行相互沟通和交流，以便通报组织在活动、产品或服务过程中所有与环境相关的信息。

（4）文件。环境管理体系文件是环境管理体系运行的依据，能够起到沟通意图，统一行动的作用，确保环境管理体系得到充分理解和有效运行。其包括：环境方针、目标和指标；对环境管理体系的覆盖范围的描述；对环境管理体系主要要素及其相互作用的描述，相关文件的查询途径；组织为确保对涉及重要环境因素的过程进行有效策划、运行和控制所需的文件和记录。

（5）文件控制。为确保组织对文件的建立和保持能够充分适应实施环境管理体系的需要，识别和控制所有包含组织环境管理体系运行和绩效的关键信息的文件和资料，组织应对环境管理体系相关文件进行控制，加强管理。

文件控制应做到以下几点：在文件发布前进行审批，以确保其充分性和适宜性；必要时对文件进行评审和更新，并重新审批；确保对文件的更改和现行修订状态作出标识；确保在使用时能得到适用文件的有关版本；确保文件字迹清楚，易于识别；确保对策划和运行环境管理体系所需的外来文件做出标识，并对其发放予以控制；防止对过期文件的非预期使用。如需将其保留，要做出适当的标识；所有文件应字迹清楚，注明日期（包括修订日期），标识明确，妥善保管，并按规定的时间要求予以保管。

（6）运行控制。组织应根据其方针、目标和指标，识别和策划与所确定的重要环境因素相关的运行，以确保其通过下列方式在规定的条件下进行：建立、实施并保持一个或多个形成文件的程序，以控制因缺乏程序文件而导致偏离环境方针、目标和指标的情况；在程序中规定运行准则；对于组织使用的产品和服务中所确定的重要环境因素，应建立、实施并保持程序，并将适用的程序和要求通报供方及合同方。

通过制定并落实计划和措施安排，确保与重要因素有关的运行活动始终处于有效的受控状态，满足环境方针、目标和指标的要求。

（7）应急准备和反应。环境管理体系组织应建立、实施并保持一个或多个程序，用于识别可能对环境造成影响的潜在的紧急情况和事故，并规定响应措施，并预防或较少随之产生的有害环境影响。组织应定期评审其应急准备和响应程序，必要时对其进行修订。应急准备和反应是对实现环境管理体系基本功能起保证作用的辅助性要素，是对运行控制的进一步补充。

4．检查

环境管理体系是一个系统工程，具有自我约束、自我调节、自我完善的功能，以达到持续改善的目的。环境管理体系运行后，应对管理体系运行情况，要进行经常性的监督、检测和评价，如发现偏离环境方针、目标和指标的情况应及时加以纠正，以防止不符合的情况再次发生。

（1）监测和测量。组织应建立、实施并保持一套以文件支持的程序，对可能具有重大环境影响的运行的关键特性进行例行监测和测量，确保环境方针、目标和指标得以实现，环境因素得到有效控制和运行。监测和测量是构成环境管理体系主体框架并体现其基本功能的核心要素。

（2）合理性评价。为了履行遵守法律法规要求的承诺，组织应建立、实施并保持一个或多个程序，定期评价组织对适用的法律和其他要求的遵守情况，确保实现环境方针对遵守法律法规和其他要求的承诺。合理性评价是实现环境管理体系的持续改进。

（3）不符合、纠正措施和预防措施。在环境管理体系的运行过程中可能会出现不符合规定要求的情况，组织应建立一套程序用来规定有关的职责和权限，对不符合的情况进行处理和调查，采取措施减少由此产生的影响；在考虑消除已存在和潜在的不符合情况的纠正和预防措施时，应与考虑问题的严重性和带来的环境影响适应；对于纠正与预防措施引起的对程序文件的更改，组织应遵照实施并予以记录。及时开展对不符合的纠正和预防工作是环境管理体系不断完善和持续改进的重要保障。

（4）记录控制。为提供环境管理体系符合要求的证据，证实规划管理体系处于有效的运行状态，也为环境管理体系的持续改进提供依据。组织应对环境体系的运行情况进行记录。建立一套程序用来标识、保存于处置有关环境管理的记录。环境记录应字迹清楚，标识明确，并具有可追溯性。

（5）内部审核。组织定期开展环境管理体系审核，审核的目的是判定环境管理体系是否符合对环境管理工作的预定安排和本标准的要求，是否得到了正确的实施和保持，并向鼓励者报告审核结果。内部审核目的在于评审和持续评估组织的环境管理体系的有效性；评审环境管理体系与 ISO 14001 标准要求的符合；确定对形成文件的环境管理体系程序的符合程度；评价环境管理体系是否有效地满足组织的环境目标和指标；及时发现体系运行中存在的问题，采取有效措施加以整改，促进体系的不断完善。

5. 管理评审

最高管理者应按计划的时间间隔，对组织的环境管理体系进行评审，以确保其持续适宜性、充分性和有效性。评审应包括评价改进的机会和对环境管理体系进行修改的需求，包括环境方针、环境目标和指标的修改需求。对评审结果、结论和建议要形成文件和记录，以便采取必要的后续措施，实现体系的持续改进。

三、食品企业环境管理体系的建立与实施

自 ISO 14000 认证实施以来，受到世界各国政府和企业的欢迎。食品企业在建立和实施环境管理体系时应注意，应充分结合企业的特点，和企业现行的管理体系相结合，使制定出的环境管理体系有效实施，给企业提供一套能自我约束、自我调节、自我完善的运行机制，对规范组织的环境行为，改善企业的环境表现具有促进作用。

环境管理体系建立与实施主要经过前期的准备，初始环境评审，环境管理体系策划，环境管理体系文件编制，环境管理体系试运行，环境管理体系的检查、纠正和改进，环境管理体系审核等几个阶段。

（一）前期准备

通常建立环境管理体系的前期准备工作包括：企业最高管理者对其承诺应给予高度重视，要提供建立和实施环境管理体系所需的人、财、物等方面的资源保障；任命环境管理者代表，建立和维护环境管理体系，定期进行内部审核，汇报环境管理体系运行情况；确认环境管理体系组织机构以及各个部门的职责；工作小组对管理层和员工进行培训，培训的主要内容是 ISO 14000 标准的培训，包括文件建立和控制技能的培训、环境因素识别和评估技能的培训、检查技能和检查员资格的培训等。

（二）初始环境评审

初始环境评审是建立环境管理体系的基础，对尚无环境管理体系而需要建立的企业显得尤为必要，其目的在于对组织的环境管理问题和环境绩效水平进行初始综合分析，找出与 ISO 14001 标准的差距，寻找改进的机会，为组织建立环境管理体系提供背景条件和奠定基础。

初始评审的步骤：

第一步：策划。确定评审范围、组成评审组、制订评审计划。

第二步：实施。收集基础资料和数据、识别和评价环境因素和法律法规。

第三步：差距分析。采用绩效分析法、要素分析法、法律法规分析法评价组织当前的环境管理现状。

第四步：初始环境评审报告。分析汇总资料，编写初始评审报告。初始环境评审报告应篇幅适度、结构清晰完整，重点突出评审事项、评审过程、评审结论分析和改进事项的建议。

（三）环境管理体系策划

在初始环境评审基础上，对环境管理体系的总体框架及主要管理内容进行策划，制定出环境方针、环境目标、指标、管理方案等，确定环境管理组织结构、资源、作用职责和权限，确定环境管理体系文件的构成并编写出环境管理体系认证工作实施计划。

1. 环境方针的制定

环境方针是企业在环境管理工作中重要的宗旨，应体现企业最高管理者对环境问题的指导思想。因此，制定适宜的环境方针是组织建立环境管理体系的出发点和发展方向，对组织至关重要。

2. 环境目标、指标和环境管理方案的制定

环境方针是组织对整体环境管理工作和环境绩效的总的原则和意图的陈述，其宏观性和原则性并不能具体代表组织的具体环境目的。组织要想实现环境方针所阐述的总体原则、意图和持续改进的承诺，就必须确定具体的环境目标、指标和环境管理方案。

3. 明确组织结构、资源、作用、职责和权限

组织建立环境管理体系是为了有效地开展环境管理工作，而实现有效的环境管理需要通过一定的并赋予相应职责和权限的组织机构来完成，而且需要投入相应的资源来支持。因此，组织应在体系策划时针对各个职能和层次的人员明确其作用，规定其职责和权限，并对资源调配作出明确规定。

（四）环境管理体系文件的编制

环境管理体系文件的编制是建立和保持环境管理体系的一项重要的基础工作，它使环境管理体系这一管理工具从无形到有形，同时也是组织规范体系的实施和运行，达到预期环境绩效，评价和改善环境管理体系，并最终实现污染预防和持续改进的依据和见证。

环境管理体系文件是企业实施环境管理工作的文件，必须遵照执行。环境管理体系文件一般分为环境管理手册、环境管理体系程序文件、环境管理作业指导书文件、环境管理记录及其他相关文件。

1. 环境管理手册

环境管理手册是组织环境管理体系的高度概括，对于组织的环境管理工作提供了指南和纲领，使管理者和各级员工明确环境管理工作的总体指导方向；而对于外部审核人员而言，通过查阅手册，也能够很清晰地了解组织环境管理体系的脉络和要旨。

通常，环境管理手册的内容应包括以下几个方面：

（1）环境方针、环境目标、指标和环境管理方案。

（2）环境管理、运行、审核和评审工作人员的主要职责、权限和相互关系。

（3）关于程序文件的说明和查询途径。

（4）关于环境管理手册的管理、评审和修订工作的规定。

2. 程序文件

程序文件是手册的支持性文件，它使环境管理活动程序化、文件化、规范化，使各项活动处于良好的受控状态，从而避免了由于缺乏文件指导而出现的经验主义和偶尔得失。程序文件的侧重点在于规范要素或活动的职能和控制要点，一般不涉及纯技术细节。

通常程序文件的内容包括以下项目：①文件编号和标题；②目的和适用范围；③术语和定义；④职责和权限；⑤工作程序；⑥相关文件；⑦相关记录和报告。

食品企业应根据 ISO 14001 标准的要求，结合自身特点和管理要求，编制一套体系文件，以满足体系有效运行的需要。

3. 环境管理作业指导文件

组织的环境管理体系作业指导文件是侧重于操作性岗位或某一局部活动的规定，它是对环境管理程序文件的展开、补充和细化，一个程序文件可有若干个作业指导文件来支持。其目的是指导具体的岗位特别是重要环境工作岗位的实际操作，使环境因素得到有效控制。

作业指导文件包括技术规范、操作规程、各种管理规定、标准和方法、工艺流程图表、技术说明等，内容和形式多种多样，格式也不完全统一，组织可根据自身实际情况制定，如果使用原有的各项操作惯例和规章制度作为环境管理体系作业指导文件（第三层次文件），则应将文件统一进行编号，纳入体系文件之列，以保证体系文件形式上的完整和统一。

4. 环境管理记录

环境记录存在于各级体系文件之中，它是环境管理体系文件中一种特殊形式的文件。记录是信息管理的重要内容，为环境管理体系的有效运行和结果提供见证和可追溯性，同时也为体系实施改进提供客观依据。

记录的形式通常包括原始记录、统计表和报告。在 ISO 14001：2004 标准中，常见的记录包括：

（1）关于适用的环境法律法规和其他要求的信息。

（2）环境因素识别和环境影响评价记录。

（3）环境培训记录。

（4）有关供方和合同方的信息。

（5）投诉记录及处理决定。

（6）环境目标、指标和环境管理方案完成情况的跟踪记录。

（7）运行控制记录和产品信息（如成分和性能参数）。

（8）应急方案的检验报告和事故总结报告。

（9）监测数据。

（10）检查活动、仪器校准和设备维护记录。

（11）遵守法律法规和其他要求情况的定期评价记录。

（12）不符合、纠正措施和预防措施记录。

（13）环境管理体系内部审核记录。

（14）管理评审记录。

（五）环境管理体系试运行

在编制完环境管理体系文件以后，组织应正式发布文件，包括管理手册、程序文件和作业指导文件，并做好相关的文件发放记录。体系文件的发布意味着环境管理体系已进入试运行阶段。体系试运行是体系的磨合期，在实践中检验体系的适宜性、符合性和有效性，通过实施体系文件，发挥体系自身各项功能，及时发现问题、找根源、纠正不符合，修改体系，尽快完善。

组织环境管理体系试运行阶段的主要工作内容包括：

（1）全员教育和培训。

（2）环境目标、指标和方案的实施。

（3）实施各级环境管理体系文件的规定。

（4）确认并调整有关的组织机构和人员职责。

（5）配备所需的资源。

（6）适时开展信息交流。

（7）对相关方施加影响。

（8）开展应急准备和响应。

（六）环境管理体系的检查、纠正和改进

ISO 14001：2004 标准要求组织不但要建立和实施环境管理体系，而且还要对体系予以保持，保持环境管理体系应体现持续改进的核心思想。环境管理体系的保持和持续改进主要包括以下重点工作：对体系的运行情况进行监测和测量；对环境法律法规和其他要求

的遵循情况进行检查和评价；发现不符合，采取纠正措施和预防措施予以整改；对环境管理体系文件进行评审和修改；内部审核；管理评审。

（七）环境管理体系审核

环境管理体系审核是企业建立和实施环境管理体系的重要组成部分，是评价企业环境管理体系实施效果的手段。按照审核方和受审核方的关系，可将环境管理体系审核分为内部审核和外部审核两种类型。其中内部审核又称为第一方审核，外部审核又分为第二方审核（合同审核）和第三方审核。

内部审核是企业在建立和实施环境管理体系后，为了评价其有效性，由企业管理者提出，并由企业内部人员或聘请外部人员组成审核组，依据审核规则对企业的环境管理体系进行审核。

合同审核是需方对供方环境管理体系的审核。以判断供方的环境管理体系是否符合要求。

第三方认证是由国家认可、委员会认可的审核机构对企业进行的审核。审核的依据是标准中规定的审核准则，按照审核程序实施审核，根据审核的结果对受审核方的环境管理体系是否符合审核规则的要求给予书面保证，即合格证书。认证审核的客观程度相对于第一方和第二方审核都要高，具有权威性、客观性、公正性和较强的可信度。当然，要保证公平、公正，其前提必须是认证机构应独立于受审核方且不受其经济利益制约。

环境管理体系认证审核的基本流程如图3-2所示。

四、ISO 14001 与 ISO 9001 的关系

（一）ISO 14004 与 ISO 9001 的相同点和相近点

（1）两个体系都是自愿采用的管理型的国际标准。

（2）都遵循相同的管理系统原理，通过实施一套完整的标准体系，在组织内建立起一个完整、有效的文件化管理体系。

（3）通过管理体系的建立、运行和改进，对组织内的活动、过程及其要素进行控制和优化、实现方针和承诺达到预期的目标。

（4）质量管理体系和环境管理体系在结构和运行模式上已十分接近，都按照 PDCA 循环的思路，实现管理体系的持续改进。

（5）两个体系中有些要素是基本相同的（如管理职责、文件控制、培训、记录管理、审核和评审），有些要素的内容是相近的。

（6）两个体系均可能成为贸易的条件，都服务于国际贸易，意在消除贸易壁垒。

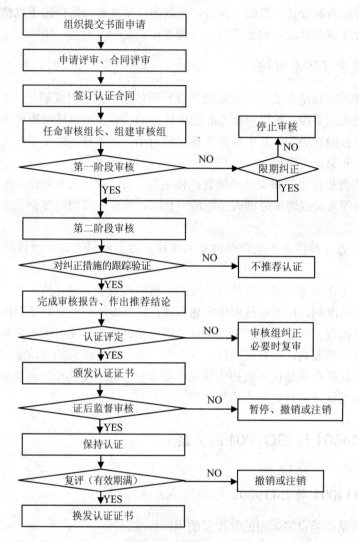

组织提交书面申请

↓

申请评审、合同评审

↓

签订认证合同

↓

任命审核组长、组建审核组

↓

第一阶段审核 —NO→ 限期纠正 —NO→ 停止审核
　　　　　　　　　　　　　　↓YES
↓YES ←—————————————

第二阶段审核

↓

对纠正措施的跟踪验证 —NO→ 不推荐认证

↓YES

完成审核报告、作出推荐结论

↓

认证评定 —NO→ 审核组纠正必要时复审

↓YES

颁发认证证书

↓

证后监督审核 —NO→ 暂停、撤销或注销

↓YES

保持认证

↓

复评（有效期满） —NO→ 撤销或注销

↓YES

换发认证证书

图 3-2　环境管理体系认证审核的基本流程

（二）ISO 14001 与 ISO 9001 的不同点

（1）承诺对象不同：ISO 9000 标准的承诺对象是产品的使用者、消费者，它是按不同消费者的需要，以合同形式进行体现的。而 ISO 14000 系列标准则是向相关方的承诺，受益者将是全社会，是人类的生存环境和人类自身的共同需要，这无法通过合同体现，只能通过利益相关方，其中主要是政府来代表社会的需要，用法律、法规来体现，所以 ISO 14000 的最低要求是达到政府的环境法律、法规与其他要求。

（2）两体系中要素的名称相同或相近，承诺的内容不同：ISO 9000 系列标准是保证产品的质量；而 ISO 14000 系列标准则要求组织承诺遵守环境法律、法规及其他要求，并对污染预防和持续改进作出承诺。

（3）体系的构成模式不同：ISO 9000 的质量管理模式是封闭的，而环境管理体系则是螺旋上升的开环模式。要求体系不断地有所改进和提高。

（4）审核认证的依据不同：ISO 9000 标准是质量管理体系认证的根本依据；而环境管理体系认证除符合 ISO 14001 外，还必须结合本国的环境法律、法规及相关标准，如果组织的环境行为不能满足国家要求，则难以通过体系的认证。

（5）对审核人员资格的要求不同：ISO 14000 系列标准涉及的是环境问题，面对的是如何按照本国的环境、法规、标准等要求保护生态环境，污染防治和处理的具体环境问题，故环境管理体系对组织有目标、指标的要求，因而从事 ISO 14000 认证工作的人员必须具备相应的环境知识和环境管理经验，否则难以对现场存在的环境问题做出正确判断。

复习思考题

1. ISO 9000: 2008 系列核心标准有哪些？其用途各是什么？
2. ISO 9000 质量管理体系的 8 项基本原则是什么？
3. ISO 9000 质量管理体系 12 条基础是什么？
4. 食品企业如何建立、实施质量管理体系？
5. 食品企业如何建立、实施环境管理体系？
6. ISO 14001 与 ISO 9001 的关系？

参考文献

[1] 贺国铭. 农业及食品加工领域：ISO 9000 实用教程. 北京：化学工业出版社，2004，5.

[2] 陈志田. 2000 版 ISO 9000 族标准理解与运作指南. 北京：中国计量出版社，2001，4.

[3] 孟凡乔. 食品安全性. 北京：中国农业大学出版社，2005，6.

[4] 陈宗道. 食品质量管理. 北京：中国农业大学出版社，2002，7.

[5] 李欣. 2000 版 ISO 9000 标准：质量管理体系内部审核员培训教材. 北京：中国计量出版社，2002，8.

[6] 黄进. 2004 版 ISO 14000 环境管理体系标准释义/实施与文件编制范例全书. 北京：中国环境科学出版社，2005，5.

[7] 卓屼. 2008 版 ISO 9001 质量管理体系运行指南. 北京：中国标准出版社，2009，5.

[8] 全国质量管理和质量标准保证技术委员会. 2008 版质量管理体系国家标准理解与实施. 北京：中国标准出版社，2009，5.

[9] GB/T 19000—2008/ISO 9000：2005 质量管理体系：基础和术语 2008-10-15.

[10] GB/T 19001—2008/ISO 9001：2008 质量管理体系：要求 2008-12-30.

[11] GB/T 24001—2004/ISO 9001：2004 环境管理体系：要求及使用指南 2005-05-10.

第四章　食品良好操作规范

【知识目标】
- 了解食品企业实施和认证良好操作规范的意义
- 掌握食品企业良好操作规范的主要内容

【能力目标】
- 能够在食品生产企业中实施良好操作规范

第一节　概　述

GMP 是英文 "Good Manufacturing Practice" 的缩写，中文的意思是 "良好操作规范"，或是 "优良制造标准"，是一种特别注重在生产过程中实施对产品质量与卫生安全的自主性管理制度。它是一套适用于食品、制药等行业的强制性标准，要求企业从原料、人员、设施设备、生产过程、包装运输、质量控制等方面按国家有关法规达到卫生质量要求，形成一套可操作的作业规范，帮助企业改善企业卫生环境，及时发现生产过程中存在的问题，并加以改善。简要地说，GMP 要求食品生产企业应具备良好的生产设备，合理的生产过程，完善的质量管理和严格的检测系统，确保最终产品的质量符合法规要求。

一、GMP 的发展

（一）GMP 的由来和发展

GMP 起源于药品生产质量管理的需要。在经历了第二次世界大战期间数次较大的药物灾难之后，人们逐步认识到以成品抽样分析检验结果为依据的质量控制方法有一定缺陷，不能保证药品安全以及符合质量要求。美国于 1962 年修改了《联邦食品、药品和化妆品法》，将药品质量管理和质量保证的概念以法律形式固定下来。美国食品和药品管理局（FDA）根据上述法案的规定，由美国坦布尔大学 6 名教授编写制定了世界上第一部 GMP，并于 1963 年在美国国会得到通过，第一次以法令的形式予以颁布，并于第二年开始实施。1969 年，世界卫生组织（WHO）建议各成员国政府实施药品 GMP，以确保药品质量。同年，FDA 将 GMP 的观点引用到食品的生产法规中，制定了《食品制造、加工、包装与贮藏的现行良好操作规范》，即现行 GMP（CGMP）或食品 GMP（FGMP）。CGMP 很快被 FAO/WHO 的食品法典委员会（CAC）采纳，并作为国际规范推荐给 CAC 各成员国政府。继美国之后，日本、加拿大、新加坡、德国、澳大利亚和中国等都在积极推行食品的 GMP。

食品 GMP 是一种食品安全和质量保证体系，其宗旨是在食品制造、包装和贮藏等过程中，确保有关人员、建筑、设施和设备均能符合良好的生产条件，防止食品在不卫生条件，或在可能引起污染和品质变坏的环境中操作，以保证食品安全和质量稳定。它的重点是：确认食品生产过程的安全性；防止异物、毒物、有害微生物污染食品；双重检验制度，防止出现人为的过失；标签管理制度；建立完善的生产记录、报告存档的管理制度。

（二）GMP 的分类

1. 从 GMP 的适用范围来看，现行的 GMP 可分为三类

（1）具有国际性质的 GMP。如 WHO 的 GMP，北欧七国自由贸易联盟制定的 GMP，东南亚国家联盟的 GMP 等。

（2）国家权力机构颁布的 GMP。如中华人民共和国卫生部及后来的国家药品监督管理局、美国 FDA、英国卫生和社会保险部、日本厚生省等政府机关制定的 GMP。

（3）工业组织制定的 GMP。如美国制药工业联合会制定的，标准不低于美国政府制定的 GMP，中国医药工业公司制定的 GMP 实施指南，甚至还包括药厂或公司自己制定的。

2. 从 GMP 的制度性质来看，又可分为两类

（1）将 GMP 作为法典规定。如美国、日本、中国的 GMP。

（2）将 GMP 作为建议性的规定，有些 GMP 起到对药品生产和质量管理的指导作用，如联合国 WHO 的 GMP。

按照 GMP 的权威性和法律效力分类，又可分为强制性 GMP 和指导性（推荐性）GMP。强制性 GMP 是指食品生产企业必须遵守的法律法规，由有关政府部门颁布并监督实施。指导性 GMP 由国家政府、行业组织或协会等制定并推荐给食品企业参照执行，以自愿遵守为原则。

总的来说，各国按 GMP 要求进行食品生产管理和质量管理已是大势所趋。各国的 GMP 内容基本上是一致的，但也各有特点，按照不同产品特点制定有利的 GMP 是必要的。实践证明，GMP 是行之有效的科学化、系统化的管理制度，对保证食品质量起到积极作用，

已经得到国际上的普遍认可。

（三）GMP 三大目标要素

实施 GMP 的目标要素在于将人为的差错控制在最低限度，防止对食品的污染，保证高质量产品的质量管理体系。

1. 将人为的差错控制在最低限度

（1）在管理方面。例如，质量管理部门从生产管理部门独立出来，建立相互监督检查制度，指定各部门责任者，制定规范的实施细则和作业程序，各生产工序严格复核，如称量、材料贮存、领用等。

（2）在装备方面。例如，各工作间要保持宽敞，消除妨碍生产的障碍；不同品种操作必须有一定的间距，严格分开。

2. 防止对食品的污染和降低质量

（1）在管理方面。例如，操作室清扫和设备洗净的标准及实施；对生产人员进行严格的卫生教育；操作人员定期进行身体检查，以防止生产人员带有病菌、病毒而污染食品；限制非生产人员进入工作间等。

（2）在装备方面。例如，操作室专用化；对直接接触食品的机械设备、工具、容器，选用对食物不发生反应的材质制造；防止机械润滑油对食品的污染等。

3. 保证高质量产品的质量管理体系

（1）在管理方面。例如，质量管理部门独立行使质量管理职责；机械设备、工具、量具定期维修校正；检查生产工序各阶段的质量，包括工程检查；有计划的、合理的质量控制，包括质量管理实施计划、试验方案、技术改造、质量攻关要适应生产计划要求；在适当条件下保存出厂后的产品质量检查留下的样品；收集消费者对食品投诉的情报信息，随时完善生产管理和质量管理等。

（2）在装备方面。例如，操作室和机械设备的合理配备，采用先进的设备及合理的工艺布局；为保证质量管理的实施，配备必要的实验、检验设备和工具等。

二、国外食品 GMP 的发展情况

（一）美国

在 20 世纪 70 年代初期，美国 FDA 为了加强、改善对食品的监管，根据美国《联邦食品、药品和化妆品法》第 402（a）条的规定，凡在不卫生的条件下生产、包装或贮存的食品或不符合生产食品条件下生产的食品视为不卫生、不安全的。因此，制定了食品生产的现行良好操作规范（21CFR part 110）。这一法规适用于一切食品的加工生产和贮存，随之 FDA 相继制定了各类食品的操作规范，如：熏制鱼类 GMP（1970）；低酸性罐头 GMP（1973）；可可和糖果制品及瓶装饮料水 GMP（1975）；酸化食品与酸性食品、面包及焙烤食品、果实及花生米 GMP（1979）等一系列不同食品的 GMP，在食品工业中逐渐形成一个 GMP 伞体系。所有这些 GMP 法规都在根据食品工业及相关技术的发展状况，以及人们对食品安全的认识和要求，不断地修改和完善。

（二）欧盟

欧盟对食品生产、进口和投放市场的卫生规范与要求包括以下 6 类：
（1）对疾病实施控制的规定。
（2）对农药、兽药残留实施控制的规定。
（3）对食品生产、投放市场的卫生规定。
（4）对检验实施控制的规定。
（5）对第三国食品准入的控制规定。
（6）对出口国当局卫生证书的规定。

（三）日本

日本制定了 5 项食品卫生 GMP，被称为"卫生规范"，这 5 项规范如下：
（1）盒饭与饭菜卫生规范（1979）。
（2）酱菜卫生规范（1980）。
（3）糕点卫生法规（1983）。
（4）中央厨房传销零售餐馆体系卫生规范（1987）。
（5）生面食品类卫生规范（1991）。

日本的卫生规范包括目的和适用范围，定义了设施管理、食品处理、经营人员以及从原料到成品全过程的卫生要求等 30 项内容。日本的卫生规范是指导性而非强制性的标准，达不到规范要求不属违法，以终产品是否合格为准。

三、我国食品 GMP 的发展状况

1984 年，我国卫生部按照《食品卫生法》的规定，参照联合国粮农组织（FAO）和世界卫生组织（WHO）食品法典委员会的《食品卫生通则》[CAC/RCP Rev. 2（1985）]，结合我国国情制定了《食品企业通用卫生规范》（GB14881—1994），作为我国食品企业必须执行的国家标准发布。卫生部自 1988—1998 年，制定了 19 个食品加工企业卫生规范，形成了我国食品 GMP 伞体系。这些规则如下：

罐头厂卫生规范　　　　　　　　　GB 8950—88

白酒厂卫生规范	GB 8951—88
啤酒厂卫生规范	GB 8952—88
酱油厂卫生规范	GB 8953—88
食醋厂卫生规范	GB 8954—88
食用植物油厂卫生规范	GB 8955—88
蜜饯厂卫生规范	GB 8956—88
糕点厂卫生规范	GB 8957—88
乳品厂卫生规范	GB 12693—90
肉类加工厂卫生规范	GB 12694—90
饮料厂卫生规范	GB 12695—90
葡萄酒厂卫生规范	GB 12696—90
果酒厂卫生规范	GB 12697—90
黄酒厂卫生规范	GB 12698—90
面粉厂卫生规范	GB 13122—91
饮用天然矿泉水厂卫生规范	GB 16330—1996
巧克力厂卫生规范	GB 17403—1998
膨化食品良好生产规范	GB 17404—1998
保健食品良好生产规范	GB 17405—1998

我国根据国际食品贸易的要求，于 1984 年由原国家商检局首先制定了类似 GMP 的卫生法规《出口食品厂、库最低卫生要求》，对出口食品生产企业提出了强制性的卫生规范。由于食品贸易全球化的发展以及对食品安全卫生要求的提高，《出口食品厂、库最低卫生要求》已经不能适应形势的要求，经过修改，于 1994 年 11 月发布了《出口食品厂、库卫生要求》。在此基础上，又陆续发布了 9 个专业卫生规范：

《出口畜禽肉及其制品加工企业注册卫生规范》

《出口罐头加工企业注册卫生规范》

《出口水产品加工企业注册卫生规范》

《出口饮料加工企业注册卫生规范》

《出口茶叶加工企业注册卫生规范》

《出口糖类加工企业注册卫生规范》

《出口面糖制品加工企业注册卫生规范》

《出口速冻方便食品加工企业注册卫生规范》

《出口肠衣加工企业注册卫生规范》

凡是从事出口食品生产，贮存的厂、库都必须达到以上要求。

1999 年又颁布了《水产品加工质量管理规范》（SC/T 3009—1999）。

2002 年 5 月对《出口食品厂、库卫生要求》进行了修订，发布了《出口食品生产企业卫生要求》。

四、实施 GMP 对食品质量控制的意义

1．有利于食品质量的提高

GMP 从原料进厂直至成品的储运及销售整个生产的各个环节，均提出了具体控制措施、技术要求和相应的检测方法及程序，有力地保证了食品质量。

2．有利于提高食品企业和产品的声誉，促进竞争力

企业实施 GMP，势必会提高产品的质量，从而带来良好的市场信誉和经济效益，这样必然会提高企业的形象和声誉，提高市场的竞争力，占有更大的市场。

3．有利于食品进入国际市场

GMP 作为国际通用的生产及质量管理所必须遵循的原则，也是通向国际市场的通行证。企业实施 GMP，有利于产品走出国门，扩大出口，提高食品在国际贸易的竞争力。

4．促进食品企业质量管理的科学化和规范化

目前，我国许多食品企业质量意识不强，质量管理水平较低，条件设备落后。实行 GMP 规范化管理制度将会提高我国广大企业加强自身质量管理的自觉性，提高质量管理水平，从而推动我国食品工业质量管理体系向更高层次发展。

5．提高卫生行政部门对食品企业进行监督检查的水平

对食品企业进行 GMP 监督检查，可使食品卫生监督工作更具科学性和针对性，提高对食品企业的监督管理水平。

6．为企业提供生产和质量遵循的基本原则和必需的标准组合

促进企业强化征税管理和质量管理，有助于企业管理现代化，采用新技术、新设备、提高产品质量和经济效益。

第二节　GMP 的主要内容

GMP 是一种特别注重在生产过程中实施对产品质量与卫生安全的自主性管理制度。食品企业实施 GMP 有利于食品质量控制，有利于企业的长远发展。企业要建立 GMP，就需要了解 GMP 的内容。参照《食品企业通用卫生规范》，GMP 内容如下。

一、食品原料采购、运输及贮藏过程中的要求

（一）食品原料采购

1．采购食品原料的一般原则

（1）负责具体采购工作的人员熟悉本企业所用的各种食品原料、食品添加剂、食品包装材料的品种及卫生标准和卫生管理方法，了解各种原辅料可能存在的卫生问题。

（2）采购食品原辅料时，应对其进行初步的感官检查，对卫生质量可疑的应随机抽样进行质量检查，合格方可采购。

（3）采购食品原辅料，应向供货方索取同批产品的检验合格证或化验单，采购食品添加剂时，还必须同时索取定点生产证明材料。

（4）采购的原辅料必须验收合格后才能入库，按品种分批存放。

（5）原辅料的采购应根据企业食品加工和贮存能力有计划地进行，防止一次采购过多，短期内用不完而造成积压变质。

2．采购原辅料的要求

目前，我国主要的食品原料、食品辅料、食品包装材料多数有国家卫生标准、行业标准或地方标准，少数有企业标准或无标准。在订购、采购食品原料、包装材料时，应尽量按国家卫生标准执行；无国家标准的，依次执行行业标准、地方标准、企业标准；无标准原材料的，可参照类似食品的标准及卫生要求。

3．食品原料的验收

验收各种原辅料时，除了向供货方索取产品的检验合格证或化验单外，还必须通过对原辅料色、香、味、形等感官性状的检查来判断其新鲜程度，必要时采用理化或细菌学方法来判定。同时，检查原辅料是否受有毒有害物质污染也是很重要的。

（1）感官检查。

感官检查简单易行，结果可靠。如蔬菜类、水果类，采摘后新陈代谢仍在继续，随着时间推移，新鲜度下降，其功能下降，伴随着水分、色、香、味的变化，当水分减少5%时，鲜度明显下降，出现收缩、减重、变色或褪色，香气降低。肉类原料新鲜度下降时，由鲜红色变为褐色、灰色，失去光泽，表面发黏，香气丧失。鱼贝类等水产品，新鲜时体表光泽、保持自然色调、不失水分体形有张力、眼球充血、眼房鼓起透明、腮腺红、肉体有弹性；鲜度下降时，失去光泽和水分、腹部鼓起、肛门有分泌物流出、体表发黏、有异臭味等。

不同的食品原料的感官性状都有各自固有的特征，检查时，应抽取有代表性的样品，在充足的自然光下，对该原料的感官指标进行检查。

（2）理化检查。

物理检查常用于食品表面的检查，如水产品表面弹力测定、农产品色调测定。常用导电性方法测定电阻、电容量等来判定食品的鲜度。化学检查，果蔬类原料可测定叶绿素、抗坏血酸、可溶性氮等指标；动物性食品常用测定 pH、氨基氮、挥发性盐基氮、组织胺等来判定食品的新鲜度。

（3）微生物学检查。

食品可因某些微生物的污染而使其新鲜度下降甚至变质，主要指标有细菌总数、大肠菌群、致病菌等。

（4）食品原辅料有毒有害物质的检测。

食品应该是无毒无害的，但在食品的种植或养殖、收获、加工、运输、销售、贮存等环节上，往往受到不同程度的工业污染、农药污染、致病菌及毒素等污染。在采购食品原料时，应充分估计到这种可能性，必要时进行抽样检查，以排除污染的可能性。

（5）食品原辅料保护性措施。

农副产品在采收时，难免携带来自产地的各种污染物，如附着有害微生物、寄生虫、农药、工业污染物、放射性尘埃等。所以，对采收后的产品要实施一系列保护措施。一般常采用水、表面活性剂水溶液、碱水溶液、含氯消毒液等进行洗涤和消毒。

（二）原料的运输

1. 运输工具应符合卫生要求

食品原辅料必须使用专用的车、船等运输工具，严禁与农药、化肥、化工产品及其他有毒有害化学物质混载，也不得使用运输过上述物品的车、船及其运输工具。如做不到运输工具专用，在运输食品原料前必须彻底清洗干净，确保无有毒有害物质污染，无异味。运输工具应定期清洗、消毒，保持洁净卫生。

为防止运输途中雨淋、灰尘，使食品包装及食品原辅料受潮，车、船应设置顶棚，最好采用封闭式的车厢和舱，不具备上述条件的运输工具应用油布覆盖。

2. 选择合适的运输工具

根据原辅料的特点和卫生要求，选择合适的运输工具。例如，大米、面粉、油料等原料，可用普通常温车（车厢）和船运输；运输家畜、家禽等动物的车、船应分层设置铁笼，通风透气，防止挤压也便于运输途中供给足够的饲料和饮水；水果、蔬菜类食品应装入箱子或篓中运输，避免挤压撞伤而腐烂；水产品、熟肉及其冰冻食品原料采用低温冷藏车贮运。

运输作业应避免强烈的震荡、撞击，轻拿轻放，防止损伤产品外形；且不得与有毒有害物品混装、混运，作业终了，搬运人员应撤离工作地，防止污染食品。

（三）食品原料的贮藏

1. 应设置与生产能力相适应的设施

食品原料贮藏设施的要求依据食品种类不同而不同，主要取决于原辅料的本身的性质。例如，新鲜水果、蔬菜原料应设置原料接收场地、清洗设施及场所、保鲜仓库；以生肉、水产品为原料的食品企业应设置一定容量的低温冷库；油料、面粉、大米等干燥原料贮藏设施应具有防潮功能。

2. 食品原辅料的贮藏卫生管理

（1）原料场地和仓库应设专人管理，建立管理制度，定期检查质量和卫生情况，按时清扫、消毒、通风换气。

（2）原料场地和仓库，地面应平整，便于通风换气，有防鼠、防虫设施。

（3）各种原料应按品种分类分批贮存，每批原料均有明显标识，同一库内不得贮存相互影响风味的原料。

（4）原料应离地、离墙并与屋顶保持一定距离，垛与垛之间也应有适当间隔。

二、工厂设计与设施的要求

（一）食品工厂厂址选择

在选择厂址时，既要考虑来自外界环境的有毒有害因素对食品可能产生的污染，又要避免生产过程中产生的废气、废水和噪声对周围居民的不良影响。综合考虑食品企业的经营与发展，食品安全与卫生以及国家有关法律、法规等诸多因素，食品企业厂址的一般要求如下：

（1）要选择地势干燥、交通方便、有充足的水源的地区。厂区不应设于受污染河流的下游。

（2）厂区周围不得有粉尘、有害气体、放射性物质和其他扩散性污染源；不得有昆虫大量滋生的潜在场所，避免危及产品卫生。

（3）厂区要远离有害场所。生产区建筑物与外缘公路或道路应有防护地带，其距离可根据各类食品厂的特点由各类食品厂卫生规范另行规定。

（二）总平面布局

（1）各类食品厂应根据本厂特点制定整体规划。要合理布局，划分生产区和生活区，生产区应在生活区的下风向。

（2）建筑物、设备布局与工艺流程三者衔接合理，建筑结构完善，并能满足生产工艺和质量卫生要求；建筑物和设备布置还应考虑生产工艺对温度、湿度和其他工艺参数的要求，防止毗邻车间受到干扰。

（3）原料与半成品和成品、生熟食品均应杜绝交叉污染。

（4）厂区道路应通畅，便于机动车通行，有条件的应修环行路且便于消防车辆到达各车间；道路由混凝土、沥青及其他硬质材料铺设，防止积水及尘土飞扬。

（5）厂房之间，厂房与外缘公路或道路之间应保持一定距离，中间设绿化带，各车间的裸露地面应进行绿化。

（6）给排水系统应能适应生产需要，设施应合理有效，经常保持畅通，有防止污染水源和鼠类、昆虫通过排水管道潜入车间的有效措施。污水排放必须符合国家规定的标准，必要时应采取净化设施达标后才可排放。净化和排放设施不得位于生产车间主风向的上方。污物（加工后的废弃物）存放应远离生产车间，且不得位于生产车间上风向。

（7）存放设施应密闭或带盖，要便于清洗、消毒。

（8）锅炉烟筒高度和排放粉尘量应符合《锅炉大气污染物排放标准》（GB 13271—2001）的规定，烟道出口与引风机之间须设置除尘装置；其他排烟、除尘装置也应达标后再排放，防止污染环境；排烟除尘装置应设置在主导风向的下风向。季节性生产厂应设置在季节风向的下风向。

（9）实验动物待加工禽畜饲养区应与生产车间保持一定距离，且不得位于主导风的上风向。

（三）建筑设施

（1）食品企业的生产厂房的高度应能满足工艺、卫生要求，以及设备安装、维护、保养的需要。

（2）生产车间人均占地面积（不包括设备占位）不能少于 1.50 m^2，高度不低于 3 m，地面应使用不渗水、不吸水、无毒、防滑材料（如耐酸砖、水磨石、混凝土等）铺砌，应有适当坡度，在地面最低点设置地漏，以保证不积水。其他厂房也要根据卫生要求进行设置。

（3）屋顶或天花板应选用不吸水、表面光洁、耐腐蚀、耐温、浅色材料覆涂或装修，要有适当的坡度，在结构上减少凝结水滴落，防止虫害和霉菌滋生，以便于洗刷、消毒。

（4）生产车间墙壁要用浅色、不吸水、不渗水、无毒材料覆涂，并用白瓷砖或其他防腐蚀材料装修，高度不低于 1.50 m 的墙裙，墙壁表面应平整光滑，其四壁和地面交界面要呈弯形，防止污垢积存，并便于清洗。

（5）车间门、窗、天窗要严密不变形，防护门要能两面开，设置位置适当，并便于卫生防护设施的设置。窗台要设于地面 1 m 以上，内侧要下斜 45°。非全年使用空调的车间、门、窗应有防蚊蝇、防尘设施，纱门应便于拆下洗刷。

（6）通道要宽畅，便于运输和卫生防护设施的设置。楼梯、电梯传送设备等处要便于维护和清扫、洗刷和消毒。

（7）生产车间、仓库应有良好通风，采用自然通风时，通风面积与地面面积之比不应小于1∶16；采用机械通风时换气量不应小于每小时换气3次，机械通风管道进风口要距地面2m以上，并远离污染源和排风口，开口处应设防护罩。饮料、熟食、成品包装等生产车间或工序必要时应增设水幕、风幕或空调设备。

（8）车间或工作地应有充足的自然采光或人工照明，位于工作台、食品和原料上方的照明设备应加防护罩。

（9）建筑物及各项设施应根据生产工艺卫生要求和原材料贮存等特点，相应设置有效的防鼠、防蚊蝇、防尘、防飞鸟、防昆虫的侵入、隐藏和滋生的设施，防止受其危害和污染。

（四）卫生设施

（1）洗手、消毒。洗手设施应分别设置在车间进口处和车间内适当的地点。要配备冷热水混合器，其开关应采用非手动式。洗手设施还应包括干手设备（热风、消毒干毛巾、消毒纸巾等）。根据生产需要，有的车间、部门还应配备消毒手套，同时还应配备足够数量的指甲刀、指甲刷和洗涤剂、消毒液等。生产车间进口，必要时还应设有工作靴、工作鞋、消毒池。

（2）更衣室应设储衣柜或衣架、鞋箱（架），衣柜之间要保持一定距离，离地面20cm以上，如采用衣架应另设个人物品存放柜。还应备有穿衣镜，供工作人员自检用。

（3）厕所设置应有利于生产和卫生，其数量应根据生产需要和人员情况适当设置。生产车间的厕所应设置在车间外侧，并一律为水冲式，备有洗手设施和排臭装置，其出入口不得正对车间门，要避开通道；其排污管道应与车间排水管道分设。

三、食品用工具、设备的要求

食品加工设备、工具对食品质量和安全有着很大的影响，因此，所有国家均在食品GMP法规中明确规定了对食品加工设备、工具的要求。要求如下：

（1）在材质上，凡接触食品物料的设备、工具、管道，必须用无毒、无味、抗腐蚀、不吸水、不变形的材料制作。

（2）在结构上，要求设备、工具管道表面要清洁，边角圆滑，无死角，不易积垢，不漏隙，便于拆卸、清洗和消毒。

（3）在安装上，应符合工艺卫生要求，与屋顶（天花板）、墙壁等应有足够的距离，设备一般应用脚架固定，与地面应有一定的距离。传动部分应有防水、防尘罩，以便于清洗和消毒。

对食品用工具和设备进行洗涤和消毒时常采用水、酸、碱洗涤剂（1%~2%硝酸溶液和 1%～3%氢氧化钠溶液，在 65～80℃时使用）、杀菌剂（含氯消毒杀菌剂）。

四、食品用水的要求

食品企业用水按其用途分为生活饮用水（一般生产用水）、特殊工艺用水、冷却用水等。

食品企业生产用水一般用于原料的清洗、蒸煮、直接冷却、清洗设备等，其水质要求符合满足卫生部颁布《生活饮用水卫生标准》（GB 5749—2006）。

特殊工艺用水主要是指直接构成产品组分的原料水和锅炉水，其水质要求在生活饮用水的基础上进一步处理，以满足特殊需要。食品企业因产品不同，对构成食品组分的用水要求各异。如水产品加工过程使用的海水必须符合国家《海水水质标准》（GB 3097—1997）。

锅炉用水中钙、镁盐类含量较多，使炉壁形成水垢，影响传热并使金属壁过热而凸起，易造成爆炸事故。故锅炉用水需要将生产用水软化后才能供给锅炉使用。

冷却用水是指在食品生产中起热交换的大量冷水，因不与食品接触，对其要求是硬度适当即可。

五、食品加工过程中的要求

食品加工过程包括从原料到成品的整个过程。食品原料经过各种形式的加工工艺，如冷冻、热处理、脱水、发酵、煎炸、膨化、烘烤、盐渍、罐藏等处理，成品经包装贮存。生产过程中环节多，污染的几率较大，这就要求整个生产过程中按生产工艺的先后次序和产品特点，应将原料处理、半成品处理、加工、包装材料和容器的清洗、消毒、成品包装和检验，成品贮存等工序分开设置，防止前后工序相互交叉污染。生产设备、工具、容器、场地等在使用前后均应彻底清洗、消毒。维修、检查设备时，不得污染食品。各项工艺操作应在良好的情况下进行，防止变质和受到腐败微生物及有毒有害物的污染。

（一）设备的卫生控制

与食品接触的设备表面必须用无毒、无害、不吸水、耐腐蚀、易消毒、易于清洁的材料制作，如切菜板、切肉板使用合成橡胶，而不能使用木制品，这是因为木质的常会有裂缝，会成为细菌繁殖的场所，并且会有木刺或木屑混入食品中。与食品接触的器具设备表面被污染时，必须立即清洗和消毒。设备在每次使用前和使用后，应正确地清洁和消毒。当设备和工具暂时不使用时，应清洁并妥善储存。可能污染食品的设备润滑部位，必须使用食用级润滑油。

（二）用具和容器的洗涤与消毒

为了保证食品卫生，避免因用具和容器不洁而导致的交叉污染，因此对用具和容器在使用前应进行彻底的清洁和消毒，食品的接触器具使用时要做到生熟分开，塑料筐要做到专筐专用。已清洗过的设备和器具应避免再受污染。

食物容器不允许直接放置在地面上。外包装材料不允许直接接触地面，应置于货架上，并且不允许直接进入生产区域。已清洗消毒后的设备和用具，应放在能防止食品接触面受到再次污染的地方。使用清洗剂和消毒剂时应采取适当措施，防止人身、食品受到污染。

（三）食品初加工的卫生

对于不需要热加工而直接入口的水果、蔬菜类，必须设有专门的冷荤间，做到专人、专室、专消毒、专工具和专冷藏。必须用卫生部门批准的消毒剂进行浸泡消毒，然后用流水彻底清洗干净。初加工的肉、禽、水产品要洗净，掏净内脏，去净毛、血块、鳞片。蔬菜、水果要摘洗干净，无烂叶、无杂物、无泥沙、无虫子。荤素要分开加工，动物性食品和蔬菜类食品要分别设有加工车间和加工用具。初加工的废弃物要及时清理，做到地面、地沟无油泥、无积水、无异味。

（四）预防交叉污染和二次污染

要防止交叉污染，必须保证生、熟食品分开贮藏，原材料、半成品和成品也要使用不同的冷库，温度控制在 0～5℃。所有冰箱和冷库都应备有温度计，温度计设在冷藏间最温暖的地方。没有包装的原材料和半成品，应覆盖一次性无毒塑料保鲜膜，并贴生产日期标签。

为了防止环境对产品造成二次污染，每天应用紫外线消毒灯进行空气消毒，工作台、设备、器具等与食品接触的所有物品均应用消毒剂消毒。

（五）几种食品加工过程的良好操作规范

1. 食品高温处理

控制食品的卫生，最主要的是控制食品中微生物的生长和繁殖。由于食物营养成分丰富，是微生物赖以生存的环境，要控制微生物生长的环境，我们必须控制温度和时间。

加热是杀死微生物最有效、最安全的方法，对于不同的原材料，采用不同的方法。如禽、蛋类食品由于受污染程度普遍严重，且易受沙门氏菌污染，加热后其核心温度不能低于 72℃。由于微生物在危险温度带（5～63℃）中会快速的生长和繁殖，因此，热食在加热后要尽快地通过危险温度带。经过热处理后食物温度要在 65℃以上，并及时将其推入速冷库，在 4 h 之内使其温度降至 10℃以下，然后进行冷藏，2 h 之内必须保证食品的中心温度在 0～5℃。

2. 食品的冷藏和冷冻

食品在冷藏、冷冻前应尽量保持新鲜，减少污染。用冷水和冰冷却时，要保证水和人造冰的卫生质量达到饮用水卫生标准；任何情况下，冰融化的水滴不能接触食品；使用的制冷剂绝对不能泄漏；冷藏库和车船还要注意防鼠和出现异臭等；食物在解冻时，还应注意卫生条件，防止微生物污染和繁殖。

3. 食品干制

食品干制是将食品中水分降至微生物生长繁殖所必需的水分含量以下。例如，奶粉含水应在 8%以下，面粉 13%～15%，豆类 15%以下。食品在干制之前，应进行热漂或亚硫酸盐处理。干制后，为防止制品吸湿返潮，应进行密封包装。

4. 食品辐射

利用放射线辐射食品，达到灭菌、杀虫、抑制发芽和改性等目的。被辐射的食品一定是完好无腐烂的，在辐射前有一定的包装，防止因辐射导致食品质量的劣化。加工时，严格按照工艺确定的辐射剂量进行操作。

六、食品包装的要求

食品包装指采用适当的包装材料、容器和包装技术，把食品包裹起来，以使食品在运输和贮藏过程中保持其价值和原有的状态。食品经过包装后起到保护食品，方便贮运，促进销售，提高食品价值。在使用食品包装材料、容器时，应该注意到包装材料本身的安全与卫生，包装后食品的安全卫生问题。食品包装的 GMP 包括如下内容：

（1）食品企业应设有专门的食品包装间，内设空调、紫外灭菌、二次更衣间和清洗消毒等设施。

（2）成品应有固定包装，且检验合格后方可包装；包装应在良好状态下进行，防止异物带入食品。

（3）使用食品容器和包装材料时，应完好无损，符合国家卫生标准。

（4）包装上的标签应按《预包装食品标签通则》（GB 7718—2011）的有关规定执行。

（5）成品包装完毕，按批次入库、贮存，防止差错。

七、食品检验的要求

食品厂应设立与生产能力相适应的卫生和质量检验室，并配备经专业培训、考核合格的检验人员，从事卫生、质量的检验工作。卫生和质量检验室应具备所需的仪器、设备，检验室应按国家规定的卫生标准和检验方法进行检验，要逐批次对投产前的原材料、半成品和出厂前的成品进行检验，并签发检验结果单。对检验结果如有争议，应由卫生监督机构仲裁。

检验用的仪器、设备，应按期检测，及时维修，使之处于良好状态，以保证检验数据的准确。应规定产品的品质规格、检验项目、检验标准及抽验检验的方法。同时，在检验过程中要详细记录样品名称、采样日期、采样地点及各项检验项目。操作人员、记录人员及审核人员必须签名。原始记录应齐全，并应妥善保存，以备查核。

食品检验的实施主要包括以下几步：

（1）明确检验对象，获取检验依据，确定检验方法。

（2）抽取能够代表样本总体部分的用于检验的样品。

（3）按照检验依据的要求，逐项对样品进行检验。

（4）将测定结果与检验依据进行对比。

（5）根据对比结果对产品做出合格与否的结论。

（6）对不合格的产品进行处理，做出相应的处理办法和方案。

（7）记录检验数据，出具报告并对结果做出适当的评价和处理，及时反馈信息，并进行改进。

八、食品生产经营人员个人卫生的要求

（一）食品生产人员的健康要求

食品生产人员尤其是与食品直接接触的人员其健康与食品卫生质量直接相关，我国《食品安全法》规定："食品生产经营人员每年必须进行身体健康检查，新参加工作和临时参加工作的食品生产经营人员必须进行身体健康检查，取得健康证明后方可参加工作"，"凡患有痢疾、伤寒、病毒性肝炎等消化道传染病（包括病原携带者）、活动性肺结核、化脓性或渗出性皮肤病以及其他有碍食品卫生的疾病的，不得参加接触直接入口食品的工作"，其他有碍食品卫生的疾病主要有流涎症状、肛瘘、腹泻、皮屑症患者等。承担健康检查的医疗机构必须是经当地卫生行政部门认可的单位，在指定范围内进行健康检查工作。

（二）食品生产人员的卫生要求

1．保持衣帽整洁

进入车间前，必须穿戴整洁的工作服、帽、靴、鞋等。头发不得外露于帽外，以防止头发或头皮屑落入食品，不在加工场所梳理头发。接触直接入口的食品还应戴口罩。工作服应每天清洗更换，不要穿工作服、鞋进入厕所和离开生产加工场所。

2. 重视操作卫生

直接与食品原料、半成品和成品接触的人员不允许戴手表、戒指、手镯等饰物，以免妨碍清洗、消毒或落入食品中。进入车间前不宜浓艳化妆、涂抹指甲油、喷洒香水，以免玷污食品。上班前不许酗酒，工作时不许吸烟、饮酒、吃食物，不要用勺直接尝味，不要用手抓食品销售，不接触不洁物品。操作人员手部受外伤，不得接触食品或原料，经过包扎治疗戴上防护手套后，方可参加不直接接触食品的工作。

3. 培养良好的卫生习惯

从业人员应该做到勤洗手和剪指甲、勤洗澡、勤换工作服、勤洗衣服和被褥，经常保持良好个人卫生习惯。从业人员还应在一天工作结束后，及时冲洗、清扫、消毒工作场所，以保持清洁的环境，有利于保证产品的质量。

九、食品工厂的组织和管理

食品生产企业应当建立相应的卫生管理机构，成立专门的卫生或产品质量检验部门，由企业主要负责人分管卫生工作。管理人员应由经过专业培训的专职或兼职人员组成，负责宣传和贯彻《食品安全法》和有关规章制度，监督、检查在本单位的执行情况，并制定和修改本单位的各项卫生管理制度和规划，组织卫生宣传教育工作，培训员工，定期进行本单位从业人员的健康检查，并做好善后处理。这样有利于食品企业的卫生管理工作始终贯彻于整个食品生产的各个环节，对本单位的食品卫生工作进行全面管理。

食品生产企业应当建立相应的各项卫生管理制度，如原辅料采购的卫生要求；车间的卫生制度；食品加工机械、容器具及其他器械的清洁卫生制度；食品原料、辅料、成品的贮存、运输、销售卫生制度；生产过程的卫生制度及所执行的卫生质量标准、卫生检查制度；食品企业的消毒制度。

第三节 GMP 的认证

食品良好操作规范是一种自主性的质量保证制度，为了提高消费者对食品良好操作规范的认知和信赖，一些国家和地区开展了食品良好操作规范的自愿认证工作。

一、认证程序

食品 GMP 认证工作程序包括申请、资料审查、现场评审、产品检验、签约、授证、追踪考核等步骤。

（一）申请及登录

（1）申请食品 GMP 认证时，应具备下列文件，向推行委员会申请。

①食品 GMP 认证申请书。

②公司执照或商号的营利事业登记证复印件 1 份。

③工厂登记证复印件 1 份。

（2）下列文件，可送认证执行机构办理资料审查。

①各种专门技术人员的学历证件与相关训练结业证书复印件各 1 份。

②食品工厂 GMP 通则及申请认证产品有关专则所规定的各类标准书。

（3）推行委员会秘书处受理申请案件后，进行初步资格确认。

（4）资格审查通过后，转请推广宣传执行机构办理登录。

（5）登录完成后，依产品类别转请认证执行机构办理资料审查。

（二）资料审查

（1）认证执行机构应于申请案收文之日起两星期内审查完毕，并将资料审查结果通知申请厂商，副本抄送推行委员会。

（2）资料审查未通过者，认证执行机构应以书面形式通知申请厂商补正或驳回。

（3）资料审查通过者，由认证执行机构报请推行委员会办理现场评核。

（三）现场评核

（1）现场评核作业由推行委员会（食品 GMP 现场评核小组）执行，该小组由下列人员组成：

①共同领队：食品 GMP 认证体系推行委员会执行秘书 1 人

②共同领队：食品 GMP 认证执行机构主管 1 人

③评核委员：经济部工业局代表 1 人

④评核委员：经济部标准检验局代表 1 人

⑤评核委员：行政院卫生署食品卫生处代表 1 人

⑥评核委员：行政院农业委员会农粮处代表 1 人

⑦评核委员：食品 GMP 认证执行机构代表 1 人

⑧评核委员：相关学者专家（视需要）1～4 人

（2）执行方法。

①现场评核作业时间，原则上每厂安排一天。当天的午餐及休息时间由领队视实际情况决定。

②食品 GMP 认证的现场评核程序如表 4-1 所示。

表 4-1　食品 GMP 认证的现场评核程序

顺序	工作项目	预计时间/min	人员	主要内容
1	厂方致欢迎辞	5	工厂负责人	1. 厂方代表致辞 2. 介绍工厂主要干部
2	评核小组致辞	5	领队	1. 领队致辞 2. 介绍评核委员
3	工厂概况演示文稿	20	工厂负责人	1. 公司营运概况 2. 工厂简介（含厂区环境） 3. 工厂组织与人事
4	加工流程及厂房配置演示文稿	20	生产部门等	1. 加工流程 2. 厂房及机器设备配置
5	GMP 实施现况演示文稿	90	工厂各部门	1. 卫生管理制度 2. 制造管理制度（含制定过程及品质管制工程图等） 3. 品质管制制度（含异常处理、仪器校验、客诉处理、成品回收等） 4. 食品 GMP 管理制度（含文件管制、合约管理、内部品质稽核制度、供货商评鉴与管理等） 5. 仓储与运输管理制度 6. 员工教育训练制度 7. 食品 GMP 的建制经过 8. 现场评核路线图
6	讨　论		评核委员 厂方人员	评核委员针对演示文稿及认证内容提出问题，厂方人员回答或提出说明
7	资料评审	90	评核委员 厂方人员	评审厂方与 GMP 有关之书面作业程序、标准、生产报表及记录报告等书面资料
8	现场评审	60～90	评核委员 厂方人员	由厂方各部门主管陪同评核委员赴现场评审 GMP 之实施状况
9	内部讨论	60	评核委员	由现场评核小组领队主持内部讨论，并请厂方人员暂时回避
10	评核总结	15	评核委员	1. 评核委员与厂方人员逐项确认评核缺点后，请厂方代表在《食品 GMP 现场评核缺点记录表》上签名 2. 由现场评核小组领队宣布评核结果

③食品 GMP 现场评核的评审结果汇总程序如下：

首先，现场评核小组在资料评审及现场评审后，应请厂方人员回避，并由领队召开小组内部讨论会议，讨论评核结果。先就各评核委员所提缺点事实逐项讨论，并列入《食品 GMP 现场评核缺点记录表》，讨论时原则上以"共识决为主、多数决为辅"。若委员间未能达成一致共识，则由领队发动无记名投票表决。

其次，《食品 GMP 现场评核缺点记录表》的缺点事项经讨论确定后，再针对各项缺点事实逐项讨论《现场评核表》的缺点及扣分项目，讨论时委员间如有异议，则由领队发动无记名投票表决。

再次，统计《现场评核表》的缺点及扣分项目，判定现场评核的评审结果。

最后，《食品 GMP 现场评核缺点记录表》及《现场评核表》由推行委员会另订。

④现场评核结束后，由推行委员会行文告知评核结果，并告知认证执行机构。

⑤现场评核通过者，当天由认证执行机构进行产品抽样。

⑥现场评核未通过者，申请厂商应在改善后提出改善报告书，经推行委员会确认改善完成后，方可申请复核，如超过 6 个月未申请复核者，应重新办理资料审查。

⑦复核仍未通过者，申请厂商于驳回通知发文当日起 3 个月后，重新提出申请，且应备案由资料审查重新办理。

（四）产品检验

（1）产品抽样由认证执行机构人员进行。

（2）抽样检验未通过者，由认证执行机构以书面形式通知改善，申请厂商应于改善后提出改善报告书，经认证执行机构确认改善完成后，方得申请复查检验，复查检验以一次为限。

（3）复查检验未通过者，从申请案驳回通知发文 3 个月后才可重新申请，且应由资料审查重新办理。

（4）产品的抽样与检验费用依认证执行机构的既定收费标准酌情收取工本费，并由推广宣传执行机构代收转付。

（5）取样数量。

以申请认证产品每单位包装净重为依据：200kg 以下抽 10 件，201～500kg 抽 7 件，超过 500kg 抽 5 件。

（6）新增产品。

申请新增产品认证时，应备齐相关资料报请认证执行机构办理资料审查及产品检验。

（7）产品检验项目。

①各类产品的检验项目由食品 GMP 技术委员会规定。

②产品标签应与其内容物相符，其标签应符合食品 GMP 通（专）则的相关规定。

（五）确认

（1）申请认证工厂通过现场评核及产品检验，并将认证产品的包装标签样稿送请认证执行机构审核后，由认证执行机构编定认证产品编号，并将相关资料报请推行委员会确认。

（2）认证产品编号共有九码，前两码为认证产品类别，第三码至第五码为认证工厂序号，后四码为产品序号。

（3）认证执行机构应将推行委员会确认结果告知推广宣传执行机构，推行委员会及申请认证工厂。

（六）签约

（1）推广宣传执行机构在接获认证执行机构通知申请认证工厂通过确认后，应通知申请认证工厂于1个月内办妥认证合约书签约手续；申请认证工厂逾期视同放弃认证资格。

（2）食品GMP认证工厂申请新增产品认证，应向认证执行机构申办，经产品检验合格及确认产品标签后，通知推广宣传执行机构办理签约手续，并由推广宣传执行机构逐案报请推行委员会备查。

（3）新增认证工厂或产品，在办妥签约手续后，应由推广宣传执行机构通知推行委员会备查，并通知认证执行机构。

（七）授证

申请食品GMP认证工厂在完成签约手续后，由推广宣传执行机构代理推行委员会核发《食品GMP认证书》。

（八）追踪管理

认证工厂应在签约日起，依据《食品GMP追踪管理要点》接受认证执行机构的追踪查验。依认证工厂的追踪结果，按食品GMP推行方案及本规章的相关规定，对表现绩优者予以适当鼓励；对严重违规者予以取消。

二、食品GMP认证标志

食品GMP认证标志如图4-1所示。图中"OK"手势："安心"，代表消费者对认证产品的安全、卫生相当"安心"。笑颜："满意"，代表消费者对认证产品的品质相当"满意"。

图4-1　食品GMP认证标志

复习思考题

1. 实施 GMP 对食品质量控制的意义。
2. 食品 GMP 认证程序包括哪几个步骤?
3. 利用假期协助食品企业建立该厂的 GMP。

参考文献

[1] 欧阳喜辉. 食品质量安全认证指南. 北京:中国轻工业出版社,2003.

[2] 钱和. HACCP 原理与实施. 北京:中国轻工业出版社,2003.

[3] 张建新,陈宗道. 食品标准与法规. 北京:中国轻工业出版社,2006.

[4] 史贤明. 食品安全与卫生学. 北京:中国农业出版社,2002.

[5] 何计国. 食品卫生学. 北京:中国农业大学出版社,2003.

第五章　卫生标准操作程序

【知识目标】
- 了解食品企业实施卫生标准操作程序的意义
- 掌握食品卫生标准操作程序的具体内容

【能力目标】
- 能够在食品生产企业中实施卫生标准操作程序

第一节　概　述

卫生标准操作程序（Sanitation Standard Operation Procedures，SSOP）是食品加工企业为了保证达到 GMP 所规定的要求，确保在加工过程中消除不良的人为因素，使其所加工的食品符合卫生要求而制定的指导食品生产加工过程中如何实施清洗、消毒和保持卫生的指导性文件。SSOP 是食品生产和加工企业建立和实施食品安全管理体系的重要的前提条件。

建立和维护一个良好的"卫生计划"是实施 HACCP 计划的基础和前提。如果没有对食品生产环境的卫生控制，仍将会导致食品的不安全。美国 GMP 中指出："在不适合生产食品条件下或在不卫生条件下加工的食品为掺假食品，这样的食品不适于人类食用。"无论是从人类健康的角度来看，还是从食品国际贸易的要求来看，都需要食品的生产者在建立一个良好的卫生条件下生产食品。通过实行卫生计划，企业可以对大多数食品安全问题和相关的卫生问题实施强有力的控制。事实上，对于导致产品不安全或不合法的污染源，卫生计划就是控制它的预防措施。

一、SSOP 的一般要求

（1）加工企业必须建立和实施 SSOP，以强调加工前、加工中和加工后的卫生状况和卫生行为。

（2）SSOP 应该描述生产加工者如何保证某个关键的卫生条件。

（3）SSOP 应该描述加工企业的操作如何受到监控来保证达到 GMP 规定的条件和要求。

（4）每个加工企业必须保持 SSOP 记录，至少应记录与加工厂相关的关键的卫生条件和操作受到监控和纠偏的结果。

（5）执法部门或第三方认证机构应鼓励和督促企业建立书面的 SSOP 计划。

二、SSOP 与 GMP 的关系

GMP 规定了在食品生产、加工、贮存、运输等方面的基本要求，是政府食品卫生主管部门以法规形式发布的强制性要求。食品企业必须达到 GMP 规定的卫生要求，否则加工的食品不得上市销售。SSOP 则是企业为了达到 GMP 所规定的卫生要求而制定的、企业内部的卫生控制文件。

GMP 的规定是原则性的，包括硬件和软件两个方面，是相关食品加工企业必须达到的基本条件。SSOP 的规定是具体的，负责指导卫生操作和卫生管理的具体实施。GMP 是 SSOP 的基础，制定 SSOP 的依据是 GMP。将 GMP 法规中有关卫生方面的要求具体化，使其转化为具有可操作性的作业指导文件，即构成了 SSOP 的主要内容。

第二节　SSOP 的具体内容

一、水（冰）的安全

生产用水（冰）的卫生质量是影响食品卫生的关键因素。对于任何食品的加工，首要的一点就是保证水的安全。食品加工企业一个完整的 SSOP 计划，首先要考虑与食品接触或与食品表面接触用水（冰）的来源与处理应符合有关规定，并要考虑非生产用水及污水处理的交叉感染问题。

1. 生产加工用水的要求

在食品加工过程中，水的作用非常重要，是食品加工厂的一个最重要的组成部分，也是某些产品的组成成分。食品的清洗，设施，设备，工、器具的清洗和消毒，饮用等都离不开安全卫生的水。

现行的良好操作规范（GMP）规定，食品加工厂加工用水必须充足且来源于适当的水源。接触食品或食品接触面的水必须安全、卫生。通常情况下，安全卫生的水是指符合国家饮用水标准的水。

在食品加工中应使用符合国家《生活饮用水卫生标准》（GB 5749—2006）规定的水。水产品加工中原料冲洗使用的海水应符合《海水水质标准》（GB 3097—1997）。就安全、卫生而言，我们重点应关注生产用水的细菌学指标。

2. 生产加工用水可能被污染的因素

水中经常发现大肠杆菌群，大肠杆菌的存在表明水受到了污染。对于饮用水或接触食品的水必须进行大肠杆菌群处理。饮用水中这些细菌的存在通常是由于水处理或输水管道存在问题，同时表明水被有害生物污染。

有些致病生物，可以耐受去除大肠杆菌群而进行的水处理。在水中能引起问题的主要病毒（如甲型肝炎病毒）与粪便污染有关。氯处理一般能使这些病毒失活。

（1）城市供水（自来水）。是食品加工中最常用的水源，具有安全、优质、可靠的优点。自来水在化学和微生物含量方面保持高的水质标准，经过净化或处理，使用前又经过了检验，一般不会有安全、卫生方面的问题。

当管道中饮用水与其他任何非饮用水（特别是污水或其他液体）混合时，会产生交叉污染。交叉污染可以是水源间的直接污染或污染水源吸入或进入饮用水源的非直接污染。非直接污染的例子包括位置低于厕所池或洗手槽的出水口。

（2）自供水。自供水来自不同的地表水源，最常用的是井水。食品企业自己打井，质量可靠，稳定性好，比城市供水的费用低。清洁的井水虽然能确保食品高质量和安全性，但却比城市供水更易受污染。与城市供水相比，井水含有大量的可溶性矿物质、不溶性固体、有机物质、可溶性气体及微生物。井水的化学和微生物的污染有不同的来源，污水可以通过洪水或由于井与污水池、粪池或灌溉田距离太近而进入井水中。井的保护性装置或内涂层破裂或密封不当也会引起污染。水产品加工设施多在海滨地区，而这些地方常发生洪水或大雨，可使表层水进入井中产生污染。同样，若保护不当，地表残渣也会进入井中。另外地下水本身由于没有充分的过滤和渗透除去杂质也会导致污染。井水的化学污染是由于油罐的泄漏、农田农业化学品的使用及工业废弃物。

鉴于以上原因，自供水应注意以下几点：一是水井应选择在当地地下水流的上方，周围环境无污染；二是蓄水池、蓄水塔应保持卫生、安全、防鼠、与外界相对封闭；三是井口应离地面 1 m 以上，防止地面污水倒流井中；四是根据实验室的微生物检测报告决定是否使用化学消毒剂，如需使用，常采用加氯消毒处理，但应对余氯进行监测。游离余氯应符合《生活饮用水卫生标准》（GB 5749—2006）的要求。

（3）海水。加工过程使用海水的，常限于一些偏远的海滨地区或某些加工船。在某些情况下是取自当地海港里的水。作为自然水源，由于受每日天气、季节状况、环境污染的影响，其水的安全性和质量得不到保证，这时水处理（例如使用或是限制性使用氯处理）能有效地减少微生物污染的问题，如可能仅限制在初加工中使用海水，随后进一步加工或洗涤中使用贮水槽中的饮用水，就不会影响食品的安全性（例如利用水槽输送的整鱼）。因为盐和腐蚀物质能影响产品质量、味道及外观，所以当在加工操作中决定使用海水时必须考虑这些影响。

直接与食品或与食品接触面接触的海水应符合与城市供水、自供水相似的饮用水要求，世界卫生组织定义的"清洁海水"为：这种海水符合饮用水的微生物标准且无异物。饮用水是根据美国国家环保局（EPA）饮用水标准定义的。

根据上述对饮用水的要求，海水在加工操作前应监测和尽可能进行去除微生物的处理，除了涉及细菌污染外，海水还会受到天然毒素（如赤潮）引起的化学污染。由于这些原因，海水安全性的监测应比陆地水更广泛和频繁。

3. 水源监测

无论是城市供水还是自备水源或海水，都必须进行定期的监测，确保生产用水安全地用于食品和食品接触面。

生产加工企业应制定详细的供水网络图，以便日常对供水系统进行管理与维护。车间的每个出水口应按顺序编号。冷、热水管必须着色标识。

对于城市供水每年至少要有两次经当地防疫部门进行的全项目检测，并有检测报告。企业实验室应每月进行 1 次微生物指标检测。

对于自供水，井水在工厂投产前必须经当地防疫部门进行全项目检测，以后每年不少于两次。企业实验室应每周进行 1 次微生物指标检测，每天对余氯进行检测。发现异常时应增加检测的频率。

使用海水加工的，其水质应符合《海水水质标准》（GB 3097—1997）标准，检测的频率应比陆地城市供水或自供水更频繁。

对管道的检测也是非常重要的，一般应每月 1 次对饮用水管道、非饮用水管道及污水管道的硬（永久性）管道之间可能出现问题的交叉连接的地方进行检查。

除了对水源的安全性和相连的管道进行监测外，用这些水制成的冰也必须进行周期性的检测。制冰用水必须符合饮用水标准；制冰设备要求卫生、无毒、不生锈；贮存、运输和存放冰的容器应卫生、无毒、不生锈；要经常进行微生物监测。

（1）水的检测标准

① 国家生活饮用水卫生标准：GB 5749—2006 全部项目指标。

其中微生物指标：

总大肠菌群/（MPN/100mL 或 CFU/100mL）：不得检出。

耐热大肠菌群/（MPN/100mL 或 CFU/100mL）：不得检出。

大肠埃希氏菌/（MPN/100mL 或 CFU/100mL）：不得检出。

菌落总数/（CFU/mL）：<100。

② 欧盟水的标准：按欧盟指令 80/778/EEC 共计 62 项。

其中微生物指标：

细菌总数：小于 10 个/mL，37℃培养 48h 或 22℃培养 72h。

大肠菌群：MPN 小于 1 个/100mL。

粪大肠菌群：MPN 小于 1 个/100mL。

粪链球菌：MPN 小于 1 个/100mL。

致病菌：不得检出。

（2）取样计划。每次取样必须包括总出水口；一年内做完所有的出水口。

（3）取样方法。先对出水口进行消毒，放水 5min 后取样。

（4）日常检测的内容和方法。① 余氯：试纸、比色法、化学滴定法。② pH 值法：试纸、比色法、化学滴定法。③微生物：特别注意大肠菌群的单位为"个/L"，而不是"个/100mL"或"个/mL"。

4．纠正措施

当监测发现加工用水存在问题时，加工厂必须进行评估。如果有必要，应中止使用此水源的水直至问题得到解决。另外必须对在这种不利条件下生产的所有产品进行隔离、评估。

5．记录

认真做好水质检测报告、余氯检测报告、管网维修检查记录等。

二、食品接触面的状况和清洁

美国 GMP 法规中将"食品接触面"定义为："接触人类食品的那些表面，以及在正常加工过程中会将水滴溅在食品或与食品接触的表面上的那些表面。"

根据潜在的食品污染的可能来源途径，我们通常把食品接触面分成：直接与食品接触的表面和间接与食品接触的表面。①直接接触的表面有：加工设备、工器具、操作台案、传送带、贮冰池、内包装物料、加工人员的手或手套、工作服（包括围裙）等。②间接接触的表面有：未经清洗消毒的冷库、车间和卫生间的门把手、操作设备的按钮、车间内的电灯开关等。

为保持食品接触面的清洁卫生，必须对食品接触面的设计、制作工艺和用材（材料）事先进行考虑，并有计划地进行清洁、消毒。

1．食品接触面的材料要求

食品接触面的选材适当、设计合理，有利于防止潜在的食品污染。应选用安全、无腐蚀、易于清洁和消毒的材料。安全的材料应无毒、不吸水、抗腐蚀并不与清洁剂和消毒剂产生化学反应。在设计制造方面要求表面光滑（包括缝、角和边在内），易于清洗和消毒。

通常用于食品接触面的材料有：

（1）不锈钢。因其表面光滑和耐用，为推荐使用的材料。应该选用较高等级的不锈钢（美国推荐使用 300 系列），低等级的不锈钢容易被氧化剂腐蚀。

（2）塑料。选用无毒塑料，根据用途选择不同的颜色（如：生区和熟区的塑料周转筐）。

（3）混凝土。食品初级加工时使用，也作为蓄水池。应选择相应的配方，以防腐蚀，并注意表面抛光，减少表面微孔。

（4）瓷砖。不应含有铅等有害成分。选择高质量的瓷砖，防止腐蚀和开裂。贴瓷砖时应使用水泥浆，防止砖与砖之间留有缝隙。

（5）木质器具。许多国家的法规中已明令禁止在食品加工过程中使用竹木器具，因此，除了传统工艺需要必须使用木质器具外，一般不推荐使用木质器具，即使使用，木材中的防腐剂含量也应符合国家规定标准，并及时清洗、消毒。

通常应避免（可能某些国家禁止）作为食品接触面的材料有：

（1）竹木制品（考虑到微生物问题）。

（2）黑铁或铸铁（考虑到腐蚀问题）。

（3）黄铜（考虑到腐蚀和产生质量问题）。

（4）镀锌金属（考虑到腐蚀和化学渗出的问题）。

对于手套、围裙、工作服等应根据用途采用耐用材料，合理设计和制造，禁止使用布手套。手套、围裙、工作服等要定期清洗、消毒，存放于干净和干燥的场所。

2. 设备的设计、安装要求

食品接触面的制造和设计应本着便于清洗和消毒的原则，制作要精细，无缝隙，无粗糙焊接、凹陷、破裂，表面平滑等。固定设备的安装应离墙一定的距离，并高于地面，以便于清洗、消毒和维修。

3. 食品接触面的清洁和消毒

食品接触面的清洁和消毒是控制病原微生物污染的基础，良好的清洗和消毒通常包括以下步骤：

（1）清扫。用刷子、扫帚等清除设备，工、器具表面的食品颗粒和污物。

（2）预冲洗。用洁净的水冲洗被清洗器具的表面，除去清洗后遗留的微小颗粒。

（3）用清洁剂。清洁剂的类型主要有普通清洁剂、碱、含氯清洁剂、酸、酶等。根据清洁对象的不同，选用不同类型的清洁剂。目前多数工厂使用普通清洁剂（用于手）和含氯清洁剂（用于工、器具）。

清洁剂的清洁效果与接触的时间、温度、物理擦洗等因素有关。一般来讲，清洁剂与清洁对象接触时间越长，温度越高，清洁对象表面擦洗得越干净，水中 Ca^{2+}、Mg^{2+} 越低，清洁的效果越好。如果擦洗不干净，残留有机物首先与清洁剂发生反应，进而降低其效力。水中 Ca^{2+}、Mg^{2+} 也可以与清洁剂发生反应，产生矿物质复合物的残留沉淀能固化食品污物，变得更加难以除去，进而影响清洁效果。

① 冲洗：用流动的洁净的水冲去食品接触面上清洁剂和污物，要求接触面要冲洗干净，不残留清洁剂和污物，为消毒提供良好的表面。

② 消毒：应用允许使用的消毒剂，杀灭和清除物品上存在的病原微生物。在食品接触面清洁以后，必须进行消毒除去潜在的病原微生物。消毒剂的种类很多，有含氯消毒剂、过氧乙酸、醋酸、乳酸等。目前，食品加工厂常用的是含氯消毒剂，如次氯酸钠溶液（表5-1）。

消毒的方法通常为：浸泡、喷洒等。

消毒的效果与食品接触表面的清洁度、温度、pH、消毒剂的浓度和时间有关。

表5-1　食品加工厂中通常使用的消毒剂及其浓度　　　　　单位：mg/kg

消毒剂	食品接触面	非食品接触面	工厂用水
氯	100～200*	400	3～10
碘	25*	25	
季铵盐化合物	200*	400～800	
二氧化氯	100～200*+	100～200+	1～3+
过氧乙酸	200*	200～315	

来源：21CFR178、1010。

注：*在列出范围的高点表示不需冲洗所允许的最高浓度（表面需排净水）；
＋包括氧化氯化合物。

③ 清洗：消毒结束后，应用符合卫生要求的水对被消毒对象进行清洗，尽可能减少消毒剂的残留。

4. 工作服、手套、车间空气的消毒

工作服应用专用的洗衣房清洗和消毒，不同清洁区域的工作服要分开清洗，工作服每天必须清洗消毒，一般每个工人至少配备两套工作服。需要注意的是：工作服是用来保护产品的，而不是用来保护加工工人自己的衣服的。工人出车间、去卫生间必须脱下工作服、帽和工作鞋。更衣室和卫生间的位置应设计合理。

手套一般在一个班次结束后或中间休息时更换。手套不得使用线手套，手套清洗消毒后应贮存在清洁的密闭容器中送到更衣室。

车间空气消毒一般用臭氧发生器产生的臭氧进行消毒。紫外线灯由于所产生的紫外线穿透能力差，车间内一般不使用紫外线灯。

5. 食品接触表面的监测

为确保食品接触面（包括手套、外衣）的设计、安装、便于卫生操作、维护、保养符合卫生要求，以及能及时充分地清洁和消毒，必须对食品接触表面进行监测。

（1）监测的内容。加工设备和工具的状态是否适合卫生操作，设备和工具是否被适当地清洁和消毒，使用消毒剂的类型和浓度是否符合要求，可能接触食品的手套和外衣是否清洁并且状况良好。

（2）监测的方法。

感官检查——检查接触表面是否清洁卫生，有无残留物。工作服是否清洁卫生，有无卫生死角等。

化学检查——主要检查消毒剂的浓度，消毒后的残留浓度。如用试纸测试 NaClO 消毒液的浓度等。

表面微生物的检查——推荐使用平板计数，一般检查时间较长，可用来对消毒效果进行检查和评估。

（3）监测的频率。取决于被监测的对象，如设备是否锈蚀，设计是否合理，应每月检查1次，消毒剂的浓度应在使用前检查。感官检查（工作服、手套）应在每天上班前、下班清洗消毒后进行。实验室监测按实验室制定的抽样计划进行，一般每周1~2次。

6. 纠正措施

在检查发现问题时，应采取适当的方法及时纠正，如再清洁、消毒、检查消毒剂浓度，对员工进行培训等。

7. 记录

包括卫生消毒记录、个人卫生控制记录、微生物检测结果报告、臭氧消毒记录、员工消毒记录。

三、防止交叉感染

交叉感染是通过生的食品、食品加工者或食品加工环境把生物或化学的污染物转移到食品的过程。当致病菌或病毒被转移到即食食品上时，通常意味着导致食源性疾病的交叉污染。

1. 交叉污染的来源及预防

（1）工厂选址、设计和布局不合理。

企业由于选址、设计上的失误，把厂区建在环境有污染的地方，如附近有医院、制药厂、水泥厂等污染源，地下水可能被污染。工厂建在低洼处，到雨季地面污水可能倒灌进而污染水源。如果车间设计上不合理可造成工艺倒流，清洁区与非清洁区界线不明显，可造成产品交叉污染。

预防措施：工厂选址、设计、建筑应符合食品加工企业的卫生要求。周围环境无污染，锅炉房设在厂区下风处，厂区厕所、垃圾箱远离车间。在车间设计上应根据不同的产品、不同的生产加工工艺，本着从原料到初级加工、精加工、冷冻、包装贮存等一环扣一环的原则，由非清洁区到准清洁区，最后到清洁区，合理安排车间布局。工艺流程不能倒流，初加工、精加工、成品包装分开，清洗消毒与加工车间分开，原料库与成品库分开，车间内所用材料应易于清洗消毒，材料本身无毒。

（2）生熟产品未严格分开，原料和成品未隔离。

生的食品含有引起食品腐败的微生物，也可能含有致病的病原微生物，可能是细菌和病毒，可导致人类患病。这些微生物可以直接来自于动植物生长过程，也可能是初加工后发生的污染。加工中如果生的产品与熟的产品不能严格分开，生的食品上所带的病原微生物就有可能污染熟的食品，所以要求采取措施防止熟的或即食的产品被生的产品、加工生的产品的食品接触面、加工生的产品的员工污染。同样原料和成品未能进行有效的隔离，也是造成交叉污染的原因之一。

预防措施：对于生产即食食品、油炸食品、熟的偶蹄动物肉的加工厂，要做到人流、物流、气流、水流严格分开，不能相互交叉。对双向开门的加热设备应具有机械联动的装置，确保两边不能同时开门。水煮的产品由生区向熟区传递时，必须通过可关闭的窗口及滑道进入熟区水煮锅，防止气流交叉。

对于生产其他产品的企业，也要明确人流、物流、水流、气流的方向：

- 人流——从高清洁区到低清洁区，且不能来回串岗。
- 物流——不造成交叉污染，可用时间、空间分隔。
- 水流——从高清洁区到低清洁区。
- 气流——从高清洁区到低清洁区，正压排气。

（3）加工人员个人卫生不良及卫生操作不当。

食品加工操作人员的皮肤、手以及他们的消化系统或呼吸系统中会暗藏着致病菌。这些细菌和其他微生物在食品加工厂内自己不能移动，而必须借助外力由一个地方转移到另一个地方。

手、手套、外衣、工器具、设备的食品接触面若与污水、地面或其他不清洁物品相接触，都会导致产品污染。同样加工人员的手、工作服不清洁，可能导致污染产品。员工的不良习惯，如随地吐痰、对产品打喷嚏、吃零食、戴首饰；进车间、如厕后不按规定洗手消毒；接触了生的产品的手，又去接触熟的产品；生区和熟区人员来回串岗等都可能对产品造成污染。

预防措施：应具有良好的卫生习惯，进入车间、如厕后应严格按照洗手消毒程序进行洗手消毒。所有直接与食品、食品接触面及食品包装物料接触的人都应遵守卫生规范，工作中应尽量避免污染食品。

生产加工人员保持食品清洁的方法还包括以下几个方面：

① 开工前或离开车间后或每当手被弄脏或污染时，都要在指定的洗手设施彻底洗手（如果有必要，手要消毒以清除不良的微生物）。

② 摘掉所有不安全的首饰及其他可能落入食品、设备或容器中的物品。

③ 工作中，应保持恰当的着装方式，戴发网、发带、帽子及其他可有效遮盖头发的

东西。食品中的头发可能是微生物污染的来源，食品加工者需要保持头发清洁，留长度适中的头发和胡须。

④ 员工在开工前应换上消毒过的靴子或橡胶鞋，因为未消毒的鞋可能把污物传到员工的手上或带到加工区域。

⑤ 不应该在食品暴露处，设备，工、器具清洗处吃东西、嚼口香糖、喝饮料或吸烟，因为健康的人的口腔或呼吸道中经常暗藏致病菌。吃东西、喝饮料或吸烟都涉及手与口的接触，致病菌便会传染到员工的手上，然后通过整理食品传播到食品上。

2. 交叉污染的监测

预防来自不卫生的物体污染食品、食品包装材料和其他食品接触面，导致的交叉污染，其范围包括从工具、手套、外衣、生的食品到熟的食品或即食食品。

为了有效地控制交叉污染，需要评估和监测各个加工环节和食品加工环境，从而确保生的产品在整理、贮存或加工过程中不会污染熟的、即食的或需进一步加热的半成品。

（1）指定人员应在开工时或交班时进行检查。确保所有卫生控制计划中的加工整理活动，包括生的产品加工区域或与煮熟或即食食品的分离。

（2）如果员工在生的加工区域活动，那么他们在加工熟食或即食产品前，必须清洗和消毒手。

（3）当员工由一个区域到另一个区域时，还应当清洗靴鞋或进行其他的控制措施。

（4）当移动的设备、工具或运输工具由生的产品加工区移向熟制的或即食产品的加工区域时，也应被清洁、消毒。

（5）产品贮存区域如冷冻应每日检查，以确保煮熟和即食食品与生的产品完全分开。通常可在生产过程中（开工一半时）或收工后检查。

（6）卫生监督员应在开工时或交班时以及工作期间定期地监测员工的卫生，确保员工个人清洁卫生，衣着适当。在加工期间应定时地监测员工操作：恰当使用手套，严格手部清洗和消毒过程，在食品加工区域不得饮酒、吃饭和吸烟，生的产品的加工员工不能随意去或移动设备到加工熟制或即食产品的区域，以确保不发生交叉污染。

3. 纠正措施

（1）如果有必要立即停产，直到问题被纠正。

（2）采取步骤防止再发生污染。

（3）评估产品的安全性，如有必要，改用、再加工或废弃。

（4）记录采取的改正措施。

（5）加强员工的培训。

4. 记录

包括培训记录、员工卫生检查记录、纠正措施记录等。

四、手的清洁与消毒，厕所设施的维护

食品加工过程通常需要大量的手工操作人员，然而员工的手平时会被不良微生物和有害物质污染。可见洗手对生产加工食品是很有必要的。员工在整理即食食品、食品包装材料及即食食品的接触面时，进行手部清洗和消毒是必需的。如果手在处理食品前没经过清洗、消毒，那么它们很有可能成为致病微生物的主要来源或者对成品造成污染。食品加工厂必须建立一套行之有效的手部清洗程序。

为防止工厂内污物和致病微生物的传播，厕所设施的维护也是手部清洗程序的必要部分。

1. 洗手消毒与厕所设施

（1）洗手消毒设施。车间入口处、车间内加工操作岗位的附近应设有与车间内人员数量相适应的洗手消毒设施，洗手龙头所需配置的比例应为每10人1个，200人以上的每增加20人增设1个。

洗手龙头必须为非手动开关，洗手处有皂液盒，在冬季有热水供应，水温43℃左右。盛放洗手消毒液的容器，在数量上也要与使用人数相适应并合理放置。

干手用具必须是不导致交叉污染的物品，如一次性纸巾、干手器等。

车间内适当的位置应设有足够数量的洗手消毒设施，以便于员工在操作过程中定时洗手、消毒，或在弄脏手后能及时洗手。

（2）厕所设施。厕所的位置应设在卫生设施区域内并尽可能离作业区远一些，厕所的门、窗不能直接开向加工作业区，卫生间的墙壁、地面和门窗应该用浅色（深色易招蚊虫）、易清洗消毒、耐腐蚀、不渗水的材料建造，并配有冲水、洗手消毒设施，防蝇设施齐全、通风良好，不得使用旱厕所。

2. 洗手消毒程序

洗手程序的培训是卫生计划中一个重要的部分。进入车间的洗手程序为：工人更换工作服→换鞋→清水洗手→用皂液或无菌皂洗手→清水冲净皂液→50 mg/L 的次氯酸钠溶液浸泡30 s→清水冲洗→干手（干手器或一次性纸巾）→75%食用酒精喷洒。

良好的如厕程序为：更换工作服→换鞋→如厕→冲厕→皂液洗手→清水冲洗→干手→消毒→换工作服→换鞋→洗手消毒进入工作区域。

3. 手清洗消毒与厕所设备维护的监测

员工进入车间，如厕后应设专人随时监督检查洗手消毒情况。车间内操作人员应定时进行洗手消毒。生产区域、卫生间和洗手间的洗手设备每天至少检查一次，确保处于正常使用状态，并配备有热水、皂液、一次性纸巾等设施。消毒液的浓度应每小时检测一次，上班高峰是每半小时检测一次。

对于厕所设施状况的检查，要求每天开工前至少检查一次，保证厕所设施一直处于一种完好状态，并经常打扫使保持清洁卫生，以免造成污染。

4．纠正措施

当厕所和洗手设施卫生用品缺少或使用不当时，应马上修理或补充卫生用品；若手部消毒液浓度不适宜，则应配置新的消毒液；及时修理不能正常使用的厕所。

5．记录

包括每日卫生控制记录、消毒液浓度记录等。

五、防止外部污染

在食品加工过程中，卫生操作不当就有可能造成外来污染物的污染。美国FDA《联邦食品、药品和化妆品法》第402部分（a）1和（a）4条把"被外部污染的食品"定义为："若食品表面或内部带有任何的对健康有害的物质；若食品在不卫生条件下进行加工处理、包装或储存，有可能被污染物污染或对身体有害。"因此，必须对食品加工中有可能造成外来污染物的种类进行分析和预防。

1．外部污染产生的原因

（1）微生物污染。污染的水滴和冷凝水；空气中的灰尘、颗粒；溅起的污水（清洗工器具和设备的水、冲洗地面的水、其他已污染的水直接排到地面溅起的水滴等）；因不戴口罩造成的口沫、喷嚏污染等。

（2）物理性污染。天花板、墙壁的脱落物（涂料）；工具上脱落的漆片、铁锈；竹木器具上脱落的硬质纤维；无保护装置的照明设备的碎片；因头发外露而造成头发的脱落等。

（3）化学性污染。润滑剂、燃料、杀虫剂、清洗剂、消毒剂等化学品。

2．控制外部污染的措施

（1）工厂在最初的设计上应考虑外部污染问题。车间对外要相对封闭，正压排气，加工状况应该考虑人流、物流方向、通风控制问题。

（2）冷凝水问题。这是多数厂普遍存在的问题，它可以导致外部污染。解决的办法：①良好的通风，进风量要大于排风量；②车间温度控制尽量缩小温差，如冬天应将送进车间的空气升温；③将热源如蒸柜、漂烫、杀菌等单独设房间，集中排气；④顶棚呈圆弧形。

（3）包装物料与贮存库。包装物料要专库存放，干燥、清洁、通风、防霉，内外包装要分别存放，上有盖布下有垫板，并设有防虫、鼠设施。内包装进厂要进行微生物检测。贮存库要保持卫生，异味产品、原料与成品要专库存放。车间内使用的消毒剂要专柜存放，专人保管并做好标识，对工具消毒后要用清水冲洗干净，以防消毒药液残留。

（4）物理性外来杂质。车间内天花板、墙壁使用耐腐蚀、易清洗、不易脱落的材料；生产线上方的灯具应装有防护罩；加工器具、设备、操作台使用耐腐蚀、易清洗、不易脱落的材料；禁用竹木器具；工人禁戴耳环、戒指等饰物，不准涂抹化妆品，头发不得外露。

（5）化学性外来杂质。加工设备上使用的润滑油必须是食用级润滑油；有毒化学物应正确标识、保管和使用。在非产品区域使用有毒化合物时，应采取相应措施保护产品不受污染；禁用没有标签的化学品。

3．外部污染的监测

任何可能污染食品或食品接触面的外部污染物，如潜在的有毒化合物、不卫生的水（包括不流动的水）和不卫生的表面所形成的冷凝物，建议在开始生产及工作时每 4 个小时检查 1 次。

4．纠正措施

对于任何可能导致产品污染的行为应该及时纠正，从而避免对食品、食品接触面或食品包装材料造成污染。下面列出对不恰当活动采取的一些纠正措施。

（1）除去不卫生表面的冷凝物。

（2）调节空气流通和房间温度以减少凝结。

（3）安装遮盖物防止冷凝物落到食品、包装材料或食品接触面上。

（4）清扫地板，清除地面上的积水。

（5）在有死水的周边地带，疏通行人和交通工具。

（6）清洗因疏忽暴露于化学外部污染物的食品接触面。

（7）在非产品区域操作有毒化合物时，设立遮蔽物以保护产品。

（8）测算由于不恰当使用有毒化合物所产生的影响，以评估食品是否被污染。

（9）加强对员工的培训，纠正不正确的操作。

（10）丢弃没有标签的化学品。

5．记录

每日都必须有控制记录。

六、有毒化合物的正确标记、贮存和使用

有毒化学物质不正确的使用是导致产品外部污染的一个常见原因。大多数的食品加工企业使用的化学物质包括清洁剂、灭鼠剂、杀虫剂、机械润滑剂、食品添加剂等。在使用这些化学物质时必须小心谨慎，按产品说明书使用，做到正确标记、安全贮藏，否则会导致企业加工的食品有被污染的风险。

1. **食品加工厂有毒化合物的种类、标记**

清洗剂、消毒剂：如洗洁净、次氯酸钠、95%酒精、过氧乙酸等。

灭鼠剂、杀虫剂：如灭害灵、"一步倒"等。

润滑剂：润滑油。

化验室用药：甲醇、氰化钾。

添加剂：亚锰酸钠。

以上所列化学物质的原包装容器的标签必须标明制造商、使用说明和批准文号、容器中的试剂或溶液名称。工作容器标签必须标明容器中试剂或溶液名称、浓度、使用说明，并注明有效期。

2. **有毒化合物的贮存和使用**

工厂要编写本企业有毒化学物质一览表，所使用的化合物要有主管部门批准生产、销售、使用证明，主要成分，毒性，使用浓度和注意事项，做到正确使用。建立有毒化合物的领用、配制、使用制度、使用记录，使全过程处在受控状态。

有毒化合物品的贮存要设单独的区域，带锁的柜子，贮存于不易接近的场所；食品级化合物应与非食品级化合物分开存放；有毒化合物品应远离食品设备、工具和其他易接触食品的地方。

严禁使用曾存放过清洁剂、消毒剂的容器再存放食品。

3. **有毒化学物品的监测**

监测的目的是确保有毒化合物的标记、贮藏和使用，使食品免遭污染。监测的区域主要包括食品接触面、包装材料，用于加工过程和包含在成品内的辅料。监测有毒化合物是否被正确标记、正确贮藏、正确使用。企业要以足够的监测频率来检查是否符合要求，一般每天至少检查一次，全天都应注意观察实施情况。

4. **纠正措施**

对不符合要求的情况要及时纠正，包括有毒化合物的及时处理以避免其对食品、辅料、食品接触面或包装材料的潜在污染。下面列出了对不正确操作可采取的几种纠正措施：

（1）将存放不正确的有毒物转移到合适的地方。

（2）将标签不全的化合物退还给供货商。

（3）对于不能正确辨认内容物的工作容器应重新标记。

（4）不合适或已损坏的工作容器弃之不用或销毁。

（5）评价不正确使用有毒化合物所造成的影响，判断食品是否已遭污染（有些情况必须销毁食品）。

（6）加强员工培训以纠正不正确的操作。

5. **记录**

包括化学物质使用控制记录、消毒液浓度配制记录、清洗消毒剂领用记录、实验室培养基配制记录。

七、员工健康状况的控制

员工的健康状况主要涉及那些患病、有外伤或其他身体不适的员工，他们可能会成为食品的微生物污染源。当员工患病或有化脓伤口时，不得从事与食品或食品接触面相关的工作。

据美国疾病控制和预防中心（CDC）对 1988—1992 年食源性疾病的爆发流行的研究表明，因不良的个人卫生导致的疾病占了 1/3 以上。CDC 已证明，传染性疾病可通过患病的员工在食品加工过程中传递给食品。

某些致病菌可通过患病的员工污染食品。如果加工食品的员工出现下列迹象或症状便表明通过病原体引起的传染病可能会通过食品供应传播给其他的人。这些症状是：痢疾、呕吐、皮肤的创伤、烫伤、发烧、尿液加深或黄疸症。一些员工虽没表现出任何症状，但也可能是某些病原体（如伤寒沙门氏菌、志贺氏菌属、大肠埃希氏菌 O157：H7）的携带者，这些均会造成食源性传播。非食源性传播路径，比如人与人之间的传播，也是病菌传播的一个主要途径（图 5-1）。

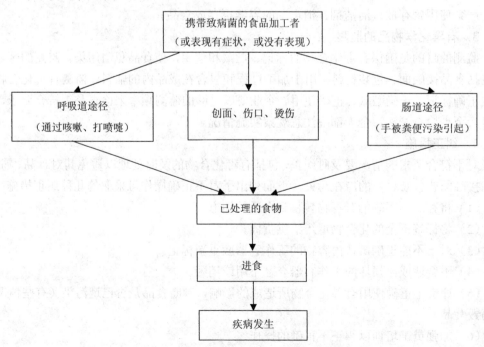

图 5-1　由食品加工者引起的疾病传播路线

由此可见，食品生产企业的生产人员是直接接触食品或食品接触面的人，其身体健康及卫生状况直接影响产品卫生质量，甚至可能造成疾病的流行。我国《食品安全法》规定，凡从事食品生产的人员必须经体检合格获有健康证方能上岗，并且每年要进行一次体检。

1. 食品加工人员的健康卫生要求

食品生产企业应制定员工健康体检计划，并设有健康档案。凡查有下列疾病的不得从事食品加工或接触食品：病毒性肝炎、开放性肺结核、肠伤寒及其带菌者、化脓性或渗出性脱屑、皮肤病患者、手外伤未愈合者。

生产人员要养成良好的卫生习惯，如有疾病应及时向领导汇报，进入车间要更换清洁的工作服、帽、口罩、鞋等，不得化妆、戴首饰、手表等。尽量避免咳嗽、打喷嚏等会污染食品的行为。

2. 员工健康状况的监测

监测员工健康的主要目的是控制可能导致食品、食品包装和食品接触面的微生物污染状况。应在上班前或换班时观察员工是否患病或有外伤感染的情况，可疑的应立即报告处理。

3. 纠正措施

确诊已患病的应重新分配工作，到非食品加工区或回家休养，手有外伤的应包扎后重新安排工作。

4. 记录

包括每日卫生检查记录、健康检查记录。

八、虫害、鼠害的灭除

虫害、鼠害的灭除对食品加工厂而言是非常重要的，若食品加工环境中有害虫会影响食品的安全卫生，可导致疾病传染给消费者。有害动物的危害主要包括：直接消耗食品；在食品中留下令人厌恶的东西（如粪便、毛发）；给食品带来致病性微生物的污染，如：苍蝇、蟑螂可传播沙门氏菌、葡萄球菌、产气荚膜杆菌、肉毒梭菌、志贺氏菌、链球菌以及其他致病菌，啮齿类动物可传播沙门氏菌和寄生虫，鸟类是多种病原菌的寄主（如沙门氏菌、李斯特菌）。为此，在食品加工厂中，害虫的控制对减少通过微生物污染而传播的食源性疾病是十分必要的。

1. 厂区环境应保持清洁卫生

企业要制订详细的厂区环境卫生计划，定期对厂区环境卫生进行清扫，特别注意不留卫生死角。清除杂草、厂区平整、不积水，清除蚊蝇的滋生地，生活垃圾要及时清理，厂区厕所派专人负责，每天清扫，不准在厂内养狗、猪等动物。

2. 必要的防范措施

工厂要有灭鼠网络图，有灭鼠设备和措施，灭鼠的重点应设在锅炉房、餐厅、垃圾箱、厕所等处。生产车间对外的口应设挡鼠板和防蝇虫设施，如风帘、水帘、翻水弯、纱网、暗室等。车间更衣室、柜要定期清扫，保持清洁卫生。

3. 使用杀虫剂和灭鼠器

厂区设有足够的捕虫器，同时定期使用杀虫剂喷洒，车间入口使用灭蝇灯。在仓库、食堂、垃圾场等处使用粘鼠板和鼠笼，不得使用烈性灭鼠药。

4. 监测

应对加工区域、包装区域和贮存区域进行检测，检查害虫是否存在（包括饲养动物、昆虫、啮齿类动物、鸟类）和害虫最近留下的痕迹（如粪便、啃咬痕迹和造巢材料等）。

5. 纠正措施

根据实际情况，及时调整灭鼠、除虫方案。

6. 记录

虫害、鼠害控制记录表。

复习思考题

1. 食品卫生标准操作程序的具体内容。
2. 制定一份某食品生产加工企业的卫生标准操作程序。

参考文献

[1] 北京国培认证培训中心. 食品安全管理体系内部审核员培训课程. 北京：2005.

[2] 中国认证人员与培训机构国家认可委员会. 食品安全管理体系审核员教程. 北京：中国计量出版社，2005.

[3] 中国进出口商品检验总公司. 食品生产企业 HACCP 体系实施指南. 北京：中国农业科学技术出版社，2005.

第六章 食品安全控制 HACCP 系统

【知识目标】
- 了解 HACCP 体系的起源和发展以及食品企业实施 HACCP 体系的意义
- 掌握 HACCP 体系的基本原理和实施步骤

【能力目标】
- 能够制订特定食品生产企业的 HACCP 计划

第一节 概 述

HACCP 是 "Hazard Analysis Critical and Control Point" 的简称，意为 "危害分析和关键控制点"。该系统是一个国际上广为接受的以科学技术为基础的体系，通过识别对食品安全有威胁的特定的危害物，并对其采取预防性的控制措施，来减少生产有缺陷的食品和服务的风险，从而保证食品的安全。HACCP 是一种控制食品安全危害的预防性体系，但不是一种零风险体系，该体系强调食品供应链上各个环节的全面参与，采取预防性措施，而非传统的依靠对最终产品的测试与检验，来避免食品中的物理、化学和生物性危害物，或使其减少到可接受的程度。实施 HACCP 的目的是对食品生产、加工进行最佳管理，确保提供给消费者更加安全的食品，以保护公众健康。食品加工企业不但可以用它来确保加工出更加安全的食品，而且还可以用它来提高消费者对食品加工企业的信心。

一、HACCP 系统的起源和发展

20 世纪 60 年代，美国的皮尔斯伯（Pillsbury）公司承担太空计划中宇航食品的开发任务，这项工作是由该公司的 H. Bauman 博士领导的研究人员与美国国家航空航天局（NASA）和美国一家军方实验室共同承担的。在开发过程中，研究人员认识到，要想明确判断一种食品是否能为空间旅行所接受，必须做大量的检验。除了高昂的费用以外，每生

产一批食品的很大部分都必须用于检验，仅留下小部分供宇航员食用。为了解决这一问题，他们提出应该建立一个预防性体系，在生产系统中对生产全过程实施危害控制，从管理控制上来保证食品安全。因此，Pillsbury 公司率先提出了 HACCP 的概念。并在使用这一体系之后生产出了高度安全的食品，而且只需要对少量的成品进行检验就可以了。尽管当时的 HACCP 原理只有三个，但是从那时起，Pillsbury 的预防性体系作为食品安全控制的有效方法得到了广泛的认可。

随后，1971 年，在美国一次国家食品保护会议上，Pillsbury 公司公开提出了 HACCP 的原理，立即被美国食品与药物管理局（FDA）接受，并决定在低酸性罐头食品生产中应用。1972 年，食品卫生监管人员进行了 3 周的 HACCP 研讨会，并由接受特殊培训的监管人员在罐头厂进行了周密的调查。在此基础上，FDA 于 1974 年公布了将 HACCP 原理引入低酸性罐头食品的 GMP。这是有关食品生产的联邦法规中首先采用 HACCP 原理的，也是国际上首部有关 HACCP 的立法。

1985 年，美国国家科学院（NAS）认为对最终产品的检验并不是保护消费者和保证食品中不含有影响公众健康的微生物危害的有效手段，HACCP 在控制微生物危害方面提供了比传统的检验和质量控制更具体和更严格的手段。并正式向政府推荐 HACCP 体系，这一推荐直接导致了 1988 年美国微生物标准咨询委员会（NACMCF）的成立。NACMCF 分别于 1989 年和 1992 年进一步提出和更新了 HACCP 原理，把 HACCP 原理由原来的 3 条增加到 7 条，并把标准化的 HACCP 原理应用到食品工业和立法机构。

1991 年，美国食品安全检验署（FSIS）提出了《HACCP 评价程序》；1993 年，FAO/WHO 食品法典委员会批准了《HACCP 体系应用准则》；1994 年，FSIS 公布了《冷冻食品 HACCP 一般规则》。1995 年 FDA 颁布实施了《水产品管理条例》（21 CFR 123），并且对进口美国的水产品企业强制要求实施 HACCP 体系，否则其产品不能进入美国市场。1997 年 FAO/WHO 食品法典委员会颁发了新版法典指南《HACCP 体系及其应用准则》，该指南已被广泛地接受并得到了国际上普遍的采纳，HACCP 概念已被认可为世界范围内生产安全食品的准则。

1998 年，美国农业部建立了肉和家禽生产企业的 HACCP 体系（21 CFR 304，417），并要求从 1999 年 1 月起应用 HACCP，小的企业放宽至 2000 年。2001 年美国 FDA 建立了 HACCP（果汁）的指南，该指南已于 2002 年 1 月 22 日在大、中型企业生效，并于 2003 年 1 月 21 日对小企业生效，对特别小的企业将延迟至 2004 年 1 月 20 日。美国 FDA 现在正考虑建立覆盖整个食品工业的 HACCP 标准，用于指导本国食品的加工和进口，并已选择了奶酪、沙拉、面包、面粉等行业进行试点。

HACCP 体系在美国的成功应用和发展，特别是对进口食品的 HACCP 体系要求，对国际食品工业产生了深远的影响。各国纷纷开始实施 HACCP 体系。目前对 HACCP 体系接受和推广较好的国家有：加拿大、英国、法国、澳大利亚、新西兰、丹麦等国，这些国家大部分颁布了相应的法规，强制推行采用 HACCP 体系。

二、HACCP 系统在中国的应用

HACCP 体系在 20 世纪 80 年代传入中国，发展迅速，得到了企业、政府和消费者的认可。HACCP 体系在中国的发展应用大致可以分为以下三个阶段。

第一阶段：探索与实践阶段（1990—1996 年）

1990 年 3 月，国家进出口商品检验局针对出口食品出现的问题组织开展了"出口食品安全工程的研究和应用计划"的研究项目，对水产品、肉类、禽类和低酸性罐头食品在内的 10 种食品采用 HACCP 原理进行控制其安全的研究，并制定了 GMP，这是 HACCP 在中国首次运用。同年 4 月，原国家商检局派员参加了美国农业部（USDA）举办的 HACCP 体系培训班。

1993 年 3 月国家水产品质检中心、粮农组织（FAO）和中国农业部在青岛举办了全国首次水产品质检 HACCP 培训班，各地商检局有 20 余人参加了培训。

这一阶段，原国家商检局积极参加国际会议，并于 1995 年 10 月在浙江省杭州市举办了国际食品质量和安全控制研讨会，对 HACCP 的概念进行了广泛的讨论。

第二阶段：部分产品实施阶段（1997—2000 年）

1997 年，原国家商检局派人到美国接受了水产品 HACCP 体系法规的培训，为出口食品生产企业全面实施 HACCP 体系打下良好的基础。随后原国家商检局在华东、华北、华南举办了四期 HACCP 体系法规和商检管理官员培训班，此后全国各地商检部门纷纷举办相关的培训，逐渐形成学习 HACCP 法规、建立 HACCP 体系的高峰。1997—1998 年，世界银行对华水产品贷款项目要求接受贷款的水产品企业必须实施 HACCP 体系，国家水产品质检中心受农业部委托在青岛举办了第二期培训班。

1997 年 12 月 18 日，美国水产品法规（21CFR Part 123、124）正式实施。我国出口美国水产加工企业积极建立 HACCP 体系，当年就有 139 家食品企业全面实施了 HACCP 计划和卫生标准操作程序（SSOP）。目前，已有 500 多家水产品加工企业按照美国的水产品法规建立和实施 HACCP 体系。此后我国水产品与欧盟的注册工作也获得了突破，在一般水产品加工企业名单中，我国已从二类上升为一类。

第三阶段：统一监管，全面实施阶段（2001 年至今）

从 2001 年开始，根据国务院的授权，HACCP 体系的认证认可工作由中国国家认证认可监督管理委员会（简称认监委）负责，从此全面实施 HACCP 体系有了组织保障。

2002 年 3 月 20 日，认监委发布第 3 号公告《食品生产企业危害分析与关键控制点（HACCP）管理体系认证管理规定》，该规定从食品生产企业 HACCP 管理体系的建立、实施、验证和认证等几个方面，规范了食品生产企业实施 HACCP 体系的认证监督工作。

随后国家质检总局要求对列入《卫生注册需评审 HACCP 体系的产品目录》的出口食品生产企业，需建立 HACCP 体系。目前列入《目录》的 6 大类食品有罐头类、水产品类（活品、冰鲜、晾晒、腌制品除外）、肉及肉制品、速冻蔬菜、果蔬汁、含肉或水产品的速冻方便食品，这是目前我国首次强制性要求食品生产企业实施 HACCP 体系，标志着我国应用 HACCP 体系进入新阶段。

中国卫生部在 2002 年发布《食品企业 HACCP 实施指南》，并于 2003 年要求积极推行危害分析与关键控制点（HACCP）方法，并规定，2006 年所有乳制品、果蔬饮料、碳酸饮料、含乳饮料、罐头食品、低温肉制品、水产品加工企业、学生集中供餐企业实施 HACCP 管理；2007 年酱油、食醋、植物油、熟肉制品等食品加工企业、餐饮业、快餐供应企业和医院营养配餐企业实施 HACCP 管理。

农业部也要求从 2004 年开始,组织开展饲料行业 HACCP 安全管理体系认证和饲料产品认证试点。2004 年 4 月 20 日德佳牧业 HACCP 安全管理体系试点成功，标志着我国饲料行业实施 HACCP 及其认证进入崭新的阶段。

目前，HACCP 体系已经成为中华人民共和国商检食品安全控制的基本政策，国家出入境检验检疫局将建立与美国、欧盟等发达国家相对等的食品安全和品质管理体系。

三、食品企业实施 HACCP 系统的意义

食品的安全性是 21 世纪食品消费者关心的首要问题，HACCP 体系是目前世界上公认的最具权威的食品安全控制体系之一，能够有效地使食品在整个生产及流通的全过程中免受可能发生的生物、化学、物理因素的危害。虽然 HACCP 体系并不是一个零风险体系，但是它把食品生产过程当中的质量控制进行了科学化和模块化，能够尽可能地减少食品的安全危害，最大限度地保证了食品的安全。目前，HACCP 体系作为控制食源性疾患最为有效的措施已经成为世界许多国家和地区对于农产品、水产品、食品工业生产的强制性实施体系。因此，可以说 HACCP 体系的建立与实施已经成为中国食品走向世界的必要条件。

HACCP 体系除了能够促进食品安全外，还能促进出口，消除贸易壁垒。2001 年中国加入世界贸易组织（WTO），在享受权利的同时必须履行相应的义务。根据《卫生与植物卫生措施协议》（SPS）的规定，各成员国在制定本国的保护条例时，必须建立在国际标准、准则或建议的基础上。在食品方面，SPS 协议要求以 CAC 制定的有关食品添加剂、兽药和农药残留等为基础，而 HACCP 是 CAC 向全世界推广使用的食品安全管理体系。在过去几年里，我国在出口企业积极推行 HACCP 体系，对于扩大出口贸易起到了积极的作用。此外，HACCP 体系还能大力地提高环境保护力度，有力地促进农业的发展。

HACCP 体系还能维护企业自身的生产体系正常运行，防止系统崩溃；提高企业的声

誉，提高消费者的信心；减少顾客审核的频度；改善公司形象。

四、HACCP 与 GMP、SSOP 的关系

根据 CAC/RCP1—1969，Rev.4—2003《食品卫生通则》附录《HACCP 体系及其应用准则》和美国 FDA 的 HACCP 体系应用指南中的论述，GMP、SSOP 是制定和实施 HACCP 计划的基础和前提条件，也就是说，如果食品企业达不到 GMP 法规的要求或没有制定并实施有效的、具有可操作性的 SSOP，则实施 HACCP 计划将成为一句空话。各国的实践也证明了这一点，如美国 FDA 在颁布"水产品 HACCP 法规"时，并不强制加工企业制定书面的 SSOP 计划，而在此后颁布的"果蔬汁 HACCP 法规"中提出食品生产企业必须制定 SSOP 计划；国家认监委在 2002 年第 3 号公告中发布的《食品生产企业危害分析和关键控制点（HACCP）管理体系认证管理规定》中也明确规定："企业必须建立和实施卫生标准操作程序。"这充分说明，SSOP 文件的制定和实施对 HACCP 计划是至关重要的。美国的 21CFR Part110 法规，我国的《食品企业通用卫生规范》（GB14881—1994）等 GMP 法规中，均未涉及 HACCP 的内容。因此，从传统意义上讲，GMP、SSOP 和 HACCP 的关系可用图 6-1 来表示。

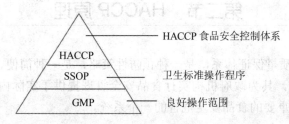

图 6-1　GMP、SSOP、HACCP 的关系（传统意义上）

图 6-1 中的整个三角形代表一个食品安全控制体系的主要组成部分。从中可以看出，GMP 是整个食品安全控制体系的基础；SSOP 计划是根据 GMP 中的有关卫生方面的要求制定的卫生控制程序，是执行 HACCP 计划的前提计划之一；HACCP 计划则是控制食品安全的关键程序。

需要指出的是，食品企业首先必须遵守 GMP 规定，然后建立并有效实施 SSOP 计划和其他前提计划。GMP 与 SSOP 是相互依赖的，只强调满足包含 8 个主要卫生方面的 SSOP 及其对应的 GMP 条款而不遵守其余的 GMP 条款同样也会犯下严重的错误。

但是，从 CAC/RCP1—1969，Rev.4—2003《食品卫生通则》和我国的《出口食品生产企业卫生要求》等 GMP 法规看，GMP 中包括了 HACCP 计划。因此，从现代意义上讲，GMP、SSOP、HACCP 应具备以下关系（图 6-2）。

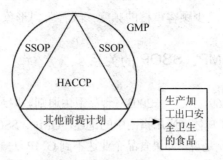

图 6-2　GMP、SSOP、HACCP 的关系（现代意义上）

　　国家颁布 GMP 法规的目的是要求所有的食品生产企业确保生产加工出的食品是安全卫生的。HACCP 计划的前提条件以及 HACCP 计划本身的制订和实施共同组成了企业的 GMP 体系。HACCP 是执行 GMP 法规的关键和核心，SSOP 和其他前提计划是建立和实施 HACCP 计划的基础。简言之，执行 GMP 法规的核心是 HACCP；基础是 SSOP 等前提计划；实质是确保食品安全卫生。

第二节　HACCP 原理

　　HACCP 是一种质量保证体系，是一种预防性策略，是一种简便、易行、合理、有效的食品安全保证系统，其为政府机构实行食品安全管理提供了实际内容和程序。HACCP 是确定、评估和控制重要的食品安全危害的一个系统。

一、HACCP 体系的基本术语

　　食品法典委员会（CAC）在《HACCP 体系及其应用准则》中规定的 HACCP 基本术语有：

　　控制（Control，动词）指采取一切必要行动，以保证和保持符合 HACCP 计划所制定的指标。

　　控制（Control，名词）指遵循正确的方法和达到安全指标时的状态。

　　控制措施（Control Measure）指用以防止或消除食品安全危害或将其降到可接受的水平所采取的任何行动和活动。

　　纠偏行动（Corrective Action）指监测结果表明关键控制点（CCP）失控时，在 CCP 上所采取的措施。

　　关键控制点（Critical Control Point）指可进行控制，并能有效防止或消除食品安全危害，或将其降低到可接受水平的必需的步骤。

关键限值（Critical Limit）指区分可接受与不可接受水平的指标。

偏离（Deviation）指不符合关键限值。

流程图（Flow Diagram）指生产或制造特定食品所用操作顺序的系统表达。

HACCP（Hazard Analysis Critical Control Point）指对食品安全显著危害加以识别、评估以及控制的体系。

HACCP 计划（Hazard Analysis Critical Control Point Plan）指根据 HACCP 原理所制定的用以确保所考虑食品链的各环节中对食品有显著意义的危害予以控制的文件。

危害（Hazard）指食品中产生的潜在的对人体健康有危害的生物、化学或物理因子或状态。

危害分析（Hazard Analysis）指收集信息和评估危害及导致其存在的条件的过程，以便决定哪些对食品安全有显著意义，从而应被列入 HACCP 计划中。

监控（Monitor）指为了评估 CCP 是否处于控制之中，对被控制参数所做的有计划的、连续的观察或测量活动。

步骤（Step）指包括原材料及从初级生产到最终消费的食品链中的某个点、程序、操作或阶段。

确认（Validation）指获得证据，证明 HACCP 计划的各要素是有效的过程。

验证（Verification）指除监控外，用以确定是否符合 HACCP 计划所采用的方法、程序、测试和其他评估方法的应用。

二、HACCP 的基本原理

1999 年，食品法典委员会（CAC）在《食品卫生总则》附录《危害分析和关键控制点（HACCP）体系应用准则》中，将 HACCP 的 7 个原理确定为：

原理一：进行危害分析

危害分析是对于某一产品或某一产品的加工过程而言，分析实际上存在哪些危害，这些危害是否是显著危害，同时制定出相应的预防措施，最后确定是否是关键控制点的一个过程。所谓显著危害是指那些可能发生以及一旦发生就会造成消费者不可接受的健康风险的危害。HACCP 只把重点放到那些显著危害上，假如试图控制太多，则会导致看不到真正的危害。判断一个危害是否是显著危害，通常情况下有两个判据：一是它极有可能发生（可能性），二是它一旦发生，就可能对消费者导致不可接受的健康风险（严重性）。通常情况根据工作经验、流行病学数据、客户投诉及技术资料的信息来评估危害的可能性，用政府部门、权威研究机构向社会公布的风险分析资料、信息来判断危害的严重性。

危害分析是一个反复的过程，通常由企业成立的 HACCP 小组来完成。如果企业没有相应的技术力量，也可以向社会求助，以确保食品中所有危害都被识别并实施控制。危害分析是针对特定产品的特定过程进行的，因为不同的产品或同一种产品的不同的加工过程，其危害分析都会有所不同。因此，当产品或加工过程发生变化时，都必须重新进行危害分析。这些变化可能包括，但不限于以下各项：因为原料或者原料来源的变化；产品配方的变化；加工方法的变化；产量的变化；包装的变化；成品流通系统的变化；成品预期用途或消费的变化等。要注意在危害分析阶段把对安全的关注和对质量的关注分开来。

危害分析表能用来确定食品安全危害的思路。加工流程图的每一步被列在第（1）栏。危害分析的结果被记录在第（2）栏中。显著危害的判定结果记录在第（3）栏，在第（4）栏对第（3）栏的判断提出了依据。表 6-1 是危害分析表的一种格式。

表 6-1　危害分析表

（1）配料、加工步骤	（2）确定本步骤中引入的受控制的或增加的潜在危害	（3）潜在的食品安全危害是显著的吗？（是、否）	（4）对第（3）栏的判断提出依据	（5）能用于显著危害的预防措施是什么？	（6）该步骤是关键控制点吗？（是、否）
1					
2					
3					
4					
5					
6					

公司名称：　　　　　　　　　　　　产品名称：

公司地址：

贮藏和销售方法：　　　　　　　　　预期用途和客户：

签名：

日期：

当危害分析证明没有发生食品安全危害的可能时，可以没有 HACCP 计划，但危害分析表必须予以记录和保存，它是 HACCP 计划验证和审核（内审和外审）的依据。

<u>原理二：确定关键控制点（CCP）</u>

CCP 是食品安全危害能被控制的，能预防、消除或降低到可接受水平的一个点、步骤或过程。换言之，只有某个点是用来控制显著的食品安全危害时，这个点才被认为是关键控制点。例如，金属危害可以通过选择原辅料来源、磁铁、筛选和在生产线上使用金属探测器来消除。如果金属危害通过使用金属探测器的方法得到了有效的控制的话，那么选择原辅料来源、磁铁、筛选则不必被认定为是关键控制点。

通常情况下，一个关键控制点可以用于控制一种以上的危害；也可以用几个关键控制点来同时控制一种危害；但是生产和加工的特殊性决定了 CCP 具有特异性。在一条加工线上确立的某一产品的 CCP，可以与在另一条加工线上的同样的产品的 CCP 不同，这是因为危害及其控制的最佳点可以随着厂区、产品配方、加工工艺、设备、配料选择、卫生和支持程序等因素的变化而变化。

每个显著危害都必须加以控制，但产生显著危害的点、步骤或工序不一定都是 CCP。例如，在生产冻虾仁的过程中，原料虾可能带有细菌性病原体，它是一种显著危害。原料虾收购实际上是细菌性病原体的引入点，但该点并不是 CCP，因为在虾的蒸煮阶段，通过蒸煮可以把细菌性病原体杀死。

<u>原理三：确定关键限值（CL）</u>

关键限值（CL）是与一个 CCP 相联系的每个预防措施所必须满足的标准，它是确保食品可接受与不可接受的界限。必须对在危害分析中建立的每个 CCP 设立关键限值。每个 CCP 必须有一个或多个关键限值用于每个显著危害，这些关键限值通常是一些与食品加工保藏相关的工艺参数，比如温度、时间、物理性能（如张力）、水分、水分活度、时间、pH 值、细菌总数等。当加工偏离了这些关键限值时，应采取纠正措施以确保食品安全。

通常情况下，建立 CL 应注意以下几点：对每个 CCP 都必须设立 CL；CL 是一个数值，而不是一个数值范围；CL 应具有可操作性，在实际操作当中，应该多用一些物理的、化学的指标，而不要用微生物学指标；CL 应符合相关的国家标准、法律法规的要求；CL 应具有科学的依据。

正确的关键限值需要通过实验或从科学刊物、法律性标准、专家及科学研究等渠道收集信息，予以确定。例如，从杂志文章、食品科学教科书、微生物参考书、政府食品卫生管理指南、进口国食品卫生标准、热力杀菌管理当局、食品科学家、微生物学家、设备制造商、大学研究服务机构处获得。当然，在不少情况下，恰当的关键限值不一定是明显的或容易得到的，这时食品工厂就应选用一个比较保守的 CL 值。用于确定 CL 值的根据和资料应予存档，作为 HACCP 计划的支持性文件。

查到相关科学数据后，应结合企业实际做实验验证。如从某一权威科技文献上得到了蒸煮工序控制沙门氏菌的温度和时间参数，企业应在校准设备后按此参数在蒸煮机上进行相关试验，经过微生物检测后证明此数据是否可行，不行的话应根据实验情况对温度和时间进行调整。

<u>原理四：关键控制点的监控</u>

监控是指对每个 CCP 点对应的 CL 的定期测量或观察，以评估一个 CCP 是否受控，并且为将来验证时提供准确的记录。监控需要形成文件的监控程序，其目的是跟踪加工过程，查明和注意可能偏离关键限值的趋势，并及时采取措施进行加工调整，使整个加工过程在关键限值发生偏离前恢复到控制状态；同时当一个 CCP 发生偏离时，可以很快

查明何时失控，以便及时采取纠偏行动；另外监控记录可以为将来的验证提供必需的资料。

通常情况下，每个监控程序必须包括4个要素，即监控什么、怎样监控、何时监控、谁来监控。

（1）监控什么是指通过观察和测量产品或加工过程的特性，来评估一个CCP是否在关键限值内进行操作。例如：当温度是控制危害的关键时，对温度进行测定；当酸化是食品生产的关键时，则测量酸性成分的pH值。监控对象也可以包括检查一个CCP的预防措施是否实施。例如，检查原料供应商的许可证；检查原料肉表面或包装上的屠宰场注册证号，以保证其是自己注册的屠宰场。

（2）怎样监控是指对于定量的关键限值，通过物理或化学的检测方法，对于定性的关键限值采用检查的方法来进行监控。由于生产中没有时间等待长时间的分析实验结果，而且关键限值的偏离要快速判定，必须在产品销售之前采取适当的纠偏行动。所以监控方法要求能够准确迅速地提供检测结果，因此监控方法很少用微生物的方法进行监控，因为微生物检测耗时且不宜掌握。通常物理和化学的测量手段快速、方便，是较理想的监控方法。

（3）监控时间可以是连续的，也可以是间断的，如果有可能的话要尽量采取连续监控。但是一个能连续记录监控值的监控仪器本身并不能控制危害，还需要定期观察连续的监控记录，必要时采取适当的措施，这也是监控的一个组成部分。当出现CL偏离时，检查间隔的时间长短将直接影响到返工和产品损失的数量。在所有情况下，检查必须及时进行以确保不正常产品在出厂前被分离出来。当不可能连续监控一个CCP时，也可以实施非连续监控（间断性监控），但应尽量缩短监控的时间间隔，以便及时发现可能的偏离。监控的时间间隔将直接影响到纠偏时处理的产品的数量。非连续监控的频率有时需要根据生产加工的知识和经验来确定。下面一些方法可以帮助确定监控的频率。其方法或原则是：①加工中被监控数据是否稳定？如数据不稳定，监控的频率应相应的增加。②正常操作值距CL值有多远？如果二者很接近，监控的频率应相应的增加。③如果CL值偏离，工厂将要受影响的产品有多少？产品越多，监控的频率应越密。

（4）制订HACCP计划时，应该明确由谁来监控，从事CCP监控的人员可以是流水线上的人员、设备操作者、监督员、维修人员或质量保证人员。作业的现场人员进行监控是比较合适的，因为这些人能比较容易地发现异常情况的发生。负责CCP监控的人员必须具备如下资格：受过CCP监控技术的培训；能够充分理解CCP监控的重要性；在监控的方便岗位上作业；能够对监控活动提供准确的报告；能够及时报告CL值偏离情况，以便迅速采取纠正措施。监控人员的责任是及时报告异常事件和CL值偏离情况，以便在加工过程中采取调整。所有CCP的有关记录必须有监控人员的签名。

下面是一个HACCP计划表示例（表6-2），其中监控程序的内容填写在计划表的第（4）、

（5）、（6）、（7）栏中。

表 6-2　HACCP 计划表

CCP（1）	显著危害（2）	关键限值（3）	监控				纠正措施（8）	验证（9）	记录（10）
			对象（4）	方法（5）	频率（6）	人员（7）			
蒸制	致病菌残存	蒸制温度：≥105℃　蒸制时间：≥15 min	蒸制时间和温度	观察数字式温度计、计时器	连续观察每 3 min 记录 1 次，发现异常随时记录	蒸制操作人员	调整温度和时间，确认偏离的产品，隔离待评估，延长蒸制时间	每日审核记录　每周用标准温度计对数字式温度计校正一次　每年检定标准温度计　每周抽取蒸制后的产品进行微生物化验	蒸制记录

企业名称：××食品有限公司
企业地址：××省××市××路××号
产品种类：速冻蒸熟猪肉包子，塑料袋包装后装纸箱
销售和贮存方法：−18℃以下冷藏
预期用途和消费者：解冻后加热食用，一般公众

签署：　　　　日期：

原理五：纠偏措施

纠正措施是指在关键控制点上，监控结果表明失控时所采取的任何措施。纠偏行动通常由以下 3 个部分组成：①纠正和消除偏离的原因，重建加工控制。当发生偏离时应首先分析偏离产生的原因，及时采取措施将发生偏离的参数重新控制到关键限值的范围内，同时要采取预防措施，防止这种偏离的再次产生。②隔离、评估发生偏离期间生产的产品，并进行处置。③做好纠偏的执行记录。

纠正措施的目的是使 CCP 重新受控。纠正措施既应考虑眼前需解决的问题，又要提供长期的解决办法。眼前需要解决的问题主要是使生产恢复控制，并使加工不再出现 CL 值偏离的情况。如果 CL 值屡有偏离或出现意料外的偏离时，应调整加工工艺或重新评估 HACCP 计划，看其是否完善。必要时，修改 HACCP 计划，彻底消除使加工出现偏差的原因或使这些原因尽可能减到最小。对所采取的纠正措施必须即时进行内部沟通，使工人得到纠正措施的明确批示。而且这些指示应当成为 HACCP 计划的一部分，并记录在案。

对在加工中出现偏差时所生产的产品必须进行处理。可以通过以下 4 个步骤进行处理：①确定产品是否存在安全方面的危害。②如果产品不存在危害，可以解除隔离，放行出厂。③如产品存在潜在的危害，则需要确定产品可否再加工、再杀菌，或改作其他用途的安全使用。④如果不能按第三步进行处理，产品必须予以销毁。这样做付出的代价最高，通常

到最后才选择该处理方法。

通常情况下，纠正措施应在制订 HACCP 计划时预先制订，并将其填写在 HACCP 计划表（表 6-2）的第（8）栏里。纠正措施应由对过程、产品和 HACCP 计划有全面理解、有权利做出决定的人来负责实施。如果有可能的话，在现场纠正问题，会带来满意的结果。有效的纠正措施依赖于充分的监控程序。

HACCP 计划应包含一份独立的文件，其中所有的偏离和相应的纠正措施要以一定的格式记录进去。这些记录可以帮助企业确认再发生的问题和 HACCP 计划被修改的必要性。表 6-3 是一份纠正措施报告。

表 6-3　纠正措施报告

公司名称：		编　　号：			
地　　址：		日　　期：			
加工步骤：		关键限值：			
监控人员		发生时间		报告时间	
问题及发生问题描述					
采取措施					
问题解决及现状					
HACCP 小组意见					
审核人：				日期：	

原理六：建立有效的验证程序

验证是指除监控外，用以确定是否符合 HACCP 计划所采用的方法、程序、测试和其他评价方法的应用。"验证才足以置信"，验证程序的正确制定和执行是 HACCP 计划成功实施的基础。HACCP 计划的宗旨是防止食品安全的危害，验证的目的是提供置信水平。一是证明 HACCP 计划是建立在严谨、科学的基础上的，它足以控制产品本身和工艺过程中出现的危害；二是证明 HACCP 计划所规定的控制措施能被有效实施，整个 HACCP 体系在按规定有效运转。

一般来说，验证程序的要素包括：HACCP 计划的确认，CCP 的验证，对 HACCP 系统的验证，执法机构强制性验证。

（1）HACCP 计划的确认是指通过收集、评估科学的、技术的信息资料，以评价 HACCP 计划的适宜性和控制危害的有效性。HACCP 计划的确认通常应该在 HACCP 计划实施前进行。在 HACCP 计划正式实施之前，要对整个计划的各个组成部分进行确认，确认部分应包括产品说明、工艺流程图、危害分析、工艺流程图及危害分析签字、CCP 的确定、CL、监控程序、纠正措施程序、记录保存程序等方面。其次，在一些因素产生变化时，需要执行确认程序。这些因素包括：原料、产品或加工的改变；验证数据出现相反的结果；重复出现的偏差；有关潜在危害或控制手段的新科学信息；生产线中观察到的新变化；新销售方式以及新的消费方式。

（2）对 CCP 制定验证活动是必要的，它能确保所应用的控制程序调校在适当的范围内操作，正确地发挥作用以控制食品的安全。对 CCP 验证包括：监控设备的校准；校准记录的复查；针对性的取样检测；CCP 记录的复查。对监控设备的校准能确保监控结果的准确性，通常情况下，应该以一种能确保测量准确度的频率进行验证，在仪器或设备被投入使用的条件下或者接近这种条件下，参照一定的标准来检查设备的准确度；复查校准记录时，要审查校准日期是否符合规定的频率要求，所用的校准方法是否正确，校准结果的判定是否准确，发现不合格监控设备后的处理方法是否适当；针对性的取样检测既可以在原料收购时进行，也可以在加工过程中进行。比如当原料的接收是 CCP，并且原料的规格是被依赖的关键限值时，供应商的言行是否不一致，应通过针对性的取样来检查。特别是，当监控程序的结果并不像期望的那样有说服力时，它应与强有力的验证对策结合；在各个CCP 点上至少有两种记录，即监控记录和纠正措施记录。这两种记录都是有用的管理工具，它们提供了书面的证据，用来证明 CCP 正在建立的安全参数范围内运作以及当发生偏离时是否采取了适当的纠正措施。然而，仅有记录是不够的，这些记录必须安排有管理能力和丰富实践经验的人来审查这些记录，只有这样才能达到验证 HACCP 计划是否被有效实施的目的。

（3）对 HACCP 系统的验证是企业自身进行的内部审核，对整个 HACCP 体系进行验证应预先制定程序和计划。体系的验证频率一年至少一次。当产品或工艺过程发生显著改变，或系统发生故障时，应随时对系统进行全面验证。通常情况下，HACCP 系统的验证包括审核和对最终产品的微生物检测两部分。审核可通过对现场观察和记录复查搜集信息，从而对 HACCP 体系的系统做出评价。审核通常由无偏见、不负责执行监控活动的人员来完成；对最终产品的微生物检测虽然不是日常监控的有效方法，但是作为一种验证工具是非常有效的。微生物检测可以用来确定整个操作是否处于受控状态。

（4）执法机构执行验证程序包括：对 HACCP 计划和任何修改的复查；CCP 监控记录的复查；纠正措施记录的复查；验证记录的复查；操作的现场检查以确定 HACCP 计划是否被贯彻执行以及记录是否被合理地保存；随机抽样并分析。加工者准备的 HACCP 计划在控制其具体的加工步骤中，是独一无二的。计划可能包括含有专利方面的信息，因此执法机构必须予以保护。

原理七：建立记录保存程序

"说到必须做到"，建立有效的记录保持程序，是一个成功的 HACCP 体系的重要组成部分。记录提供了关键限值得到满足或当关键限值发生偏离时所采取的适用的纠正措施。同样，记录也为加工过程调整，防止 CCP 失控提供了监控手段。记录应明确显示监控程序已被遵循，并应包括监控中获得的真实数值。它是 HACCP 计划审核的依据。在 HACCP体系中至少应保存以下 4 个方面的记录：HACCP 计划以及支持文件；关键控制点（CCP）

监控记录；采取纠正措施的记录；验证记录。记录保持的内容填写在 HACCP 计划表（表6-2）的第（10）栏中。

各项记录必须满足以下 4 个方面的要求：严肃性、真实性、原始性和完整性。严肃性是由于各项记录是判断 HACCP 体系是否在执行的依据或 CCP 是否被控制的证据，因此必须确保记录产生的严肃性；真实性要求各项记录必须在现场观察时进行记录，不允许提前记录或之后补记，更不允许伪造记录；原始性要求各项记录不允许被任意涂改、删除或篡改；完整性要求各项记录必须完整，不允许有缺页、缺项、缺内容等现象发生。因此，在设计记录表格时，在满足记录要求的前提下，应使其具有可操作性。

第三节　HACCP 计划的制订与实施

一、建立 HACCP 体系的前提条件

（一）基础条件

HACCP 体系不是一个孤立的体系，不能单靠 HACCP 计划解决管理中存在的一切问题。设计 HACCP 体系是用来预防和控制与食品相关的安全危害。根据 CAC/RCP1—1969，Rev.4—2003《食品卫生总则》及附录《HACCP 体系及其应用准则》和美国 FDA 的 HACCP 体系应用指南中的论述，GMP、SSOP 是制订和实施 HACCP 计划的基础和前提条件。也就是说，如果企业达不到 GMP 法规的要求，或没有制定有效的、具有可操作性的 SSOP，或没有有效地实施 SSOP，则实施 HACCP 计划将成为一句空话。如同金字塔的结构一样，仅有顶端的 HACCP 计划的执行文件是不够的，HACCP 体系必须建立在牢固的遵守现行的良好操作规范（GMP）和可接受的卫生标准操作程序（SSOP）的基础上，具备这样牢固的基础才能使 HACCP 体系有效地运行。

在某些情况下，SSOP 可以减少在 HACCP 计划中关键控制点的数量，使用 SSOP 减少危害控制而不是 HACCP 计划。实际上危害是通过 SSOP 和 HACCP 关键控制点的组合来控制的。在有些情况下，一个产品加工操作可以不需要一个特定的 HACC 计划，这是因为危害分析显示没有显著危害，但是所有的加工厂都必须对卫生状况和操作的卫生状况进行监测。

（二）管理层的支持

为成功地实施 HACCP 体系，管理者必须承诺实施 HACCP 体系并关注 HACCP 的利

益和成本。为进行 HACCP 研究，管理者必须提供必需的人力、物力、财力和时间支持。另外，在明确实施 HACCP 体系之前，必须要明确地把 HACCP 体系作为公司质量方针和目标的一部分。同时各级管理者应掌握和理解 HACCP 计划的原理和作用，并在实际生产过程中起到表率作用，严格执行 HACCP 计划，只有这样，才能达到最大限度地预防和控制食品安全的目的。否则，没有管理层的理解和支持，特别是公司（或企业）最高管理层的重视，HACCP 体系很难在企业中有效地实施。

（三）教育与培训

人员是一个企业成功实施 HACCP 体系的前提条件。教育和培训工作对于一个成功的 HACCP 计划的实施是非常重要的。

企业的所有人员，包括公司的管理层、普通员工、HACCP 小组成员、实验室作业人员等都应该接受培训。通过培训让所有员工都了解食品安全知识，都能够按照 SSOP、HACCP 的要求参与生产活动。当 SSOP、HACCP 有修改的时候，要组织企业员工进行重新培训，以便让员工及时了解并执行。

从事培训员工的教员应是 GMP、SSOP、HACCP 方面的专家，应当非常熟悉并能正确理解各项卫生规范和 HACCP 原理。培训形式根据企业的实际情况可采取集中培训、个别培训、送出去或请进来等。培训、考核合格后的人员才能从事 HACCP 体系的实施工作。

企业同时应建立和妥善保存培训记录。

（四）产品的标识、追溯和回收

从事食品工作的人员都知道，要生产出绝对安全的食品是不可能的。虽然 HACCP 是保证食品安全的最佳方案，但 HACCP 体系绝对不是零风险体系。企业建立了 HACCP 体系，但不安全因素有时在生产中仍然不可避免，且会超出生产者的控制范围。为保证公众健康，CAC 在《食品卫生总则》中规定："产品应具有适当的信息，以保证对同一批产品易于辨认或者必要时召回。"

通过产品标识，使得产品具有可追溯性，便于企业建立回收计划。回收计划的目的是保证有企业标志的产品，在任何时候从市场回收时都能尽可能有效、快速和完全进入调查程序。企业应定期进行模拟回收演练，验证回收计划的有效性。

产品的标识的内容至少应包括：产品描述、级别、规格、配料、生产日期、包装、最佳食用期或保质期、标准代号、批号、生产商和生产地址等。实际组织在生产过程中，应做好标识的保管和使用过程中的检查及记录工作。

产品的可追溯性能确定生产过程的危害输入（如杀虫剂、除草剂、化肥、成分、包装、设备等）以及这些输入的来源和确定成品已发往的位置。产品的标识和可追溯性能帮助企业确定产生问题的根本原因，进而明确需要采取的纠偏措施，实现良好的批次管理，有效实施产品回收计划。

当食品生产者准备实施回收计划时，要立即向当地的主管部门通告，通告内容包括：回收的原因；回收产品的类别；回收有关产品的数量；被回收产品的区域分布；任何有可能受同种危害影响的其他产品的信息。

二、HACCP 计划的制订与实施

HACCP 计划是由食品企业自己制订的。由于产品特性的不同，加工条件、生产工艺、人员素质等也有差异，因此，其 HACCP 计划也不相同。在制订 HACCP 计划过程中可参照常规的基本步骤，但企业制订的 HACCP 计划必须得到有关政府部门的认可。

图 6-3 是 HACCP 计划的实施步骤。

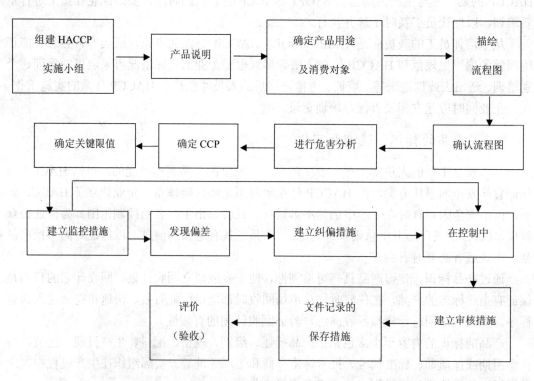

图 6-3　发展 HACCP 计划的步骤

（一）组建 HACCP 实施小组

一个能力强、水平高的 HACCP 计划小组，其人员常由合格技术人员及对生产工艺、产品有深入了解的人员构成，包括微生物学家、质量保证及质量控制专家、工艺家、采购人员、生产操作人员、部门经理，也可邀请了解微生物危害、熟悉公共卫生健康的外来专家，但不能仅依赖外来专家顾问。

HACCP 计划小组的任务是收集资料，核对、评估技术数据，制订、修改和验证 HACCP 计划，并对 HACCP 计划的实施进行监督，以保证 HACCP 计划的每个环节能顺利地执行。

HACCP 计划小组的成员必须熟悉公司情况，对工作认真负责，有对产品、工艺及研究 HACCP 有关危害性的知识和经验，能确认潜在的不安全因素及其危害程度，提出控制方法、监督程序和补救措施，在 HACCP 计划的重要信息不详的情况下，能提出解决方法。

（二）产品说明

HACCP 计划小组的最终目标是为生产中的每个产品及其生产线制订一个 HACCP 计划，因此小组首先要对特定的产品进行描述。描述内容主要包括所研究的产品（包括原料和半成品）的名称及其特性；加工流水线；食品的成分；加工的方法（包括主要参数）；包装形式（如塑料真空包装、外套纸盒等）；销售和贮存方式；产品的保质期等。

（三）确定产品用途及消费对象

产品的预期消费者是什么样的群体以及消费者将如何使用该产品，将直接影响下一步的危害分析结果。

HACCP 计划小组应确定产品的最终消费者，特别要关注敏感和易受伤害的消费人群，如儿童、孕妇及免疫缺陷者。预期用于公共机构、婴儿和特殊病人的食品应较那些用于一般公众市场的食品给予更大的关注。

所谓产品的预期用途即该产品的使用方法。HACCP 计划小组要充分了解消费者将会如何使用他们的产品，会出现哪些错误的使用方法，这样的使用会给消费者的健康带来什么样的后果。

产品的预期用途及消费对象应在产品的说明书上加以注明。同时，要将有关内容做好记录并妥善保管。

（四）描绘流程图

加工流程图（示例见图 6-4PET 果汁饮料生产工艺流程图）是用简单的方框或符号，清晰、简明地描述从原料接受到产品储运的整个加工过程，及有关配料的辅助加工步骤。

描绘食品生产的工艺流程图，对实施 HACCP 管理是必需的，这是一项基础性的工作。

流程图没有统一的模式。但无论哪种格式都要保证加工过程的流程图按顺序每一步骤都表示出来，不得遗漏。

流程图是由 HACCP 小组绘制，它给 HACCP 小组和验证审核人员提供了重要的视觉工具。HACCP 小组可以用它来完成制订 HACCP 计划的其他步骤。

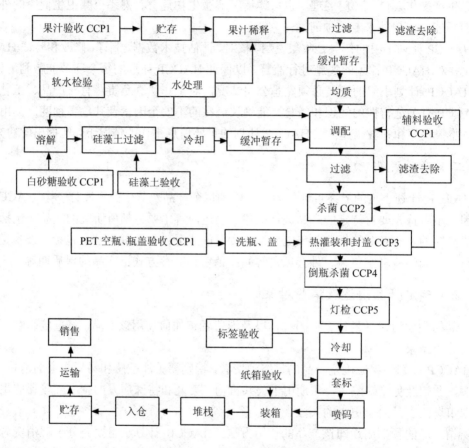

图 6-4　PET 果汁饮料生产工艺流程图

（五）确认流程图

流程图的精确性对危害分析的准确性和完整性是非常关键的。如果某一生产步骤被疏忽将有可能导致遗漏显著的安全危害。因此在流程图中列出的步骤 HACCP 计划小组必须与实际操作过程进行比较确认，HACCP 如果有误或配方调整、设备变更、操作控制条件改变，HACCP 计划小组要对原流程图偏离的地方加以修改调整并记录在案，以保证流程图的准确性、适用性和完整性。

（六）进行危害分析

危害分析是 HACCP 最重要的一环。按食品生产的流程图，HACCP 小组要列出各工艺步骤可能会发生的所有危害及其控制措施，包括有些实际可能发生的事，比如突然停电而延误加工，半成品临时储存等。

危害包括生物性的、化学性的和物理性的危害。生物性的危害主要是由微生物本身及其代谢过程和代谢产物对食品原料、生产加工过程和成品造成的污染。如：细菌性危害、真菌性危害、病毒和立克氏体、寄生虫、昆虫及人为因素。化学性危害是指有毒的化学物质污染食品，如：化学清洗剂、农药残留、兽药残留、化学添加剂、有毒金属、增塑剂和包装材料等。物理性危害主要指外来杂质污染食品。如：玻璃、金属、毛发等。一般来说，物理性危害通过严格的卫生管理是可以消除的。在危害中尤其不能允许致病菌的存在和增殖及不可接受的毒素和化学物质的产生。

对食品生产过程中每一个危害都要有对应的、有效的预防措施。这些措施和办法可以排除或减少危害出现，使其降低到可接受的水平。具体措施应包括卫生问题（人流物流是否交叉污染；设备是否干净、是否安全使用；操作人员身体是否健康；个人是否有很好的卫生和安全意识；包装材料是否安全；贮运过程是否发生损坏和二次污染）和控制微生物繁殖（如灭菌条件、加工条件、贮存和销售条件等），并做好日常微生物检测与监控。

危害可以用建立危害分析表的方法进行确立（具体见原理一）。

（七）确定关键控制点

关键控制点（CCP）是使食品安全危害可以被防止、排除或减少到可接受水平的点、步骤和过程。CCP 的数量取决于产品或生产工艺的复杂性、性质和研究范围等。

通常情况下，判断一个点、步骤或工序是否是 CCP，我们可以通过 CCP 判断树来进行判断，但是 CCP 判断树并不是唯一的工具。通过 CCP 判断树（图 6-5）中提出的 4 个问题，能够帮助你在加工工序中找出关键控制点。但是要记住判断树不能代替专业知识。

CCP 判断树通过回答下列 4 个问题来帮助判断 CCP：

问题 1：对已确定的危害，在本步骤或随后的加工步骤中是否有相应的预防措施？

如果回答是，则接着问问题 2。

如果回答否，接着问：对安全来说，在这步骤控制是必需的吗？如果也回答否，该步骤不是关键控制点，转移到下一个危害或有显著危害的下一步骤进行判断。如果回答是，那么你已确定一个在现行条件下无法控制的显著危害，在这种情况下，必须对这个步骤、过程或产品进行重新设计，使其能够被控制。假如说无法找到合理的预防措施，在这种情况下，HACCP 不能确保产品的安全。

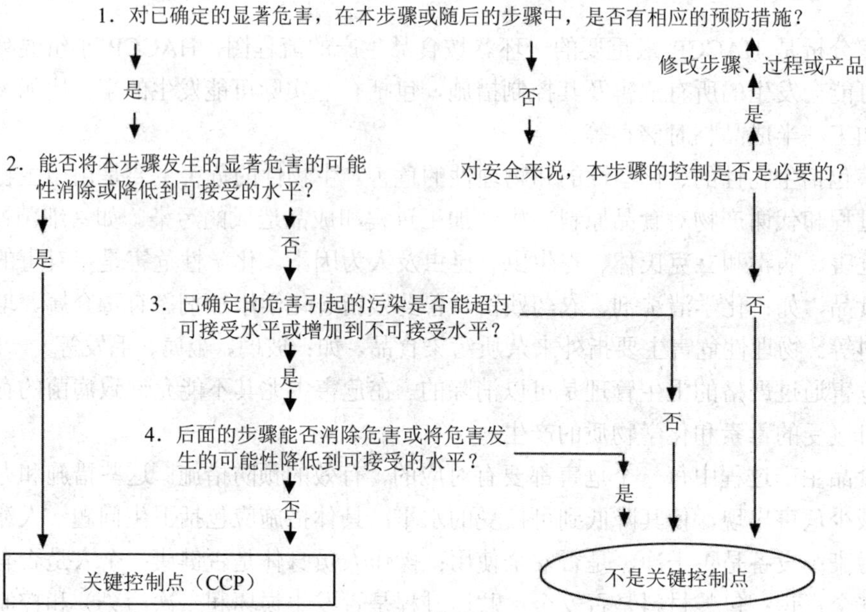

1. 对已确定的显著危害，在本步骤或随后的步骤中，是否有相应的预防措施？

是

2. 能否将本步骤发生的显著危害的可能性消除或降低到可接受的水平？

否

修改步骤、过程或产品

是

对安全来说，本步骤的控制是否是必要的？

是

3. 已确定的危害引起的污染是否能超过可接受水平或增加到不可接受水平？

否

是

4. 后面的步骤能否消除危害或将危害发生的可能性降低到可接受的水平？

否

否

否

是

关键控制点（CCP）

不是关键控制点

图 6-5　CCP 判断树

问题 2：本步骤能否将发生显著危害的可能性消除或降低到可接受的水平？

如果回答是肯定的，那么这步为关键控制点，转移到下一个显著危害，如果回答否，则问问题 3。

问题 3：已确定的危害造成的污染能否超出可接受的水平或增加到不可接受的水平？

这个问题在本步骤中指存在、发生或增加的污染。如果回答否，那么这个步骤不是关键控制点。转移到下一个危害或显著危害进行判断。如果回答是，那么问第 4 个问题。

问题 4：后面的步骤能否消除危害或将危害发生的可能性降低到可接受的水平？

如果回答否，那么该步骤是关键控制点。如果回答是，那么这步骤不是关键控制点。在这种情况下，该危害将通过接下来的加工步骤被控制。

假如一个点、加工步骤或一个加工过程能够控制识别的显著危害，而在此点、加工步骤或加工过程之后并无控制该显著危害的方法，那么该点、加工步骤或加工过程一定是关键控制点。通常情况下，在危害分析表（表 6-1）的第（6）栏内填入 CCP 点的判定结果，完成危害分析表。

（八）确定关键限值

根据 HACCP 原理三，对每一确定的关键控制点都必须建立关键限值，确保有效地控制已识别的所有显著危害。关键限值通常是一个或一组最大值或最小值。在确立关键限值时通常应考虑合理、适宜、实用和可操作性等原则。

关键限值的建立应具有直观性，要易于检测。用于建立关键限值的最常用的参数有：时间、温度、水分活度、pH、酸度、添加剂用量、盐浓度、有效氯浓度、黏度、块状食品的厚度、输送带速度、蒸汽压力、金属探测仪的灵敏度及贴标签、感官检查等。

关键限值的建立应具有一定的适宜性，如果过严，即使没有发生影响到食品安全危害的情况，也要采取纠偏行动，这样就会导致生产效率下降和产品的损失；如果过松，就会使产生不安全产品的可能性增加。因此关键限值的建立不仅要考虑真实性还要考虑可行性。

表 6-4 是一个关键限值的例子。

表 6-4　CL 值实例

危害	CCP	关键限值（CL）
致病菌 （生物的）	巴氏消毒	温度≥72℃，时间≥15 s
致病菌 （生物的）	干燥室内干燥	温度≥93℃；时间≥120 min；空气流量 0.06 m³/min；成品厚度≤2.5 cm；水活度≤0.85
致病菌 （生物的）	酸化	重量 45.36 kg，浸泡时间 8 h，醋酸浓度 3.5%，醋酸体积 227 L

说明：以上关键限值仅作为教学例证，与任何具体的产品无关，只是说明关键限值怎样利用。

例如，为油炸鱼饼（CCP）设立关键限值（CL），以控制致病菌污染，有以下 3 种选择方案：选择 1：CL 值定为"无致病菌检出"；选择 2：CL 值定为"最低中心温度 66℃，最少时间 1 min"；选择 3：CL 值定为"最低油温 177℃，最大饼厚 0.25 英寸（约为 0.64 cm），最少时间 1 min"。显然，在选择 1 中所采用的 CL 值（微生物限值）是不实际的，通过微生物检验确定 CL 值是否偏离需要数日，很费时，CL 值不能及时监控。此外，微生物污染带有偶然性，需大量样品检测，结果才有意义。微生物取样和检验往往缺乏足够的敏感度和现实性；在选择 2 中，以油炸后的鱼饼中心温度和时间作为 CL 值，就要比选择 1 更灵敏、实用，但存在着难以进行连续监控的缺陷；在选择 3 中，以最低油温、最大饼厚和最少油炸时间作为油炸工序（CCP）的 CL 值，确保了鱼饼油炸后应达到的杀灭致病菌的最低中心温度和油炸时间，同时油温和油炸时间能得到连续监控（油温自动记录仪/传送网带速度自动记录仪）。因此，选择 3 是最快速、准确和方便的，是最佳的 CL 选择方案。

（九）确定每个 CCP 的监控系统

HACCP 不同于传统的质量观和安全观，它的基础是现场监测和控制。建立适当的监控程序，确保当加工过程出现偏差时，可以即时采取措施。这也是 HACCP 的一大特点——减少浪费、节约成本。

监控程序是一个有计划、有序的观察或测定来证明 CCP 在控制中，并产生一个准确的记录，为将来验证时使用。因此，它是 HACCP 计划的重要组成部分之一，是保证安全生产的关键措施。

监控程序应包括以下 5 个方面的内容，即监控对象、监控方法、监控人员、监控频率、监控记录。具体参见原理四。

监控是 HACCP 的核心内容之一。不管采取什么标准来监控关键控制点，HACCP 小组都要寻求最安全的监控方法和监控频率，并与工人的实际操作相结合。如果太复杂或太难就可能有损于计划的有效实施。

（十）建立纠偏措施

食品生产过程中，当监控结果偏离 CL 时，HACCP 计划小组应根据 HACCP 原则，提出纠偏措施，并以文件形式表达。纠偏行动要解决两类问题：一类是制定适当的纠偏措施使工艺重新处于控制之中。另一类是拟好 CCP 失控时期生产的食品的处理方法，包括将失控的产品进行隔离、扣留、评估其安全性、原辅料及半成品等作他用、重新加工（杀菌）和销毁等。所有采取的纠偏行动必须有详细的记录、签字，并由复查人员进行复核签字。

（十一）建立验证（审核）程序

HACCP 计划的宗旨是防止食品安全的危害，验证活动的目的是通过严谨、科学、系统的方法确认企业建立的 HACCP 计划是否有效和是否被正确地实行的方法、程序和试验，它有助于证明整个体系对保证食品的安全性真正起到作用，而且还可确定 HACCP 计划是否需要修改和再确认。所以，验证是 HACCP 计划实施中最复杂的程序之一，也是必不可少的程序之一。

根据原理六（见前面）可知道，验证程序包括：HACCP 计划的确认，CCP 的验证，对 HACCP 系统的验证，执法机构强制性验证。验证工作由 HACCP 执行小组负责。

（十二）建立记录保存系统

HACCP 体要求做过的任何事情都必须有记录。不记录下来，就被认为是从来没有发生过。因此，需要建立记录保存系统并将其书面化。

记录是采取措施的书面证据，包含了 CCP 在监控、偏差、纠偏措施（包括产品的处理）等过程中发生的历史性信息，这些信息可以用来建立产品档案以供查阅。一旦发生问题，记录可以再现生产时的相关因素。企业应确保记录的正确填写，定期对记录进行归档管理，并确保记录的真实准确。

记录本身应包含一些基本信息，以便于记录和检查。例如作为关键控制点的监控记录要求包含以下信息：记录名称及日期；产品描述；所用的材料或设备；进行的操作；关键限值；实际观测数据；操作人员签名；检查人员签名。

HACCP 记录一般保留两年，至少要保留到与产品的货架期一样长。对生鲜产品，一般至少保留 6 个月。

（十三）HACCP 计划的评价

HACCP 计划要求在原辅料、生产工艺、产品、加工设备、消费者使用等各方面发生问题时，能对整个实施过程进行评价或总结。HACCP 评论或数据所得出的数据、资料等，应形成文件，并组成 HACCP 记录的一部分。

第四节　HACCP 在食品生产中的应用实例

一、HACCP 在酸奶生产中的应用

1. 生产工艺流程
鲜乳→净乳 → 添加配料→ 巴氏杀菌 → 标准化→ 均质→ 接种→发酵→灌装 → 冷藏

2. 危害因素分析
（1）原辅料因素。

酸奶生产中原料的品质是保证产品质量的先决条件，乳中含有的微生物类型主要有微球菌、链球菌、不形成芽孢的革兰氏阳性杆菌和革兰氏阴性杆菌、芽孢杆菌及少量的酵母菌、霉菌、病原菌等。另外，原料乳中含有抗生素会抑制乳酸菌的发酵，乳中还有能引起人畜共患病的致病菌。

水、蔗糖、添加剂是酸奶生产的辅料，辅料的优劣也直接影响酸奶产品的质量。辅料的危害因素主要有：水的硬度、微生物和重金属污染；糖的等级和质量；果料的标准（如，是否含有一定数量的酵母菌，若未经杀菌而加入发酵奶中，即成为污染该酸奶的主要来源）。

（2）加工过程中的危害因素。

酸奶生产过程中多数工序在正常情况下，不会有大的危害，或者可以通过后序工序加

以克服。由此，除了原辅料，其生产中会发生危害的工序过程主要有：

① 巴氏杀菌：杀菌温度及时间如果不到位会导致牛乳中残留一定数量的微生物，尤其是乳中的耐热菌能耐过巴氏杀菌而继续存活，这些残留的微生物会对乳酸菌的正常发酵构成危害。

② 接种发酵剂：发酵剂的品质好坏会直接影响酸奶质量，如果发酵剂污染了杂菌，会使酸奶凝固不好、乳清析出过多、产生气泡和异味。发酵剂的质量取决于菌种和培养条件，需重点控制。

③ 发酵：原料乳和辅料经过高温长时间杀菌后，可杀死其中大部分微生物，但是如果污染了嗜热性酵母菌，杀菌后嗜热性酵母菌仍然能够存活，存活的嗜热性酵母菌在 40～45℃保温发酵的条件下能够生长良好，可能会有潜在的危害。另外，发酵时温度的高低和时间的长短都与酸奶的质量有直接关系，过高或过低的发酵温度都影响酸奶的品质。

（3）环境、设备因素。

酸奶车间由于环境温度高，经常用水清洗，换气不良，卫生条件差，会致使酵母菌和霉菌大量繁殖，而使其孢子漂浮于空气中，造成对空气的污染。环境因素包括：空气、地面、墙壁等，空气甚至直接与牛奶接触。另外，室内蚊蝇、昆虫也是微生物的主要来源之一。

如果生产设备，包括水处理设备、搅拌机、发酵罐、灌装机及管道等清洗消毒不彻底，会因残留奶垢而繁殖大量微生物，成为酸奶生产的主要污染源。此外，包装材料由厂家购进，如果未经严格的消毒，其表面可检出一定数量的微生物。如不经消毒就使用会导致酸奶污染。

为了避免产品的后污染，对灌装管道和包装环境的卫生控制是相当重要的。要定期对灌装管道和包装环境进行微生物检测，控制污染源。整个工艺卫生的好坏与酸奶的质量有显著的相关性，其中杀菌起到至关重要的作用，它不仅可以杀灭原料乳中的大部分微生物，还可钝化奶中对发酵菌有抑制作用的天然抑制剂，使乳清蛋白变性，从而有助于发酵菌的生长。

3. 关键控制点及相应的控制方法

（1）CCP1：原辅料的采购及验收。

采购进来的原辅料可能有农药残留、重金属和有害的微生物等潜在的危害，尤其是微生物危害在酸奶生产中尤为突出。若不加控制，那么不符合国家和企业卫生标准的原料就可能进厂，而且不同批次的原料奶的细菌数量差别很大。有的批次所含细菌量大大超标，致使杀菌后的残留量也很多，从而影响了成品的质量，因此确定为关键控制点。

控制方法：选用新鲜、品质好的牛乳；控制原料乳中细菌低于 10^4 个/mL，不含抗菌素和消毒药；不选用贮存时间长的牛乳，因为长时间贮存会使杂菌数升高，患乳房炎的牛生产的乳不适于制作酸奶，因其在治疗使用的抗菌素会抑制发酵菌种的繁殖，导致发酵失败；加强卫生宣传和管理，保持牛体、乳房、空气、挤奶工具、挤奶员的清洁卫生。

（2）CCP2：发酵剂的品质直接影响酸奶的质量。如果发酵剂污染了细菌，将使酸奶凝固不结实，乳清析出过多，并有气泡和异味出现，所以此处为关键控制点。而白糖只要符合《绵白糖国家标准》（GB 1445—2000）即可，所以不是CCP。

控制方法：若为混合菌种，应保持保加利亚乳杆菌与嗜热链球菌在数量上保持相对的平衡（即1∶1的比例），添加量为3%。不用时应低温（4℃）保存；一旦发现发酵剂污染了杂菌，应立即停止使用，对菌种进行分离纯化，提高其纯度，纯化后的菌种镜检无杂菌后，方可使用。接种时，要严格按照无菌操作的要求进行，最好在无菌室内制作发酵剂，以减少空气中杂菌污染。接种室内要定时使用紫外线杀菌。

（3）CCP3：在工艺过程中由于工作人员的疏忽或者由于工艺卫生的差别会严重影响酸奶的质量。此处为CCP。

控制方法：要保证杀菌时间和温度，选择最佳方式，既要保证牛奶的营养价值和风味，又要彻底杀菌；要定期对操作人员进行体检，防止病菌带入；进入车间以前将手洗净消毒，必须穿戴干净的工作服和工作帽。对生产车间进行定期消毒，可采用紫外线或化学喷雾剂等消毒。

（4）CCP4：原料乳如果杀菌不彻底，会残留一定数量的微生物，尤其是耐热菌能耐过巴氏杀菌而继续存活，而以后的工序中不再有杀菌工序，所以要严格按巴氏杀菌的规程操作，保证对原料乳杀菌彻底。因此，此处是CCP。

控制方法：根据温度计、温度表严格操作。在杀菌关键控制点中，杀菌温度一般采用90～95℃，10～15 min或100～110℃，4～10 s，若微生物、致病菌数量偏高，可提高温度、延长时间。

（5）CCP5：由于生产设备的清洗程度的不同会对成品产生极坏的影响。所以此处为CCP。

控制方法：关键是清洗。奶罐使用后应用清水洗净，不得残留奶垢及其他污染物。生产设备及管道采用CIP清洗，这就要求车间必须有良好的CIP系统，同时对CIP化学剂的浓度和CIP周期中的温度进行监测。对发酵罐的消毒应在刚刚将牛乳注入罐中之前进行，随后不应再有冲洗。在CIP后用肉眼检查所有的加工设备，必须确保所有的工艺流程中的死角都被清洗干净。

（6）CCP6：在生产车间由于环境的影响会造成大量细菌和真菌的生长。对成品造成危害，所以此处为CCP。

控制方法：对酸奶车间进行定期消毒，如采用紫外线或化学喷雾剂等消毒，或采用过滤器对空气进行过滤除菌；选用高效防霉涂料粉刷墙壁；地面应保持清洁、干爽；定期有效的消毒加工设备。

二、HACCP 在酱鸭生产中的应用

1. 生产工艺流程

原料鸭选择 → 宰杀 → 浸泡、清洗 → 腌制 → 酱制（卤煮）→ 冷却、真空包装 → 杀菌 → 冷却、成品

2. 危害因素分析

（1）原辅料及包装材料。原料鸭体内可能残留了大量的药物、激素，也可能含有大量的病原菌及其他有害微生物；腌制及酱制时所用的辅料也可能引起微生物污染；包装材料可能会含有一些致病菌和有害的化学物质，这些都会对成品造成一定的危害。

（2）环境、器具及生产人员的卫生状况。原料鸭宰杀、清洗、腌制等预处理环境和酱制、冷却、真空包装等熟加工环境，如不按规定清洗、消毒，易造成微生物繁殖；生产人员如带病工作或不注意其卫生也会造成微生物污染。

（3）不合理的工艺。工艺设计的不合理，如浸泡时温度过高，时间过长；杀菌不彻底；包装时戳穿真空包装袋都会引起微生物大量繁殖从而造成危害。

3. 确定关键控制点

在资料查询、实验及生产实践的基础上，对酱鸭生产流程进行分析，确定了原料鸭及其他辅料的选择、腌制、杀菌及冷却检验这4道工序为关键控制点（表6-5）。

4. 建立关键限值（CL）

根据国家标准及 A 级绿色食品的相关要求，对各个关键控制点设立了相应的关键限值，具体内容见表6-6。

5. 关键控制点监控

对关键控制点尽可能采取连续监控（如杀菌工序），当不可能连续监控时，应尽量缩短监控时间间隔。对原料鸭的监控必须提供快速、及时的结果，建议采用快速的检验方法。

6. 纠偏措施

一旦关键限值发生偏离，必须采取纠偏行动，具体内容见表6-6。

7. 记录保存

对各关键控制点监控要如实记录，并保存原始资料。

8. 审核措施

实施 HACCP 计划后，要经常进行审核。

表 6-5　酱鸭生产危害分析表

原辅料或生产工序	潜在危害	对潜在危害的判定依据	预防措施	是否为关键控制点
原料鸭及其他辅料的选择	生物的：鸭体所带致病菌 化学的：药物残留、食品添加剂 物理的：无	原料鸭可能带致病菌，鸭体生长过程中防病、治病可能违规用药，可能违规使用食品添加剂	要求供货方提供鸭的产地检疫合格证，车辆消毒证，并由兽医检疫员检验该批鸭实验室检查药物残留情况；按 GB2760 使用食品添加剂	是
宰杀	生物的：屠宰环境微生物污染 化学的：无 物理的：鸭体表面污物残留	屠宰环境的细菌和污物残留危害人体健康	宰杀环境要卫生，要定期消毒	否
浸泡、清洗	生物的：微生物繁殖 化学的：无 物理的：无	浸泡时间过长，会引起微生物大量繁殖	控制浸泡、清洗时间	否
腌制	生物的：微生物繁殖 化学的：无 物理的：无	腌制温度过高，时间过长，会引起微生物繁殖	控制腌制温度和时间	是
酱制（卤煮）	生物的：无 化学的：调味品中有害物质 物理的：无	调味品中的有毒有害物质的含量会影响到酱鸭的安全性	使用合格的调味品，应抽查并经化验室检验，不合格的坚决不使用	否
冷却、真空包装	生物的：无 化学的：无 物理的：真空度低、封口不严、破袋	真空度较低或漏气，会使微生物繁殖加快	检查真空封口情况，不合格的需重新包装，检查并挑出破袋	否
杀菌	生物的：有害微生物残留 化学的：无 物理的：无	杀菌不彻底，会有微生物残留	控制杀菌温度和时间	是
冷却、检验	生物的：无 化学的：无 物理的：涨袋	对杀菌不彻底的，会有微生物繁殖，如不能检出，将危害人体健康	挑出涨袋的包装	是

表 6-6 HACCP 计划表

公司名称：江苏××食品厂　　　产品说明：酱鸭

公司地址：泰州市××路×号　　　贮藏及分销方式：常温贮藏，超市、订单销售

管理员签名：＿＿＿＿＿＿＿　　　日期：＿＿＿＿＿＿＿

关键控制点	重要危害	关键限值	监控				纠偏措施	档案记录	审核措施
			内容	方法	频率	监控者			
原料鸭及其他辅料	病原菌及药物残留	原料鸭检疫标准；相关标准辅料	病原菌及药物残留检测结果	检查检疫合格证及产品合格证	每天进货时	原辅料检验人员	不合格者拒收	原辅料验收记录	审核记录
腌制	细菌污染	腌制温度5～10℃	测量温度，控制时间	用温度计测量鸭体中心温度	每小时测定一次	腌制操作人员	调整温度	腌制记录	审核记录
杀菌	细菌残留	121℃ 30min	杀菌过程	监控杀菌锅温度	杀菌全过程	杀菌操作人员	控制杀菌锅进汽量	杀菌记录	审核记录
冷却检验	涨袋	包装完好无破损		挑选	每批	成品检验员	挑出作为不合格产品处理	检验记录	审核记录、抽检

三、HACCP 在速冻蔬菜生产中的应用

速冻蔬菜是将新鲜蔬菜经过加工处理后，利用低的温度使之快速冻结并贮藏在−18℃中或以下，达到长期贮存的目的。它比其他加工方法更能保持新鲜蔬菜原有的色泽、风味和营养价值，是现代先进的加工方法。

1. 生产工艺流程

原料选择──→分筐──→整理（清洗、挑选、整理、切分）──→半成品验收──→去毛发──→两道漂洗──→杀青──→两道冷却──→沥水──→结冻──→假包装、冷藏──→换包装挑选──→内包装──→金检──→外包装──→冷藏

2．危害因素分析

（1）原料验收。由于速冻蔬菜所用的原料都来自田间新鲜蔬菜，这些蔬菜可能含有一些致病菌，如大肠杆菌、沙门氏菌、志贺氏菌、金黄色葡萄球菌、蜡样芽孢杆菌和单核细胞增生李斯特氏菌等，还可能含有寄生虫。另外在蔬菜的生长过程中可能还会有农药残留，会存在环境中的化学污染物，还可能有金属杂质混入。

（2）杀青。杀青是通过一定的温度来钝化蔬菜中的酶活性，防止蔬菜变色，但是对于那些即食的速冻蔬菜，杀青还必须起到杀死或降低致病菌的目的。假如杀青的时间和温度控制不当，会导致致病菌残活。

（3）金检。金检的主要目的是检测出在田间或加工过程中混入的金属块。如果金属探测仪控制不当可能造成金属杂质混入产品。

（4）生产卫生状况。生产过程中用的水源一定要符合卫生标准，要防止交叉污染的发生。从业人员要有良好的个人卫生习惯，防鼠、虫、蝇的设施要完善。如果生产的卫生状况达不到上述要求，可能会对最终的产品造成安全危害。

3．关键控制点及相应的控制方法

（1）CCP1：原料验收。

原料的质量是决定速冻蔬菜质量的重要因素，而原料中的农药残留是一个显著危害，需要重点控制。通常可以通过建立自己的种植基地的方法来控制农药使用的数量和频率，也可以通过配备先进的农药残留检测设备，并加大抽检量和频率的方法来加以控制。

（2）CCP2：杀青。

杀青主要目的是让天然酶失活，让蔬菜保持其特有的颜色。但是对一些即食型的蔬菜，杀青也是杀死其中致病菌的关键因素。

由于蔬菜的大小、形状、加热传导性和天然酶的含量不同，所以通常杀青温度和时间靠经验的积累，进而设定关键限值来加以控制。但是要注意定时对杀青机上的表盘温度计进行校准。

（3）CCP3：金检。

金属探测器是利用电磁诱导方式检出金属的精密仪器，它的感度受许多因素的影响，如：金属的种类、金属的形状、产品的特性、通道的大小以及通道内金属通过通道的位置等；此外，对于放置的环境也有要求，如：接近磁场的地方、直接受阳光照射或受热源直接影响的地方、温度低于 0℃或高于 40℃或湿度较大（85%或以上）或者周边有相同探测频率的金属检测器在使用中等都会对仪器的感度造成影响。因此，对于现场操作人员，要求要熟知仪器的性能和使用方法，针对不同的产品和不同的包装，将仪器调节到最佳感度状态。

复习思考题

1. HACCP 系统是怎么产生与发展的？
2. 简述 HACCP 的 7 个原理。
3. 草拟一份你所熟知食品加工的 HACCP 计划表。

参考文献

[1] 陈宗道，刘金福，陈绍军. 食品质量管理. 北京：中国农业出版社，2003.

[2] P.A.Luning, W.J.Marcelis, W.M.F.Jongen.Food quality management. 北京：中国农业大学出版社，2005.

[3] 曾庆孝，许喜林. 食品生产的危害分析与关键控制点（HACCP）原理与应用. 广州：华南理工大学出版社，2001.

[4] 中国进出口商品检验总公司. 食品生产企业 HACCP 体系实施指南. 北京：中国农业科学技术出版社，2002.

[5] 乔淑清，张建军，刘志广. HACCP 在酸奶加工工艺中的应用. 食品科学，2004.

[6] 周国军. HACCP 在酸奶生产中的应用. 乳品加工，2004.

[7] 王电，等. HACCP 在搅拌型风味酸牛乳生产中的应用. 中国乳品工业，2003.

[8] 李志方，曹斌，张焕新. HACCP 在酱鸭生产中的应用研究.中国家禽，2004.

[9] 张春芳，朱祥荣，周福根. HACCP 在速冻蔬菜生产中的应用. 江苏卫生保健，2005，7.

[10] 马艳. HACCP 与出口速冻蔬菜安全生产. 食品科技，2003.

第七章　食品安全管理体系

【知识目标】
- 掌握食品安全管理体系建立与实施的流程
- 掌握食品质量管理体系与食品安全管理体系的区别与联系

【能力目标】
- 能分析出食品中安全危害；针对具体的危害选择合适的控制措施
- 能够为某一食品企业编制食品安全管理体系文件

第一节　概　述

食品安全不仅直接威胁到消费者的健康，影响其消费信心，而且还直接或间接影响食品生产、制造、运输和销售组织或其他相关组织的商誉，甚至还会影响食品主管机构或政府的公信度。因此，对所有从事食品生产、加工、储运或供应食品的组织而言，食品安全的要求是首要的。由于在食品链的任何环节都可能引入食品安全危害，且食品本身的加工过程十分复杂，所以导致影响食品安全的因素繁多。因而，必须通过食品链上的所有参与者共同努力，并在食品链上建立有效的沟通，才可能充分地预防和控制食品安全危害。

一、ISO 22000 标准产生的背景

随着经济全球化的快速发展，国际食品贸易的数额也在急剧增加。对食品来说，各国政府所关心的最重要的问题是：从他国进口的食品对消费者健康是否安全，因此为了保护本国消费者的安全，各食品进口国纷纷制定强制性的法律、法规或标准来消除或降低这种威胁，但是，各国的法规特别是标准繁多且不统一，使食品生产加工企业难以应付，妨碍了食品国际贸易的顺利进行。为了满足各方面的要求，在丹麦标准协会的倡导

下，2001 年，国际标准化组织（ISO）计划开发一个适合审核的食品安全管理体系标准，即《ISO 22000——食品安全管理体系要求》，简称 ISO 22000 国际标准。

二、企业实施 ISO 22000 标准的意义

ISO 22000 标准是一个自愿性的标准，但由于该标准是对各国现行的食品安全管理标准和法规的整合，是一个统一的国际标准，因此，该标准被越来越多的政府和食品供应链上的企业所接受和采用。从目前情况看，企业采用 ISO 22000 标准可以获得如下诸多好处：

（1）可以有效地识别和控制危害。识别食品生产过程中可能发生的环节并采取适当的控制措施防止危害的发生。通过对加工过程的每一步进行监视和控制，从而降低危害发生的概率。

（2）可以有效地降低成本。传统的质量控制往往注重于最终产品的检验，而这不能达到消除食源性危害的目的，HACCP 是一种控制危害的预防性体系，是一种用于保护食品防止生物、化学、物理危害的管理工具。

（3）可以提高消费者的信任度。有助于提高食品企业在国际市场上的竞争力，促进贸易发展。

三、ISO 22000 标准的适用范围

本标准适用于食品链中各种规模和复杂程度的所有组织，包括直接或间接涉及食品链中的一个或多个环节的组织。

直接涉及的组织：①饲料生产者、收获者；②农作物种植者；③辅料生产者、食品生产者、零售商；④餐饮服务与经营者；⑤提供清洁和消毒、运输、贮存和销售服务者。

间接涉及的组织包括设备、清洁剂、包装材料以及其他与食品接触的材料的供方。

第二节　食品安全管理体系的基本术语

食品安全：按照预期用途进行制备、食用的食品，不会对消费者造成伤害。

食品链：从初级生产直至消费的各环节和操作的顺序，涉及食品及其辅料的生产、加工、分销、贮存和处理。

食品安全危害：食品中所含有的对健康有潜在不良影响的生物、化学或物理的因素或食品存在状况。

食品安全方针：由组织的最高管理者正式发布的该组织总的食品安全宗旨和方向。

控制措施：能够用于防止或消除食品安全危害或将其降低到可接受水平的行动或活动。

显著危害：如不加以控制，将极有可能发生并引起疾病或伤害的潜在危害。

前提方案：在整个食品链中为保持卫生环境所必需的基本条件和活动，以适合生产、处理和提供安全终产品和人类消费的安全食品。

操作性前提方案：为减少食品安全危害在产品或产品加工环境中引入和（或）污染或扩散的可能性，通过危害分析确定基本的前提方案。

关键控制点：能够进行控制，并且该控制对防止、消除食品安全危害或将其降低到可接受水平所必需的某一步骤。

关键限值：区分可接收和不可接收的判定值。

纠正：为消除已发现的不合格所采取的措施。

纠正措施：为消除已发现的不合格或其他不期望情况的原因所采取的措施。

确认：获取证据以证实由 HACCP 计划和操作性前提方案安排的控制措施有效。

验证：通过提供客观证据对规定要求已得到满足的认定。

更新：为确保应用最新信息而进行的即时和（或）有计划的活动。

第三节　食品安全管理体系的要求

一、总要求

组织在建立（形成文件）、实施、保持、更新食品安全管理体系时应首先确定其食品安全管理体系的范围，包含哪些产品或产品类别、这些产品采用哪些生产过程、涉及哪些生产场地；组织将在考虑产品特性、产品预期用途、流程图、加工步骤和控制措施的基础上进行危害识别及评价。

在建立、实施和保持食品安全管理体系时，组织应：

（1）识别和评价合理预期的、可能发生的食品安全危害，对这些危害进行控制，并且在控制过程中不能以任何方式伤害消费者。

（2）加强在组织内部及整个食品链中的沟通，沟通将有助于组织增强理解、协调行动、员工充分参与，以改进业绩；沟通的有效性将直接影响食品安全。

（3）对已建立的食品安全管理体系，应定期对食品安全危害进行评价，需要时进行更新，必要时可调整评价方法；当体系发生重大变更时，应调整评价的频次。

组织应识别在食品安全管理体系中有哪些产品和过程来源于组织外部，应对这些产品和过程进行控制。控制措施应考虑管理体系对食品安全的影响程度，并形成文件。

对于小型经营者可从源于外部的某些过程获益，如当基础设施无法满足需要时，可通过采用源于外部提供的过程或产品，在使用前应予以确认。

二、文件和记录要求

组织应规定为建立、实施、保持和更新食品安全管理体系所需的文件（包括相关记录），以便在组织内沟通、统一行动，证实组织体系运行情况的符合性，以及在组织内共享信息；因此，文件的制订本身不是目的，它是为组织带来增值效应的一项活动。

不同组织，食品安全管理体系形成文件的多少与详略程度不同，这主要取决于：组织的规模和活动类型；过程及其相互作用的复杂程度；人员的能力。

食品安全管理体系文件包括：食品安全方针和目标；程序和记录；组织为确保食品安全管理体系有效建立、实施和更新所需的文件。

在本标准中，要求形成文件的程序共有 9 个，分别是：

（1）文件控制。

（2）记录控制。

（3）应急准备和响应。

（4）关键控制点的监控系统。

（5）监视结果超出关键限值时采取的措施。

（6）纠正。

（7）纠正措施。

（8）撤回。

（9）内部审核。

除上述要求形成文件的程序外，还有一些地方要求形成文件，如食品安全方针和目标，操作性前提方案，HACCP 计划，原料、辅料及产品接触材料的信息，终产品特性，危害分析，关键限值选定的合理性证据，潜在不安全产品的处置、监视和测量的控制等。

本准则要求的 22 条记录的控制应不同于对文件的控制，应编制形成文件的程序，并包括记录的纠正、标识、贮存、保护、检索、保存期限和处置等内容。其中记录的保存期应考虑法律法规要求、顾客要求和产品的保存期。

本准则要求的 22 条记录有：

（1）涉及文件管理方面的记录。

（2）指定人员、明确职责的记录。

（3）外部沟通的记录。

（4）管理评审的记录。

（5）培训记录。

（6）前提方案验证和更改的记录。

（7）证明食品安全小组成员具备所要求的知识和经验的记录。

（8）绘制流程图，并经食品安全小组验证的记录。

（9）进行危害分析，确定危害可接受水平的证据和结果的记录。

（10）食品安全危害评估结果的记录。

（11）控制措施选择和评价结果的记录。

（12）监视的记录。

（13）超过关键限值时所采取的措施记录。

（14）验证的记录。

（15）可追溯性记录。

（16）对不符合操作性前提方案的产品进行评价的记录。

（17）纠正措施。

（18）撤回的原因、范围和结果。

（19）校准和检定记录，当测量设备失效时，对以往测量结果有效性的评价和相应措施。

（20）内审的相关记录。

（21）验证活动分析的结果和由此产品的活动。

（22）食品安全管理体系的更新活动。

第四节　管理职责

一、管理承诺

最高管理者是指在最高层指挥和控制组织的一个人或一组人。最高管理者的领导作用、承诺和积极参与，对实施有效的食品安全管理体系是必不可少的。

承诺内容：建立和实施食品安全管理体系。

承诺方式：组织的经营目标或发展战略，不限于从文字上表达食品安全的要求，但其实质内容应支持食品安全，以有助于组织最终实现食品安全的宗旨。

最高管理者对建立和实施食品安全管理体系进行承诺的证据可以是：

（1）正式签署的文件，如管理承诺或经营目标等。

（2）体系运行记录，如与食品安全管理体系建立与实施有关的会议及培训课程的签到记录、票据和计划、内部审核记录、管理评审记录、资源提供记录等。

（3）通过与最高管理者交谈，了解其履行承诺的情况，交谈的内容可包括：对制定与宣传食品安全方针的参与程度；对本组织的食品安全管理体系如何运行是否有一个基本的理解；是否了解本组织食品安全管理体系的目前状态，包括其优势和劣势以及在哪些方面反复出现食品安全问题；对与食品安全有关的信息及时采取措施的情况，如对投诉、抱怨的处理；与食品安全管理体系建立与实施有关的其他问题。

二、食品安全方针

食品安全方针是由组织的最高管理者正式发布的该组织总的食品安全宗旨和方向，它应是其总方针的组成部分，并与其保持一致。

比如，某食品厂的食品安全方针为：给消费者提供安全的产品。其目的是通过从原材料购入到生产、加工等各个过程的控制，将安全的产品提供给消费者。

制定的食品安全方针应形成文件，并应满足下列要求：

（1）与组织相适宜。应识别组织在食品链中的作用与地位，还宜考虑组织的产品、性质、规模等，确保食品安全方针与组织的特点相适应。

（2）符合相关的食品安全法律法规要求及与顾客商定的食品安全要求，例如，组织可根据政府的食品安全目标制定自己的食品安全方针。

（3）方针宜使用容易理解的语言来表达，在组织的各层次进行沟通，确保员工均能了解方针与其活动的关联性，以便有效地实施并保持方针；同时，应对方针的适宜性进行评审，根据组织的实际情况以及持续改进的要求进行修订。

（4）沟通的安排。本准则在制订食品安全体系要求时融入了相互沟通的原则，在整个食品链中以及在组织内部的沟通对食品安全，特别是对识别、确定、控制食品安全危害起着至关重要的作用。为确保沟通的有效进行，应在方针中阐述沟通。

制定的食品安全目标应符合下列要求：

（1）可定量或定性地测量。

（2）支持食品安全方针。应注意目标与方针之间的关联性，并保持一致；通过目标实现方针。目标除可以直接体现食品安全的要求外，还可以是与食品安全相关的质量和环境等方面的内容，但以支持食品安全方针为宗旨。

为了实现目标，组织应当规定相应的职责和权限、时间安排、具体方法，并配备适当的资源。

三、食品安全管理体系策划

为了实现食品安全方针与目标，最高管理者应对组织的食品安全管理体系进行策划。

策划活动应规定必要的运行过程和相关资源包括符合法规要求的基础设施，并能实现目标要求，策划的结果应满足食品安全管理体系的总要求。

组织应有一套策划的机制，当食品安全管理体系（如产品、工艺、生产设备、人员等）发生变更时，确保该变化不会给食品安全带来负面影响，并且确保体系的完整性和持续性。

四、职责和权限

明确员工的职责和权限，是食品安全管理体系运行的保障，为确保食品安全管理体系有效运行和保持，最高管理者应确定组织机构，规定各部门和各岗位人员的职责和权限，这对于指导和控制组织内与食品安全有关活动的协调，确保食品安全的实现是非常重要的。

职责和权限的内容应进行相互沟通，员工只有了解了自己在组织中的职责和权限，才能够有效实施，才能为实现食品安全做出相应的贡献。

所有员工有责任向指定人员汇报与食品安全管理体系有关的问题，但应当明确发生问题时应向谁报告。在接到上述汇报后，负责处理问题的人员应在规定的职责和权限内采取适当措施，并记录结果。职责、权限和沟通方式确定得合适与否，以能否促进食品安全活动的协调性与有效性为依据。

五、食品安全小组组长

食品安全小组组长由组织的最高管理者任命，主要负责以下工作：

（1）组织和管理食品安全小组的日常工作。

（2）对建立、实施、保持和更新食品安全管理体系进行管理。

（3）向最高管理者报告体系运行情况，并将此作为体系改进的基础。

（4）为食品安全小组成员安排相关的培训和教育，使其了解组织的产品、过程、设备和食品安全危害，以及与体系相关的管理要求。

（5）外部联络。

食品安全组长应是该组织的成员。组长至少应具备食品安全的基本知识，不必要求其必须具备专家水平，但小组中其他成员应能够提供相应的专家意见；食品安全小组长在具备必需的食品安全知识并得到授权时，可负责与外部沟通食品安全管理体系相关事宜。

六、沟通

（一）外部沟通

外部沟通的对象有：供方与分包商、顾客、食品主管部门等。

1. 供方与分包商

沿食品链的相互沟通，应确保充分的知识分享，以能有效地进行危害识别、评定和控制。控制应在必要和可行时的所有环节中实施。例如，组织与供方和合同方的有效沟通，使供方与合同方共同关注有关食品安全方面的问题，有利于其提供的产品或服务更好地满足组织的要求。

2. 顾客

与顾客的互动沟通的宗旨是提供给顾客其所要求的食品安全水平的产品或服务。如在标签上标明过敏源，有助于食品安全危害的识别与控制，如在标签上标明贮存温度、贮存条件等。组织应满足双方达成一致的、与食品安全有关的顾客要求。但在双方达成一致前，顾客要求应当服从于危害分析，以证实其可行性、需求和对终产品危害水平的影响。

3. 食品主管部门

与食品主管部门间的沟通旨在为确定食品安全水平以及提供组织有能力达到该水平的信息。主要是指相应法律法规的要求。

组织应指定专门人员与外部进行有关食品安全的沟通，这样有利于信息的收集、传递和处置，同时有利于组织食品安全危害的识别与控制，沟通获得的信息应作为体系更新和管理评审的输入之一。

（二）内部沟通

内部沟通的目的是确保组织内进行的各种运作和程序都能获得充分的相关信息和数据，不同部门和层次的人员包括上至最高管理者下至车间工人，应通过适当的方法及时沟通，以保证信息的正确传递，有助于提高组织效率，同时有利于组织的食品安全危害的识别与控制，并作为体系更新和管理评审的输入。

沟通可采取不同的形式，例如，采取会议、传真、内部刊物、备忘录、电子邮件、纪要、口头或非口头的形式。

内部沟通的内容可包括新产品的开发和投放、原料和辅料、生产系统和设备、生产场所、设备位置、周围环境、清洁和卫生计划、顾客、人员资格水平和职责的预期变化，应特别关注新的法律法规要求、突发或新的食品安全危害及其处理方法的新知识。

七、应急准备和响应

组织应建立和保持相应的程序，以识别潜在事故、紧急情况，并对其做出响应。必要时，尤其在发生事故或紧急情况之后，应评审和修改相应的应急准备和响应程序。潜在紧急情况和事故的实例包括火灾、洪水、生物恐怖主义、阴谋破坏、能源故障、环境的突然污染、出现新的危害等。组织也可能处理"商业"风险或消费者关注的问题，或基于食品危害不科学的媒体宣传。

对潜在紧急情况和事故处理通过包括：

（1）首先应确定可能的紧急情况和事故，针对这类情况，应采取必要的事前预防措施。

（2）规定紧急情况和事故发生时的应急办法，并预防或减少由此产生的不利影响。紧急情况和事故多为突发性，后果难以估计。与正常情况相比，它所造成的可能的食品安全危害往往更为集中，更为严重。

（3）一旦发生紧急情况和事故，应根据制定的程序做出响应。事后在分析其发生的原因，并对应急程序进行评审，必要时进行修订。

（4）在条件可行时，对制定的应急程序进行演练，以判断和证实现有应急程序的有效性。

（5）对潜在紧急情况和事故进行管理的数据应作为管理评审的输入。

八、管理评审

管理评审是最高管理者的重要职责，是对食品安全管理体系的适应性、充分性、有效性按策划的时间间隔进行的系统的、正式的评价，通常由最高管理者、部门负责人及相关人员参加。

评审的频次可按组织策划的要求，体系变化的需求等来确定，一般一年一次。当组织连续出现重大食品安全事故，或被顾客投诉，或质疑体系的有效性时，也应考虑及时进行管理评审。管理评审的记录应妥善保存。

（一）评审输入

管理评审是对组织运行是否满足所制定的食品安全目标的整体评定，图 7-1 显示 ISO 22000 是如何将管理评审与其他评价、评定和评审联系起来的。

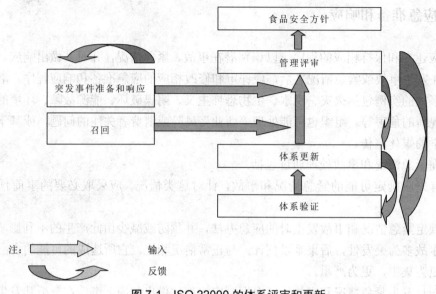

图 7-1　ISO 22000 的体系评审和更新

在上述各项管理评审输入中，体系验证活动的结果（包括内部审核的结果）应作为体系更新的输入，以识别食品安全管理体系改进或更新的需要；而体系更新活动的结果，应与突发事件准备、响应和召回作为管理评审的输入。

（二）评审输出

评审输出是管理评审活动的结果，管理评审输出应包括以下方面的信息：

（1）食品安全管理体系有效性的改进：对体系进行更新，包括危害分析、操作性前提方案和 HACCP 计划等内容，确保该体系体现必须控制的食品安全危害的最新信息。

（2）食品安全保证：确保满足本准则的总要求。

（3）资源需求：考虑资源的适宜性和充分性。

（4）食品安全方针和目标的修订：依据管理评审的结果，对食品安全方针和目标进行评审，以适应食品安全管理体系现状和变化的要求。

组织应根据输出的结果制定相关的决定和措施，予以实施，形成持续改进。

第五节　资源管理

一、资源提供

资源是建立食品安全管理体系，实现食品安全方针和目标的必要条件。组织应根据自身的性质、规模、方针、产品特性和相关方的要求，确定组织在建立、实施、保持和更新食品安全管理体系的不同阶段所需资源，以达到生产安全食品和满足相关方要求的目的。

在遵纪守法的基础上，最高管理者可以根据组织的方针、规模、性质、产品特性和相关方的要求，在确保生产安全产品的情况下，协调资源，确保资源的合理搭配，改进资源的分配状况，提高资源的利用效率。资源可包括：人员、信息、基础设施、工作环境，甚至文化环境等。

二、人力资源

组织中任何人员，如果其活动可能影响食品安全，那么就应具备必要的能力，以便胜任其所从事的工作，确保其活动不会对生产的产品造成任何不良的健康风险。

对其能力的评价可基于其受教育程度、接受的培训、具备的专业技能和从业经验来做出初步的判断。对其能力的要求可以是身体健康方面的，如没有传染病；也可以是学历和专业方面的，如食品加工专业本科以上学历；还可以是技能、经验和培训的要求，如杀菌工的要求可以是高中以上学历、从事罐头杀菌工作3年以上，熟练掌握杀菌规程，具备国家颁发的职业证书。对于不具备的能力，可以通过继续教育和培训来弥补：如食品安全小组人员组成时，需要考虑多专业的互补性外，对于小组中人员缺乏食品安全管理体系准则知识的，就需要通过有能力人员对其培训，使之具备与其预期目的相适宜的能力。

当组织在建立、实施或运行食品安全管理体系时，由于人员在某些方面能力的欠缺或某种特定专业知识的缺乏或食品安全管理体系的需要，而难以满足本准则的要求，组织可以通过聘请外部专家的方式满足组织的需求，但应以协议或合同的方式对专家的职责和权限做出规定，并将此协议或合同作为记录保存。

三、基础设施

基础设施是组织实现安全产品的物质保证。组织需要提供适宜的基础设施，并对基础设施进行维护，使之持续符合食品安全管理体系的要求。

组织为实现这一目标，应根据所生产产品的性质和相关方的要求，参考国际（法典）、国内相关的食品卫生规范和食品链中其他环节的要求，提供基础设施。基础设施可以包括，但不限于建筑物和设施的布局、设计和建设；空气、水、能源和其他基础条件的提供；设备，包括其预防性维护、卫生设计和每个单元维护和清洁的可实现性，包括废弃物和排水处理的支持性服务。

基础设施因组织的产品特性而异。如对于罐头生产组织，其在基础设施的策划中应遵守《罐头厂卫生规范》（GB 8950—88），而肉类加工组织，则应遵守《肉类加工厂卫生规范》（GB 12694—90）的要求策划其基础设施。

为确保基础设施持续满足食品安全管理体系的要求，食品安全小组的构成应当包括组织中主要负责基础设施的有经验的技术人员，或者与组织中这些人员建立密切联系。日常基础设施会议应当将食品安全列入议程中，或保持对基础设施的常规检查，以识别其中的不符合。

四、工作环境

工作环境是指工作时所处的一组条件。组织应根据产品及形成的特征确定并管理工作环境，以达到产品符合食品安全要求。

工作环境可以是物理的，如厂区或建筑物内，还可能包括周边及外部区域情况，如加工车间内员工的人均面积应不低于 1.5 m^2，重要运输线路、厂区的道路硬化或绿化的要求、控制生产环境或周围环境中害虫出没和人员健康及宗教信仰的要求等。同时，这种条件也可以是社会的，如员工福利和动物福利的要求；也可以是环境的因素，如肉排酸库对环境温度、湿度和四分体距离的要求，水产品加工车间对空气细菌的要求和面粉加工厂对粉尘排放的要求等；而卫生环境则是食品生产工作环境所必不可少的。

第六节 安全产品的策划和实现

组织在安全产品的实现过程中，应了解所需要的过程，并对这些过程进行策划和开发。为达到生产安全产品的目的，组织应对策划的活动有效地开发，按照活动的预期目的和要求进行实施，并对其策划和实施过程进行监视。同时，对控制措施的过程进行实施、确认或验证和更新的循环。

当这些过程一旦失效或不符合时，需要采取适宜的措施来弥补和预防，包括不符合的纠正和纠正措施、突发事件准备和响应、潜在不安全产品的控制和交付后的召回等过程。

为确保策划、建立和实施的过程的可靠性，需对这些过程进行必要的验证，需要时，对控制措施能否达到预期要求进行确认，因此，组织应对验证和控制措施组合实效性的确认进行策划。

根据控制措施的性质及其监视、验证或确认的可行性，分别通过操作性前提方案和（或）HACCP 计划来管理。

一、前提方案

前提方案是针对组织运行的性质和规模而制定的程序或指导书，用以改善和保持运行条件，从而更有效地控制食品安全危害。因此，组织首先应该确定设计其前提方案的适用法规、指南、相关准则和相关方要求等，根据这些要求结合组织的产品性质制定相应的前提方案。

建立前提方案旨在确保预防、消除食品安全危害或将其降低到适宜水平。具体措施如下：

（1）控制食品安全危害通过工作环境进入产品的可能性。

由于食品安全危害的引入途径可能是外源的，也可能是来自产品本身的，因此，应控制食品安全危害的传播途径，防止其通过工作环境污染产品，以降低危害发生的可能性。如在屠宰企业加工厂入口处，为牲畜运输车辆设置消毒池，防止病原菌通过运输车辆的传播；在农作物种植地周围，设置防护林带，防止交通灰尘、汽车尾气中的铅等污染。

（2）控制产品的生物、化学和物理污染，包括产品之间的交叉污染。

控制传播途径可防止食品的安全危害，此外，还需对产品实现过程进行控制，以消除食品安全危害产生的条件和引入或增加的食品安全危害：如，通过在生产环境中，包括种植区域、运输环节、加工厂区、加工车间、流通环节和销售等环节，采取建造厂房、设置硬件布局、种植防护林带和控制环境温湿度等，以及标识和作业指导书等手段，控制产品生产环境对产品的污染，产品之间的交叉污染。如，将加工车间内分区，分为清洁区、一般清洁区和污染区，并通过标识限制不同区域人流和物流，以避免交叉污染；对不同产品的加工采取在不同生产车间，不同生产线或同一生产线不同生产时间，并实施卫生管理等手段，防止产品间的交叉污染。

（3）控制产品和产品加工环境的食品安全危害。

可以通过降低产品和产品生产环境中的食品安全危害水平来控制危害。如，土豆加工过程中，切除土豆的烂点或青皮处，消除龙葵素的危害；通过对水产品加工车间地面适宜的设计，确保排水通畅降低水活度，对空气采用臭氧消毒来降低空气中的微生物水平。

组织的前提方案应考虑组织食品安全方面的要求，前提方案的内容应得到食品安全小组的批准。前提方案表明了组织在食品链中应符合的行为规范，因此，组织可以根据其在食品链中的位置和作用，以及组织所生产产品的性质，来确定其应符合的行为规范。另外，组织在制定规范时，还应考虑相关方的要求。如，组织处于食品链的初级阶段，为蔬菜种植农场，就应按照良好农业规范（GAP）的要求制定其前提方案，并按照前提方案要求实施，同时，根据前提方案变化的要求而对其持续有效性和适宜性进行保持；而当组织为分割牛肉加工企业时，其应按照国家制定的有关《肉类企业加工规范》（该行业的良好操作规范（GMP））的要求制定其自己的程序或指导书；如该组织的产品输出欧洲，则还需参考欧盟相关法规的要求制定行为规范，比如，加工厂内不能存在木制或竹制的设备或器具等。前提方案需经过食品安全小组批准方可生效。

基础设施与维护方案用于阐述食品卫生的基本要求和良好操作规范、良好农业规范、良好卫生规范等；组织应根据其性质和对食品安全的要求，根据相应的食品法典和指南，建立符合食品安全要求的基础设施。基础设施和维护方案不必形成文件，可根据组织的需要而定。

二、实施危害分析的预备步骤

实施危害分析的预备步骤是为实施危害分析提供必要的准备，以确保危害分析的充分性。

（一）食品安全小组

为确保食品安全管理体系的策划、实施、保持和更新，组织应组建食品安全小组。

为确保危害分析的充分性、科学性和有效性，小组成员应具有多种专业和实施食品安全管理体系经验，以确保食品安全相关知识和经验的互补。这些经验和知识可以与食品安全管理体系所覆盖的产品、过程或设备相同，也可以借鉴与本组织不同的食品安全管理体系的经验和知识。食品安全小组组成形式可以考虑组织的规模和性质，在较大的公司，可以组成食品安全管理组并下设独立的分组管辖各产品组或车间。分组所管辖的产品组或车间的食品安全危害及其控制措施可能存在较大的差别，因此，组成分组的人员的知识和经验的要求就存在差异。且由于管理组和分组的职责存在不同，管理组注重于协调、组织、策划和验证食品安全管理体系，而分组则注重体系的实施和现场检查等执行方面的职责，因此，人员的要求也存在差异。对于小型或欠发达组织，其人员能力如不能满足要求时，可以通过外聘专家的形式来达到本准则的要求。

无论是知识还是经验，都是为确保食品安全管理体系策划、建立、实施和保持过程中人员能力满足需要的要求，因此，能够证明人员（包括外聘专家）能力的证据，如学历证明、从业经验证明、技术职称或技能登记证书，都要作为记录保存。

（二）产品特性

1．原料、辅料和与产品接触的材料

应以文件的形式对原料、辅料和与产品接触的材料的特性进行描述，以确保描述所提供的信息足以识别和评价其中的危害，所描述的内容包括：

（1）化学、生物和物理特性。

（2）配制辅料的组成，包括添加剂和加工助剂。

（3）产地。

（4）生产方法。

（5）交付方式，包装和贮存条件。

（6）使用或加工前的预处理。

（7）与采购原料和辅料预期用途相适应的食品安全接收准则或规范。

2．终产品特性

应以文件的形式对终产品的特性进行描述，以确保描述所提供的信息足以识别和评价其中的危害。所描述的内容包括：

（1）产品名称或类似标识。

（2）成分。

（3）与食品安全有关的化学、生物和物理特性。

（4）预期保质期和贮存条件。

（5）预期用途。

（6）包装。

（7）与食品安全有关的标识，和（或）处理、制备和使用说明书。

（8）分销方式。

组织在描述上述要求时，应识别与其有关的法规要求，添加剂的添加限量。同时，组织内与上述信息有关的文件要随着上述信息的变化而变化，使之持续有效。

（三）预期用途

在终产品的特性描述中，应将预期用途和合理预期的处理包括在内。预期用途和合理预期的处理可以通过与产品的使用者和消费者的沟通，包括合同、订单或口头方式，以及经验和市场调查所获得的信息来识别。可将预期用途和合理预期的处理作为标签加在产品包装上。可根据分销方式确定预期使用途径，如分割保鲜肉加工组织，其产品的预期用途

可以是在低温 7℃以下再分割后，在 7℃以下的冰箱内储存，充分加热后食用。必要时，还要考虑消费方式，如集体就餐时，采用共用餐具分餐。

同时，预期用途中还要考虑预期使用的人，特别是其中的易感人群，可以在标签中加以明示。比如本产品的预期消费者为普通大众，由于本产品中含有一定数量的糖，所以，糖尿病病人禁用。另外，可能发生产品的错误处理或误用，如消费者没有理解标签的内容或没有看清标签而想当然的处理或使用时，可以通过标签注明此类为措施处理或使用，以防止再发生类似的事情，如将产品的感官评价方法标在标签上，让消费者识别产品不安全的状态。

（四）流程图、过程步骤和控制措施

1. 流程图

组织应根据食品安全管理体系覆盖的范围，绘制出该体系范围内过程流程图，有助于识别通过其他预备步骤可能识别不出的、可能产生、引入危害和危害水平增加的情况。过程流程图为危害分析提供了分析的框架。有助于危害识别、危害评价和控制措施评价，除了绘制产品流程图外，还可绘制其他的图表或车间示意图或描述（如气流、人员流、设备流、物流等），以显示其他控制措施的相关位置及食品安全危害可能引入和重新分布的情况。

食品安全小组应通过现场比对以验证所绘制的流程图的准确性，并将验证无误的流程图作为记录保存。流程图也要随着工艺、基础设施及其变动而变化，并对这种变化予以保持。

2. 过程步骤和控制措施的描述

食品安全小组应组织相关人员对过程流程图中的步骤进行描述。其中各步骤所引入、增加或控制的每种危害及其控制措施都要求尽量详尽描述，以便所提供的信息能评价和确认控制措施应用强度的效果。描述应当包括相应过程参数（如温度、流程等）、应用强度（如时间、水平、浓度等）和加工差异性。

在危害分析之前已制订了 HACCP 计划和操作性前提方案的组织，在描述中应将已实施的控制措施包含在上述规范内。

三、危害分析

食品安全小组应是实施危害分析的主体，不仅要识别产品和过程中预期发生的食品安全危害，而且还要识别导致危害变化的需求，以确保危害分析结果的持续适宜和有效。这里的预期的食品安全危害可以是通过沟通获得的信息，也可以是预备步骤获得的信息，还要考虑验证的结果、确认的结果和体系更新的结果，以确保危害分析的充分性和可靠性。

（一）危害识别和可接受水平的确定

在危害分析过程中，食品安全小组应首先识别产品本身、生产过程和实际生产设施涉及的合理预期发生的食品安全危害。其中可能产生两个危害清单：一是由危害识别产生的"初步"清单，列出了在产品类型（如家禽、奶、鱼）、过程类型（如挤奶、屠宰、发酵、烘干、贮藏、运输等）和生产设施类型（如封闭/开放的电路、干燥/潮湿的环境等）潜在可能发生的危害。二是由危害评定产生的"执行"清单，通过评定初步识别的危害得出，列出了需由组织加以控制的危害。

危害识别可基于如下信息进行确定：

（1）根据危害分析预备步骤中获得的信息，包括原料、辅料、食品接触材料本身食品安全危害及其控制措施，生产过程引入、增加和控制的食品安全危害，以及对组织控制范围外的食品安全危害的控制措施。

（2）通过本组织的经验和外部信息，如通过获取本组织所生产产品的危害发生状况和历史数据，包括查询主管部门、同行业、本组织历史记录、食品链上下游与本产品相关的食品安全危害和相关文献获得识别食品安全危害的信息。

（3）对潜在的食品安全危害，在描述该危害时，应明确具体的种类，如在包装前识别到的生物危害，应明确是哪类生物种类，例如大肠埃希氏菌再污染，或物理危害，如玻璃碎片或化学危害，例如铅，汞或其他的化学品，如杀虫剂。

可接受水平指的是为保证食品安全，在组织的终产品进入食品链下一环节时，某特定危害所需要达到的水平。它常指下一环节是实际消费时，食品用于直接消费的可接受水平。终产品的可接受水平应通过以下一个或多个来源获得的信息来确定：

（1）由销售国政府权威部门制定的目标、指标或终产品准则。

（2）与食品链下一环节的组织（经常是顾客）沟通的结果，特别是针对用于进一步加工或非直接消费的终产品。

考虑与顾客达成一致的可接受水平和法律法规规定的标准，食品安全小组制定的可接受的最高水平，缺乏法律规定的标准时，可以通过科学文献和专业经验获得。

（二）危害评价

危害评价的作用是按照已确定危害的"初步"清单，以识别需组织进行控制的危害。
在进行危害评价时，应考虑以下方面：
（1）危害的来源。
（2）危害发生的概率。
（3）危害的性质（如增加、恶化和产生毒素的能力）。
（4）危害可能导致的对健康产生不利影响的严重程度。

食品安全小组组内进行危害评价所需的信息不充分时，可通过科学文献、数据库、公众权威和专业咨询获得额外的信息。

如果确定的食品安全危害在没有进一步干预的情况下仍满足可接受水平，则组织无须对其进行危害控制。例如，在食品链中的其他阶段已实施了充分的控制，或危害不可能在组织内部引入或发生，或可能性极低时，以致无论如何都能满足可接受水平。对危害评价的方法和产生的结果应作为记录保存。

危害评价主要体现出了危害发生的可能性与严重性的函数关系，可采用矩阵图的方法对危害进行评价，也可以通过危害发生可能性与严重性之间的函数关系，对危害进行分类。下列方法就是通过矩阵图的方法对危害的评价和分类：

1. 评估危害的可能性

该危害发生的概率多大？为每个危害分配一个规定的可能性：

（1）频繁——经常发生，消费者持续暴露。

（2）经常——发生几次，消费者经常暴露。

（3）偶尔——将会发生，零星发生。

（4）很少——可能发生，很少发生在消费者身上。

（5）不可能——极少发生在消费者身上。

2. 评估危害严重性

如危害的确发生，将产生多大副作用？评估每个危害，并确定其严重性：

（1）灾难性——食品污染导致消费者死亡。

（2）严重——食品污染导致消费者严重疾病。

（3）中度——食品污染导致消费者轻微性疾病。

（4）可忽略——食品污染导致较少轻微性疾病。

3. 绘制风险分级表（表7-1）

表7-1 风险分级表

			可能性				
			频繁	可能	偶尔	很少	不可能
			A	B	C	D	E
严重性	灾难性	I	1	2	6	8	12
	严重	II	3	4	7	11	15
	中度	III	5	9	10	14	16
	可忽略	IV	13	17	18	19	20

等级分类：1~3 极高风险；4~8 高风险；9~11 中等风险；12~20 低风险

（三）控制措施的识别和评价

控制措施的范围很广，包括贯穿食品链的各种应用措施。控制措施可能包含在食品处理、运输、贮藏、消费的良好规范中，也包含在食品的内在因素（如 pH 和水分活度）中。

控制某一特定的食品安全危害经常需要一种以上的控制措施，而同一种控制措施可同时控制多种食品安全危害。直接针对食品安全危害的原因或根源的控制措施被证明比其他控制措施更有效。

评价控制措施的效果需如下信息：

（1）对微生物危害影响的性质。

（2）将影响哪一类已确定的危害。

（3）控制措施被预期应用的步骤或位置。

（4）生产参数及其操作的不确定性（如操作失败的概率），以及严格程度。

（5）操作性质，如由于使用和调整频次而调整和变动的可能性。

（6）相对于先前或随后的控制措施，该控制措施的位置对危害要求效果的影响。

（7）控制措施是否进行了针对性的设计并用于消除或显著降低危害的水平。

（8）两种或更多控制措施的组合是否能够达到相互促进的效果（即由于两种或更多控制措施间的相互作用，使得综合效果大于各自效果的加和）。

（9）危害再发生的可能性和随后能消除或显著降低危害的控制措施的应用，无论应用于同一组织中还是在食品链随后的环节中。

（10）预期对危害控制有显著影响的控制措施运行失效的可能性，或对危害产生影响的重大生产变化的可能性。

对控制措施分类的逻辑方法和参数应以文件的形式规定，对控制措施评价结果的记录应予以保持。

四、操作性前提方案的建立

操作性前提方案的制订可仿照 HACCP 计划的制订。可同样采用结合限值与监测的方案，这通常只需要较低控制程度的监视频率，如对相关参数的每周检查。

由于危害分析可导致最初预计的或先前包含于操作性前提方案中的控制措施不再如此应用，或该控制措施已由先前的操作性前提方案中转移到 HACCP 计划内，因此更新是必要的。此外，可接受水平的变化以及需控制的已确定食品安全危害及其他环境变化，都可能影响是否仍需要某一控制措施还是需要实施新的控制措施。

操作性前提方案（OPRP）应形成文件，其中每个方案应包括如下信息：

（1）由每个方案控制的食品安全危害。

（2）控制措施。

（3）监视程序，以证实实施了操作性前提方案。

（4）当监视显示操作性前提方案失控时，所采取的纠正和纠正措施。

（5）职责和权限。

（6）监视的记录。

五、HACCP 计划的建立

（一）HACCP 计划

应将 HACCP 计划形成文件，HACCP 计划应包括如下信息：

（1）该关键控制点所控制的食品安全危害。

（2）控制措施。

（3）关键限值。

（4）监视程序。

（5）当超出关键限值时，应采取的纠正和纠正措施。

（6）职责和权限。

（7）监视的记录。

由于可接受水平，需控制的食品安全危害，以及控制措施根据变化需要的删减或增加，都可能导致 HACCP 计划发生变化，因此，HACCP 计划有必要进行更新。

（二）关键控制点（CCPs）的识别

由 HACCP 计划控制的每种危害，应针对确定的控制措施识别关键控制点（CCPs）。当对控制措施的识别和评价不能识别关键控制点时，潜在的危害需由操作性前提方案控制。

对同一危害可能由不止一个关键控制点来实施控制，而在某些产品生产中也可能识别不出关键控制点。

（三）关键控制点中关键限值的确定

关键限值表示在关键控制点上采取的严格程度。当同一控制措施被确定为控制一种以上的食品安全危害时，通常由对该控制措施最不敏感的危害来决定控制措施的严格程度。

当关键限值是建立在主观数据的基础上时，如对产品、过程和处理等的视觉检查，这就要求有指导书或规范的支持或进行教育和培训。应明确关键限值确定的依据，依据可采用公理、经验、试验结果等。

（四）关键控制点的监视系统

大多关键控制点的监测程序应提供与在线过程相关的实时信息。此外，监测可及时提供信息以进行调整，从而确保过程控制而避免偏离关键限值。因此，没有时间进行长时间的分析检测。由于物理或化学方法比较快捷，又能经常显示产品的微生物控制情况，而微生物检测时间长，所以微生物检测一般不用于关键限值但可用于确认和验证。记录应使所有的监测数据形成文件，而不是仅用于出现偏差时。

（五）监视结果超出关键限值时采取的措施

在 HACCP 计划中应规定关键控制点超出关键限值时所采取的措施，以使关键控制点恢复受控。同时，分析并查明超出的原因，以防止再次发生超出。对偏离时所生产的产品，应按照潜在不安全产品程序进行处置；处置后的产品经评价合格后才能放行。

六、预备信息、规定前提方案文件和 HACCP 计划的更新

组织应在确认、验证后或与产品安全性有关的信息发生变化时，重新进行危害分析并对有必要进行修改的文件进行更新。因为危害分析可能会导致最初预计的和（或）先前应用的情况发生变化，例如，控制措施的取消或增加，控制措施分类结果可能已产生变化，其应用强度也可能发生变化。控制措施组合的再设计也会影响前提方案和（或）HACCP计划，包括监视程序及纠正措施和纠正的其他要素。

组织应更新如下信息：产品特性、预期用途、流程图、过程步骤、控制措施。

七、验证策划

验证是对组织实施的食品安全管理体系的能力提供信任的一种工具。验证活动应确认以下信息：

（1）操作性前提方案是否得以实施。

（2）危害分析的输入是否持续更新。

（3）HACCP 计划中的要素和操作性前提方案得以实施且有效。

（4）危害水平在确定的可接受水平之内。

（5）组织要求的其他程序得以实施，且有效。

验证是否满足已确定危害水平的方法可包括分析性测试，其中还需制定特定的抽样计划（抽样单元的数量及规模、频次、分析方法，并考虑可接受的结果）。

验证频次取决于控制措施的效果。因此，所要求的频率将更加取决于确认的结果和

控制措施运行有关的不确定性（如过程的变化性）。例如，当确认表明控制措施使危害控制显著高于满足可接受水平的最低要求时，对该控制措施效果的验证即可减少或根本不做要求。

验证策划的输出形式可以根据组织的需求来确定，可以是表格、程序或作业指导书的形式。通常情况下验证策划应包括：验证策划的目的、方法、频率、职责、记录。

八、可追溯系统

组织应建立可追溯系统，确保能够识别产品批次及其原料批次、加工和分销记录的关系。

组织通过标识在容器和产品上的编码以辨别产品、组成成分和服务的批次或来源，记录提供产品的交付地和采购方。可采取定期演练的方式或对实际发生的问题产品进行追溯，确保潜在不安全产品的召回，以证实可追溯系统的有效性。

应按规定的期限保持可追溯性记录，以便对体系进行评估，使潜在不安全产品得以处理。在产品撤回时，也应按规定的期限保持记录。可追溯性记录应符合法律法规和顾客要求。

九、不符合控制

（一）纠正

对不符合关键控制点时所生产的产品，组织应让授权的人根据终产品的预期用途和可接受水平，通过可追溯性系统识别受影响的产品，并通过对终产品的抽样检测以确定受影响的产品是否符合安全产品的要求。当一危害在同一生产批量中分布不均匀时，用抽样检验的方法决定该产品是否安全。评价为潜在不安全的产品，应按照潜在不安全产品的处理要求进行处置。而对于不符合操作性前提方案时所生产出的终产品，应根据不符合原因及其对终产品的影响程度进行评价，并在必要时，根据潜在不安全产品的处理要求进行处置，评价结果要予以记录。

评价出不符合关键控制点，或不符合操作性前提方案的产品时，应确保评价潜在不合格产品和处置不合格产品的场所对产品无再次污染。

所有纠正、不符合的性质及其产生原因和后果的信息，包括不合格批次的可追溯性信息，都应予以记录并由负责人签字。

（二）纠正措施

监视得到的数据应由具备足够知识和具有权限的指定人员进行评价，以采取纠正措施。

当关键控制点超出和操作性前提方案不符合的结果，以及顾客投诉、验证结果中的不符合等都需采取纠正或纠正措施。通过对监视和验证中发现的不符合进行评审，以及对可能向失控方向发展的趋势进行评审，确定不符合原因，以便采取相应的措施消除不符合。

记录所采取措施的结果，并评审纠正措施是否能够达到预期效果，以确保其有效性。如生产车间内发现苍蝇，应查找苍蝇可能进入的渠道，包括车间人流和物流进出口，滋生地，如垃圾和废水排放口；评价虫害控制图，对苍蝇的分布趋势进行分析，确定可能的引入渠道，并采取相应的防蝇措施，同时，对苍蝇的滋生地进行管理，最后评审车间是否还有苍蝇。

（三）潜在不安全产品的处理

不符合关键控制点，或不符合操作性前提方案的产品均为潜在不安全产品。潜在不安全产品不得进入食品链，但是对受影响的产品进行评价时，如满足如下要求时，产品可放行：

（1）相关的食品安全危害已降至规定的可接受水平。

（2）相关的食品安全危害在产品进入食品链前将降至确定的可接受水平。

（3）尽管不符合，但产品仍能满足相关食品安全危害规定的可接受水平。

当产品不能满足以上要求时，则应按不合格品进行处理，一旦不安全产品发生交付，应采取撤回的方式，以防止危害的扩散。

潜在不安全产品可通过扣留进行控制，并对扣留产品制定抽样方案，确定评价方法和项目。当评审关键控制点时，发现符合下列条件时，潜在不安全产品可以放行：

（1）除监视系统外的其他证据证实控制措施有效，如对监视结果的分析。

（2）证据显示，针对特定产品的整体控制措施达到预期效果。如罐装产品，当作为关键控制点的初温发生偏离时，而杀菌过程充分满足要求。

（3）充分抽样、分析或充分的验证结果证实受影响的批次产品符合确定的可接受水平。

否则，潜在不安全产品应通过组织进一步加工或重新加工，或通知顾客采取适当的措施进行处理，直到满足可接受水平时才能放行；或者销毁或按废物进行处理。当不安全产品发生交付时，应采取召回的方式，以防止危害的扩散。

为控制交付后食品的安全，组织应建立相应的程序，以识别和评价待召回产品，并通知相关方，防止食品安全危害的扩散。召回的原因可能是顾客投诉，也可能是主管部门检查时发现不合格，还可能是媒体报道。在获得不安全产品需召回的信息后，组织应对该批次的产品留样，甚至对相邻批次产品的留样进行复查，以证实是否不安全及其不安全产生的原因。同时，通知相关方，包括主管部门、相关产品的顾客和媒体，通过电视、媒体广告、互联网等途径进行召回。

组织在策划召回时，应指定适宜的人员组成"产品召回小组"，小组人员可包括：负责生产的主管、生产部门、销售部门、品质管理部门和法律顾问等。组织需要对召回程序的有效性进行验证，可以通过验证试验、模拟召回和实际召回的方式，以评审召回程序的适宜性，并在适当的时候进行修改，以确保程序的有效性。召回后的不安全产品按照潜在不安全产品的要求进行处理。

第七节　食品安全管理体系的确认、验证和改进

确认、验证和更新食品安全管理体系是食品安全小组的职责。食品安全小组应策划并完成确认和验证及更新食品安全管理体系，并切实加以执行，如制订方案、活动计划、程序等。

确认是体系运行前和发生变化后进行的评定，其目的在于证明各控制措施能够达到预期的控制水平。而验证是在运行中和运行后进行的评定，其目的是确保整个食品安全管理体系的符合性，为体系的适宜性和有效性提供证据。

在验证、确认活动中，如果有新发现的食品安全危害，或有不符合或其他需改进的情况，应反馈到食品安全小组，由食品安全小组对此信息与验证、确认过程中获得的其他信息进行评价，应确保及时更新管理体系。

一、控制措施组合的确认

食品安全危害通过控制措施的组合来控制。控制措施是通过操作性前提方案和HACCP计划来管理。为确保控制措施组合的有效性，应对产品危害控制内容进行确认。

确认方法一般包括以下几项：

（1）对以往采取该措施时的效果进行评价（如针对过程产品和终产品的检验结果）。

（2）查找资料，了解、参考他人采取该措施的效果（如若参考他人已完成的确认，应注意确保预期应用的条件与所参考的确认中识别的条件相一致）。

（3）进行针对性试验，进一步确定需控制的工艺参数（可要求在试验工厂中按比例调整实验室内的试验，以确保该试验能正确反映以上参数和条件）。

（4）比较其他操作条件的各种危害数据。

（5）用统计技术的方法对控制措施的效果进行评价。

当发生如下情况时需进行再确认：

（1）增加新技术、新设备或工艺参数（如温度、时间、流量）发生调整时。

（2）产品的特性或配料发生调整时。

（3）微生物的适应性发生改变时。

（4）食品安全管理体系出现不明原因的失效，或出现大批量不合格品时。

（5）贮存、运输条件发生改变时。

确认证实控制措施组合不适当，且重新设计控制措施是不可行的时候，应当考虑通过适当的信息或标签将信息充分地提供给顾客或消费者。

二、监视和测量的控制

组织应决定用什么方法和步骤进行监测才能保证监控和确认活动的有效性。不一定在任何场合都需使用监视和测量设备，但如需使用，则应证实所用监视和测量设备及方法满足食品安全管理体系的需要（如准确度、灵敏度、校验情况、方法的公认性）。

所有的校准和验证记录应妥善保持。运行中如果发现测量设备不符合要求，应修复设备，并评价不符合时受影响的产品，评价结果及所采取的后续措施应加以记录并保存。当计算机软件用于规定要求的监视和测量时，应确认其满足预期用途的能力。确认应在初次使用前进行。

三、食品安全管理体系的验证

组织应按规定的时间间隔进行内部审核，以确定组织所建立的食品安全管理体系是否符合本准则的要求；是否得到了有效实施和更新。为保证客观性，审核员不能审核自己所做工作。审核结果应向最高管理者汇报，并作为管理评审和更新食品安全管理体系的输入。

（一）验证结果的评价

验证活动发现的不符合可能是硬件设备方面，也可能是管理系统方面。验证活动可由各部门进行，但结果应向食品安全小组报告，由食品安全小组进行分析。当通过检测终产品来进行验证时，若发现不符合，应将所有相关批次产品作为潜在不安全产品处理。

当验证结果表明不符合时，应考虑实施如下措施：

（1）对监视程序进行评审。

（2）对危害分析进行评审，必要时重新分析。

（3）对食品安全管理体系或危害分析的设想进行重新确认。

（4）对更新程序进行评审，包括沟通。

（5）对包括培训活动在内的资源管理进行评审。

（二）验证结果分析

验证结果分析是食品安全小组的职责，是对食品安全管理体系的全面分析，为更新该体系提供依据，而且对不安全产品的风险发生趋势要进行分析。食品安全管理体系的确认可以是初始确认、有计划的周期性确认或由特殊事件引发的确认。

可对食品安全管理体系进行初始确认以确保：

（1）所有潜在危害得到确定。

（2）HACCP 计划从技术和科学角度都是可靠的。

（3）前提方案从技术和科学角度都是可靠的。

进行初始确认，应运用：科学研究和专家建议；厂内观察和测量，包括体系的历史业绩。

为确保食品安全管理体系的充分性，可按所制定的周期进行重新确认。周期性确认应当包括：

（1）对危害分析的技术评价。

（2）对 HACCP 计划的技术评价。

（3）对前提方案的技术评价。

（4）对流程图的现场评审。

（5）对记录的现场评审。

其他可导致重新确认活动的情况包括食品安全管理体系不明原因的失误，如大批量不合格产品的产生，过程、产品或包装发生的重大变化，以及确定的新危害。

四、改进

在保证实现食品安全的要求下，组织应不断改进食品安全管理体系。

最高管理者应确保组织采用沟通、管理评审、内部审核、验证结果的评价、验证结果的分析、控制措施组合的确认和食品安全管理体系更新，以持续改进食品安全管理体系的有效性。

最高管理层对于及时更新体系负有领导责任，更新的具体执行由食品安全小组落实。

复习思考题

1. 简述食品安全管理体系的几个核心原则。
2. 简述食品安全管理体系的文件类型及层次。
3. 简述食品安全方针的编写要求。
4. 制定一份某食品的食品安全管理体系实施方案。

参考文献

[1] 中国合格评定国家认可中心，中国认证机构国家认可委员会. 食品安全管理体系通用评价准则文件汇编，2005.

[2] 北京国培认证培训中心. 食品安全管理体系内部审核员培训课程，2005.

[3] HACCP 体系评价准则课题研究组. 食品安全管理体系要求，2004.

[4] 白雪. 基于 HACCP 原理开发 ISO 22000 标准. 农业与技术，2005，12.

[5] 中国认证人员与培训机构国家认可委员会. 食品安全管理体系审核员教程. 北京：中国计量出版社，2005.

[6] 马长路. 食品企业管理体系建立与认证. 北京：中国轻工业出版社，2009.

第八章　食品质量管理的工具与方法

【知识目标】

- 了解质量管理中近年来出现的新型管理方法
- 理解质量数据的性质和特征值
- 熟悉老 7 种质量管理工具的概念和作用
- 掌握质量波动的原因及控制方法

【能力目标】

- 能应用老 7 种质量管理工具对食品生产活动进行质量控制和质量改进
- 能处理食品生产过程中出现的质量问题

第一节　食品质量数据

一、质量数据的性质

数据是反映事物性质的一种量度，全面质量管理的基本观点之一就是"一切用数据说话"。质量数据按其性质基本上可以分为两类：计量值数据和计数值数据。

1. 计量值数据

计量值数据是指可以连续取值，在有限的区间内可以无限取值的数据。如长度、面积、体积、重量、密度、糖度、酸度等质量特性的数值都属于计量值数据。

2. 计数值数据

计数值数据是只能间断取值，在有限的区间内只能取有限数值的数据。如某天生产的产品件数、不合格品数、产品表面的缺陷数等质量特性的数值都属于计数值数据。所以计数值数据是以正整数（自然数）的方式表现。它包括：

（1）计件值数据。计件值数据是指数产品（或其他事物）的件数而得到的数值。计件值数据往往是在考核批质量状况时发生，所以大多数生产过程对计件值质量特性的考核指标为不合格品率 p 或不合格品数 np。

（2）计点值数据。计点值数据是指数缺陷数而得到的数值。如产品表面的缺陷数、单位时间内机器发生故障的次数等。必须注意，以百分数出现的数据由哪一类数据计算所得，就属于哪一类数据。如食品工业产值占国民经济总产值的百分数等属于计量值数据。某企业工程技术人员占全体职工总数的百分数、产品的合格品率等属于计数值数据。计量值数据和计数值数据的性质不同，它们的分布也不同，所用的控制图和抽样方案也不同，所以必须正确区分。

二、总体与样本的特征值

（一）总体与参数

1. 总体

总体，又叫母体，是研究对象的全体。总体可以是有限的，也可以是无限的。例如有一批含有 10 000 个产品的总体，它的数量已限制在 10 000 个，是有限的总体。再如总体为某工序，既包括过去的、现在的，也包括将要生产出来的产品，这个连续的过程可以提供无限个数据，我们说它是无限的总体。

2. 个体

个体，又叫样本单位或样品，是构成总体或样本的基本单位，也就是总体或样本中的每一个单位产品。它可以是一个，也可以是由几个组成。

3. 参数

由总体计算的特征数叫参数，常用希腊字母表示，如用 μ 表示总体平均值，用 σ 表示总体标准差。

（二）样本与统计量

1. 样本

样本又叫子样，它是从总体中抽取出来的一个或多个供检验的单位产品。在实际工作中，我们常常遇到要研究的总体是无限的或包含数量很多的个体，使得全数检查不可能或工作量过大，费用很高。或者有的产品要检查某一质量特性必须进行破坏性试验。因此，在统计工作中常常使用一种从总体中抽取一部分个体进行测试和研究的方法，这一部分个体的全体就叫样本。样本中所含的个体数目称为样本量或样本大小，常用 n 表示。

从总体中抽取部分个体作为样本的过程叫抽样。为了使样本的质量特性数据具有总体的代表性，通常采取随机抽样的方法。随机抽样，就是在每次抽取样本时，总体中所有的个体都有同等机会被抽取的抽样方法。

2. 统计量

由样本计算的特征数叫统计量，常用拉丁字母表示，如用 $\bar{X}$ 表示样本平均数，用 s 表示样本标准差。

（1）表示样本的中心位置的统计量。

① 样本（算术）平均值。其计算公式为 $\bar{X} = \left(\sum\limits_{i=1}^{n} X \right) / n$ 。

② 样本中位数。把收集到的统计数据按大小顺序重新排列，排在正中间的那个数就叫做中位数，用符号 $\tilde{X}$ 来表示。当样本量 n 为奇数时，正中间的数只有一个；当样本量 n 为偶数时，正中位置有两个数，此时，中位数为正中两个数的算术平均值。例如：在 1，4，5，2，3 五个统计数据中，则其中位数为 3；又如，有 2，1，5，4，3，6 六个统计数据，则中位数等于（3+4）/2=3.5。

（2）表示样本数据分散程度的统计量。

① 样本极差 R。一组数据中最大值与最小值之差，常用 R 表示。例如，1，2，3，4，5 五个数据组成一组，则极差 $R=5-1=4$。

② 样本方差 s^2。计算公式 $s^2 = \dfrac{1}{n-1} \sum\limits_{i=1}^{n} (X_i - \bar{X})^2$

式中，X_i——样本中的某一数据。

③ 样本标准差 s。样本方差 s^2 的正平方根就是样本标准差，也称样本标准偏差，以 s 表示。

三、产品质量的波动

经验告诉我们，按照同样的工艺、遵照同样的作业指导书、采用同样的原材料、在同一台设备上、由同一个操作者生产出来的一批产品，其质量特性不可能完全一样，总是存在差异，即存在变异或波动。影响过程（工序）质量主要有六个因素，即人（操作者）、机（设备）、料（原材料）、法（操作方法）、测（测量）、环（工作环境），简称5M1E。上述过程（工序）因素即使处于稳定状态下，在工序实施中也不可能始终保持绝对不变，例如，操作者的技术水平和精力集中情况的变化，原材料化学成分在标准范围内的微小差异，工作环境，如温度、湿度的变化均会造成产品质量特性值的差异。所以即使是同一操作人员在同一工序中生产的产品，其质量特性值也会存在波动，因此质量波动是客观存在的。产生质量波动的原因有两大类。

1. 正常波动

正常波动是由随机因素，又称偶然因素（简称偶因），如机器的固有振动、液体灌装机的正常磨损等引起的质量波动。偶因是固有的，始终存在，对质量的影响较小，难以测量，消除它们成本大，技术上也难以达到。

2. 异常波动

异常波动是由系统因素，又称异常因素（简称异因，在国际标准和我国国家标准中称为可查明因素），如配方错误、设备故障或过度磨损、违反操作规程等引起的质量波动。异因是非过程固有，有时存在，有时不存在，它们对质量波动影响大，易于判断其产生原因并除去。

产品质量具有变异性（质量波动），同时产品质量的变异具有规律性（分布）。产品质量的变异不是漫无边际的变异，而是在一定范围内符合一定规律的变异。质量管理的一项重要工作内容就是通过搜集数据、整理数据，找出波动的规律，把正常波动控制在最低限度，消除系统性原因造成的异常波动。

第二节　食品质量控制的传统方法

质量控制的传统方法有因果图、排列图、散布图、直方图、调查表、分层法和控制图，通常称为质量管理的老7种工具。这7种方法相互结合，灵活运用，可以解决质量管理中的大部分质量问题，有效地服务于控制和改进产品质量。

一、因果图

（一）因果图的概念和作用

因果图，又称鱼刺图，是一种用于分析质量特性（结果）与可能影响质量特性的因素（原因）的一种工具。它可用于以下几个方面：分析因果关系、表达因果关系及通过识别症状、分析原因、寻找措施，促进问题解决。日本东京大学教授石川馨第一次提出了因果图，所以因果图又称石川图（图8-1）。

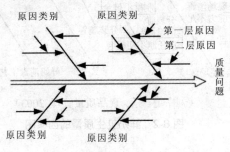

图8-1　因果图结构

（二）因果图的制作步骤

（1）确定需要分析的质量特性，如产品质量、质量成本、产量、工作质量等问题。

（2）召集同该质量问题有关的人员参加的会议，充分发扬民主，各抒己见，集思广益，把每个人的分析意见都记录在图上。

（3）画一条带箭头的主干线，箭头指向右端，将质量问题写在图的右边，确定造成质量问题的原因类别。影响产品质量一般有人、机、料、法、环、测（5M1E）六大因素，所以经常见到按六大因素分类的因果图。然后围绕各原因类别展开，按第一层原因、第二层原因、第三层原因及相互间因果的关系，用长短不等的箭头线画在图上，逐级分析展开到能采取措施为止。

（4）讨论分析主要原因，把主要的、关键的原因分别用粗线或其他颜色的线标记出来，或者加上方框进行现场验证。

（5）记录必要的有关事项，如参加讨论的人员、绘制日期、绘制者等。

图8-2是某乳品厂的质量管理小组为提高鲜奶的卫生质量分析其原因的因果图。图中将影响鲜奶卫生质量的要因用方框显示出来。

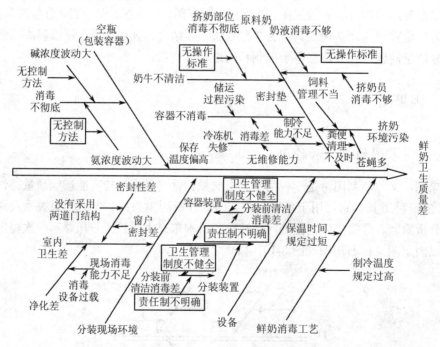

（刘宗道，等. 食品质量管理. 2003）

图 8-2　鲜奶卫生质量的因果图

二、排列图

（一）排列图的概念

排列图又叫帕累托图（有的译为巴雷特图）。它是将质量改进项目从最重要到次要进行排列而采用的一种简单的图示技术。排列图由一个横坐标、两个纵坐标、几个按高低顺序排列的矩形和一条累计百分比折线组成。通过区分最重要的和其他次要的项目，就可以用最少的努力获得最大的改进。

（二）排列图的制作案例

表 8-1 是某食品厂 2005 年 6 月 2 日至 6 月 7 日菠萝罐头不合格项调查表。

表 8-1　菠萝罐头不合格项调查表

不合格类型	外表面	真空度	二重卷边	净重	固形物	杂质	块形	小计
不合格数	1	7	1	42	28	6	4	89

根据该表数据制作排列图的步骤如下：

（1）制作排列图数据表（表 8-2），计算不合格比率，并按数量从大到小顺序将数据填入表中。"其他"项的数据由许多数据很小的项目合并在一起，将其列在最后。

表 8-2　菠萝罐头排列图数据表

不合格类型	不合格数	累计不合格数	比率/%	累计比率/%
净重	42	42	47.2	47.2
固形物	28	70	31.5	78.7
真空度	7	77	7.9	86.6
杂质	6	83	6.7	93.3
块形	4	87	2.2	95.5
其他	2	89	4.5	100
合计	89		100	

（2）画两根纵轴和一根横轴，左边纵轴，标上件数（频数）的刻度，最大刻度为总件数（总频数）；右边纵轴，标上比率（频率）的刻度，最大刻度为 100%。左边总频数的刻度与右边总频率的刻度（100%）高度相等。横轴上将频数从大到小依次列出各项。

（3）在横轴上按频数大小画出矩形，矩形高度代表各不合格项频数的大小。

（4）在每个直方柱上方，标上累计值（累计频数和累计频率百分数），描点，用实线连接，画累计频数折线。

（5）在图上记入有关必要事项，如排列图名称、数据以及采集数据的时间、主题、数据合计数等。如图 8-3 所示。

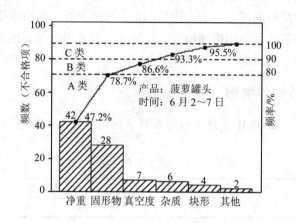

图 8-3　菠萝罐头不合格项目排列图

（三）排列图的使用

（1）为了抓住"关键的少数"，在排列图上通常把累计比率分为 3 类：在 0～80% 的因素为 A 类因素，也即主要因素；在 80%～90% 的因素为 B 类因素，也即次要因素；在 90%～100% 的因素为 C 类因素，也即一般因素。从图 8-3 中可以看出，出现不合格品的主要原因是净重和固形物含量，只要解决了这两个问题，不合格率就可以降低 78.7%。

（2）在解决质量问题时，将排列图和因果图结合起来特别有效，先用排列图找出主要因素，再用因果图对该主要因素进行分析，找出引起该质量问题的主要原因。

三、散布图

散布图也叫相关图，是研究两个变量之间的关系的简单示意图。在散布图中，成对的数据形成点子云，研究点子云的分布状态，便可推断成对数据之间的相关程度。当 x 值增加，相应的 y 值也增加，就称 x 和 y 之间是正相关；当 x 值增加，相应的 y 值减少，则称 x 和 y 之间是负相关。图 8-4 是 6 种常见的散布图形状。

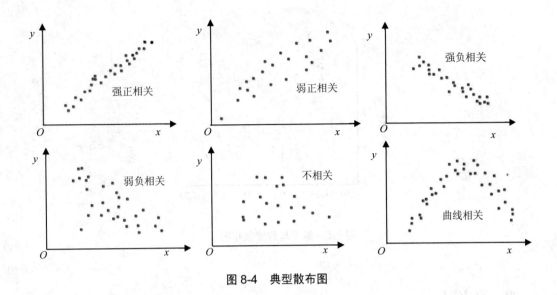

图 8-4   典型散布图

散布图可以用来发现和确认两组相关数据之间的关系并确认两组相关数据之间预期的关系，常用于分析研究质量特性之间或质量特性与影响因素两变量之间的相关关系。

【例】   某酒厂为了研究中间产品酒醅中的酸度和酒度两个变量之间存在什么关系，对酒醅样品进行了化验分析，结果如表 8-3 所示。现利用散布图对数据进行分析、研究和判断。

将表中的各组数据一一描点在坐标系中，结果如图 8-5 所示。将图 8-5 与图 8-4 典型散布图进行比较，可以得出酒醅酸度与酒度呈弱负相关的结论。

表 8-3   酒醅中酸度和酒度分析数据表

序号	酸度	酒度	序号	酸度	酒度	序号	酸度	酒度	序号	酸度	酒度
1	0.5	6.3	9	0.7	6.0	17	0.9	5.0	25	1.0	5.3
2	0.9	5.8	10	0.9	6.1	18	0.7	6.3	26	1.5	4.4
3	1.2	4.8	11	1.2	5.3	19	0.6	6.4	27	0.7	6.6
4	1.0	4.6	12	0.8	5.9	20	0.5	6.4	28	1.3	4.6
5	0.9	5.4	13	1.2	4.7	21	0.5	6.6	29	1.0	4.8
6	0.7	5.8	14	1.6	3.8	22	1.2	4.7	30	1.2	4.1
7	1.4	3.8	15	1.5	3.4	23	0.6	6.5			
8	0.8	5.7	16	1.4	3.8	24	1.3	4.3			

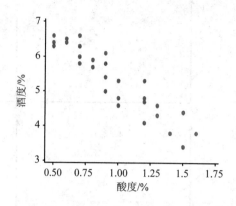

图 8-5　酒度与酸度散布图

四、直方图

（一）直方图的概念和作用

直方图是从总体中随机抽取样本，将从样本中获得的数据进行整理后，用一系列宽度相等、高度不等的矩形表示数据分布的图。矩形的宽度表示数据范围的间隔，矩形的高度表示在给定间隔内的数据频数。

直方图的作用：①较直观地传递有关过程质量状况的信息，显示质量波动分布的状态；②通过对数据分布和与公差的相对位置的研究，可以对过程能力进行判断。

（二）直方图的制作案例

市场销售的带有包装（瓶、罐、袋、盒等）的产品所给出的标称重量，法律规定其实际重量只允许比标称重量多而不允许少；而为了降低成本，灌装量又不能超出标称重量太多。为保护消费者权益和生产者的利益，对溢出量（实际重量超出标称重量的差量）应有限制范围。某植物油生产厂使用灌装机，灌装标称重量为 5 000 g 的瓶装色拉油，要求溢出量为 0～50 g。现应用直方图对灌装过程进行分析。

1. 收集数据

作直方图要求收集的数据一般为 50 个以上，最少不得少于 30 个。数据太少时所反映的分布及随后的各种推算结果的误差会增大。本例收集 100 个数据，列于表 8-4 中。

2. 计算数据的极差

数据的极差（R）是所收集数据中最大值与最小值之差（两极之差），反映了样本数据的分布范围，表征样本数据的离散程度。在直方图应用中，极差的计算用于确定分组范围。

本例中，$R = X_{max} - X_{min} = 48 - 1 = 47$

表8-4 溢出量数据表

溢出量/g																			
43	40	28	28	27	28	26	12	33	30	29	31	18	30	24	26	32	28	14	47
34	42	22	32	30	34	29	20	22	28	24	34	22	20	28	24	48	27	1	24
24	29	29	18	35	21	36	46	30	14	34	10	14	21	42	22	38	34	6	22
28	24	32	28	22	20	25	38	36	12	39	32	24	19	18	30	28	28	16	19
38	30	36	20	21	24	20	35	26	20	20	28	18	24	8	24	12	32	37	40

3. 确定组距

先确定直方图的组数，然后以此组数去除极差，可得直方图每组的宽度，即组距（h）。组数的确定要适当，组数 k 的确定可参见表8-5。本例取 $k=10$，$h=R/k=47/10=4.7 \approx 5$，组距一般取测量单位的整数倍，以便于分组。

表8-5 直方图分组组数选用表

样本量 n	推荐组数 k
50～100	6～10
101～250	7～12
250 以上	10～20

4. 确定各组的边界值

为避免出现数据落在组的边界上，并保证数据中最大值和最小值包括在组内，组的边界值单位应取为最小测量值减去最小测量单位的一半作为第1组的下界限，之后再按所计算的组距推算各组的分组界限。本例：第1组下界限为：X_{min}－最小测量单位/2=1－1/2=0.5；第1组上界限为第1组下界限加组距：0.5+5=5.5；第2组下界限与第1组上界限相同：5.5；第2组上界限为第2组下界限加组距：5.5+5=10.5。依此类推。

5．编制频数分布表

表 8-6　频数、频率分布表

组号	组界	组中值	频数统计	频率
1	0.5～5.5	3	1	0.01
2	5.5～10.5	8	3	0.03
3	10.5～15.5	13	6	0.06
4	15.5～20.5	18	14	0.14
5	20.5～25.5	23	19	0.19
6	25.5～30.5	28	27	0.27
7	30.5～35.5	33	14	0.14
8	35.5～40.5	38	10	0.10
9	40.5～45.5	43	3	0.03
10	45.5～50.5	48	3	0.03
合计			100	1.00

6．画直方图

（1）建立平面直角坐标系。横坐标表示质量特性值，纵坐标表示频数。纵坐标以频数刻度时称为频数直方图，以百分数刻度时称为频率直方图。二者的形状，含义及分析方法相同。本例所作的为频数直方图。

（2）以组距为底，各组的频数为高，分别画出所有各组的长方形，即构成直方图。在直方图上标出公差范围（T）、规格上限（T_U）、规格下限（T_L）、样本量（n）、样本平均值（$\overline{X}$）、本标准差样（s）和 $\overline{X}$ 的位置等（图 8-6）。

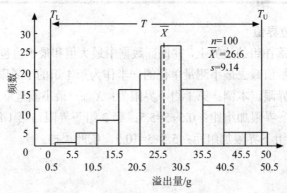

图 8-6　植物油溢出量直方图

（三）直方图的分析

1. 对图形形状的观察分析

观察直方图应该着眼于整个图形的形态，对于局部的参差不齐不必计较。常见的直方图形态如图 8-7 所示。根据直方图的形状，可以对总体进行初步分析。

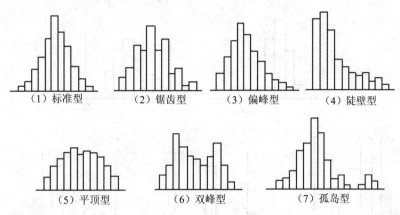

（1）标准型　　　（2）锯齿型　　　（3）偏峰型　　　（4）陡壁型

（5）平顶型　　　　　（6）双峰型　　　　　（7）孤岛型

图 8-7　直方图的常见类型

（1）标准型（对称型）。数据的平均值与最大值和最小值的中间值相同或接近，平均值附近的数据的频数最多，频数在中间值向两边缓慢下降，以平均值左右对称，说明过程处于统计控制状态（稳定状态）。

（2）锯齿型。直方图出现参差不齐，但图形整体形状还是中间高、两边低，左右基本对称。造成这种情况不是生产上的原因，而是做频数分布表时分组过多，或测量方法有问题，或读错测量数据造成。

（3）偏峰型。数据的平均值位于中间值的左侧（或右侧），从左至右（或从右至左），数据分布的频数增加后突然减少，形状不对称。原因可能由单向公差要求或加工习惯等引起。

（4）陡壁型。平均值左离（或右离）直方图的中间值，频数自左至右减少（或增加），直方图不对称。当工序能力不足，为找出符合要求的产品经过全数检查，或过程中存在自动反馈调整时，常出现这种形状。

（5）平顶型。当几种平均值不同的分布混在一起，或过程中某种要素缓慢劣化（如机器磨损、操作者疲劳）时，常出现这种形状。

（6）双峰型。靠近直方图中间值的频数较少，两侧各有一个"峰"。当有两种不同的平均值相差大的分布混在一起时，常出现这种形状。比如，把来自 2 个工人或 2 台设备加工的产品混为一批等。

（7）孤岛型。出现这种情况，说明过程中可能发生原料混杂、操作疏忽、短时间内有不熟练工人替岗、测量错误、混有另一分布的少量数据等情况。

2. 直方图与公差限的比较

评价总体时，可将公差限用两条线在直方图上表示出来，并与直方图的分布进行比较，以判定过程满足规范要求的程度。典型的 5 种情况如图 8-8 所示。

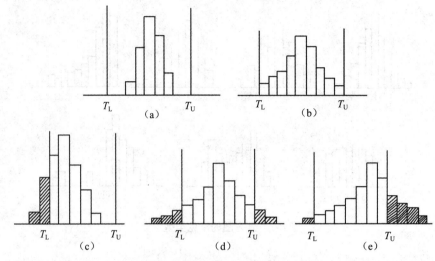

图 8-8 直方图与公差限的比较

（1）理想型。如图 8-8（a）所示，图形对称分布，符合公差要求且两边各有一定的富余量，是理想状态，不需要调整。

（2）无富余型。如图 8-8（b）所示，直方图能满足公差要求，但不充分。这种情况下，应考虑采取措施，减少波动。

（3）陡壁型。如图 8-8（c）所示，直方图不满足公差要求，必须采取措施，使平均值接近规格的中间值。

（4）能力不足型。如图 8-8（d）所示，易出现不合格品，要采取措施，以减少变异。

（5）能力不足加偏心型。如图 8-8（e）所示，要同时采取（3）和（4）的措施，既要使平均值接近规格的中间值，又要减少波动。

五、调查表

（一）调查表的概念和作用

调查表又叫检查表、核对表、统计分析表，是用来检查有关项目的表格。调查表的形式多种多样，一般根据所调查的质量特性的要求不同而自行设计；一般是事先印制好的（当然也可临时制作），用来收集数据容易、简单明了。

调查表的作用：① 收集、积累数据比较容易；② 数据使用、处理起来也比较方便；③ 可对数据进行粗略的整理和分析。

（二）调查表的种类

1. 工序分布调查表

工序分布调查表又称质量分布调查表，是对计量值数据进行现场调查的有效工具。它是根据以往的资料，将某一质量特性项目的数据分布范围分成若干区间而制成的表格，用以记录和统计每一质量特性数据落在某一区间的频数（表8-7）。从表格形式看，质量分布调查表与直方图的频数分布表相似。所不同的是，质量分布调查表的区间范围是根据以往资料，首先划分区间范围，然后制成表格，以供现场调查记录数据；而频数分布表则是首先收集数据，再适当划分区间，然后制成图表，以供分析现场质量分布状况之用。

表8-7　产品重量实测值分布调查表

产品名称：糖水菠萝罐头　　　　生产线：A　　　　调查者：张三　　　　日期：2005-02-02

质量/g	频数							小计
	5	10	15	20	25	30	35	
495.5～500.5								
500.5～505.5	/							1
505.5～510.5	//							2
510.5～515.5	//// /	///						8
515.5～520.5	//// /	//// /						10
520.5～525.5	//// /	//// /	//// /	//// /	/			21
525.5～530.5	//// /	//// /	//// /	//// /	//// /	//		29
530.5～535.5	//// /	//// /	//// /					15
535.5～540.5	//// /	///						8
540.5～545.5	////							4
545.5～550.5	//							2
550.5～555.5								
合　　计								100

2. 不合格项调查表

不合格项调查表主要用来调查生产现场不合格项目频数和不合格品率，以便继而用于排列图等分析研究。表 8-8 是某食品企业在某月玻璃瓶装酱油抽样检验中外观不合格项目调查记录表。从外观不合格项目的频次可以看出，标签歪和标签擦伤的问题较为突出，说明贴标机工作不正常，需要调整、修理。

表 8-8　玻璃瓶装酱油外观不合格项目调查表

调查者：李四　　　　　　　　地点：包装车间　　　　　　　　　　　　日期：　年　月　日

批次	产品规格	批量/箱	抽样数/瓶	不合格品数/瓶	批不合格品率/%	外观不合格项目					
						封口不严	液高不符	标签歪	标签擦伤	沉淀	批号模糊
1	生抽	100	50	1	2			1	1		
2	生抽	100	50	0	0						
3	生抽	100	50	2	4			2	1		
4	生抽	100	50	0	0						
…	…	…	…								
250	生抽	100	50	1	2			1		1	
合计		25 000	12 500	175	1.4	5	10	75	65	10	10

3. 不合格位置调查表

不合格位置调查表或称缺陷位置调查表，就是先画出产品平面示意图，把图面划分成若干小区域，并规定不同外观质量缺陷的表示符号。调查时，按照产品的缺陷位置在平面图的相应小区域内打记号，最后统计记号，可以得出某一缺陷比较集中在哪一个部位上的规律，这就能为进一步调查或找出解决办法提供可靠的依据。

现以奶粉包装袋的印刷质量缺陷位置调查为例说明，结果见表 8-9。调查结果表明色斑最严重，而且集中在 E、F 和 H 区；条状纹其次，主要集中在 A 区；排在第三位的是套色错位，集中在 B、C、D 区。接下去就可以用因果图首先对色斑问题进行分析，找出原因，制定改进措施；然后依次对条状纹和套色错位进行分析。

表 8-9 奶粉包装袋印刷质量缺陷位置调查表

品名	工序	调查目的	检查起止日期	检查者	检查件数
奶粉包装袋	印刷	彩印质量	3 月 10～20 日	王五	500

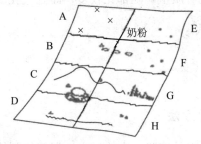

- • 色斑
- × 条状纹
- ▲ 套色错位

区域		A	B	C	D	E	F	G	H	合计
缺陷	色斑					34	40		20	94
	条状纹	30		7						37
	套色错位		16	12	7					35

表 8-10   PET 瓶外观不合格原因调查表

设备	操作者	2 月 1 日		2 月 2 日		2 月 3 日		2 月 4 日		2 月 5 日	
		上午	下午	上午	下午	上午	下午	上午	下午	上午	下午
1#	A	○○●	○××□	○×●	○○×□	○○○● ○○×	○○○○ ×○	○○××	○×□	○×△△	×●□
	B	○●××	○○●×□	×××□△	○××	○○○○ ××	●○○○ ×××	○○●● ××△	○×	○○×□	○××○
2#	C	○×	□	○×	●	○○○○ ○×	○○○○ ×	○△	●○×	○	○
	D	○□	○●×	○	○△	○○○×□ ○	○○○○ ○	●○□	○×	○	○

注：○气孔 △裂纹 ●疵点 ×变形 □其他

4．矩阵调查表

矩阵调查表，又称不合格原因调查表，是一种多因素调查表，它要求把产生问题的对应因素分别排列成行和列，在其交叉点上标出调查到的各种缺陷和问题以及数量。表 8-10 是某饮料厂 PET 瓶生产车间对两台注塑机生产的 PET 瓶制品的外观质量的调查表。从表中可以看出：1#机发生的外观质量缺陷较多，操作工 B 生产出的产品不合格最多。对原因进行分析表明，1#注塑机维护保养较差，而且操作工 B 不按规定及时更换模具。从 2 月 3 日两台注塑机所生产的产品的外观看质量缺陷都比较多，而且气孔缺陷尤为严重，经调查分析是当天的原材料湿度较大所致。

六、分层法

（一）分层法的概念和分层方法

分层法又叫分类法、分组法。它是按照一定的标志，把搜集到的大量有关某一特定主题的统计数据加以归类、整理和汇总的一种方法。分层的目的在于把杂乱无章和错综复杂的数据和意见加以归类汇总，使之更能确切地反映客观事实。

分层的原则是使同一层次内的数据波动幅度尽可能小，而层与层之间的差别尽可能大，否则就起不到归类汇总的作用。一般来说，分层有以下几种：按操作者分层、按机器设备分层、按原料分层、按加工方法分层、按时间分层、按作业环境状况分层、按测量分层等。

（二）分层法应用案例

某食品厂的糖水水果旋盖玻璃罐头经常发生漏气，造成产品发酵、变质。经抽检 100 罐产品后发现，一是由于 A、B、C 3 台封罐机的生产厂家不同；二是所使用的罐盖是由 2 个制造厂提供的。在用分层法分析漏气原因时采用按封罐机生产厂家分层（表 8-11）和按罐盖生产厂家分层（表 8-12）两种情况。

表 8-11　按封罐机生产厂家分层

封罐机生产厂家	漏气/罐	不漏气/罐	漏气率/%
A	12	26	32
B	6	18	25
C	20	18	53
合　计	38	62	38

表 8-12 按罐盖生产厂家分层

罐盖生产厂家	漏气/罐	不漏气/罐	漏气率/%
一厂	18	28	39
二厂	20	34	37
合　计	38	62	38

由表 8-11 和表 8-12 容易得出：为降低漏气率，应采用 B 厂的封罐机和选用二厂的罐盖。然而事实并非如此，当采用此方法后，漏气率反而高达 43%（6/14=0.43，见表 8-13）。因此，这样的简单分层是有问题的。正确的方法应该是：① 当采用一厂生产的罐盖时，应采用 B 厂的封罐机。② 当采用二厂生产的罐盖时，应采用 A 厂的封罐机。这时它们的漏气率平均为 0（表 8-13）。因此运用分层法时，不宜简单地按单一因素分层，必须考虑各因素的综合影响效果。

表 8-13 多因素分层法

封罐机生产厂家	漏气情况	罐盖生产厂家		合计
		一厂	二厂	
A	漏气/罐	12	0	12
A	不漏气/罐	4	22	26
B	漏气/罐	0	6	6
B	不漏气/罐	10	8	18
C	漏气/罐	6	14	20
C	不漏气/罐	14	4	18
小计	漏气/罐	18	20	38
小计	不漏气/罐	28	34	62
合　计		46	54	100

七、控制图

（一）常规控制图的构造与原理

控制图是对过程质量特性值进行测定、记录、评估和监察过程是否处于统计控制状态的一种用统计方法设计的图。将通常的正态分布图转个方向，使自变量增加的方向垂直向上，并将 μ（总体平均值）、$\mu+3\sigma$ 和 $\mu-3\sigma$（σ 表示总体标准差）分别标为 CL、UCL 和 LCL，这样就得到了一张控制图。图 8-9 中的 UCL 为上控制线，CL 为中心线，LCL 为下控制线。

根据正态分布理论，若过程只受随机因素的影响，即过程处于统计控制状态，则过程质量特性值有 99.73%的数据（点子）落在控制界限内，且在中心线两侧随机分布；若过程受到异常因素的作用，典型分布就会遭到破坏，则质量特性值数据（点子）分布就会发生异常（出界、链状、趋势）。反过来，如果样本质量特性值的点子在控制图上的分布发生异常，那我们就可以判断过程异常，需要进行调整。

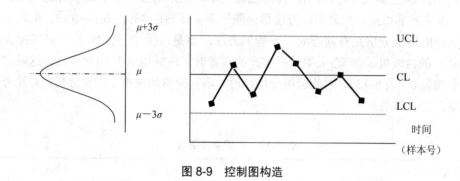

图 8-9　控制图构造

（二）常规控制图的分类

（1）按被控制对象的数据性质不同，常规控制图可分为计量值控制图、计件值控制图和计点值控制图；每类又可分为若干种（表 8-14）。

（2）按用途不同，常规控制图可分为分析用控制图和控制用控制图。分析用控制图用于对已经完成的过程或阶段进行分析，以评估过程是否稳定或确认改进效果；而控制用控制图则用于正在进行中的过程，以保持过程的稳定受控状态。

表 8-14　常规控制图的分类

分布	控制图代号	控制图名称	分布	控制图代号	控制图名称
正态分布 （计量值）	$\bar{X}$-R	均值—极差控制图	二项分布 （计件值）	p	不合格品率控制图
	$\bar{X}$-s	均值—标准差控制图		np	不合格品数控制图
	Me-R	中位数—极差控制图	泊松分布 （计点值）	u	单位不合格数控制图
	X-R_s	单值—移动极差控制图		c	不合格数控制图

（三）控制图的判断准则

控制图对过程异常的判断以小概率事件原理为理论依据，其判异准则有两类：一是点子出界就判异，二是界内点子排列不随机就判异。常规控制图有 8 种判异准则（图 8-10）。

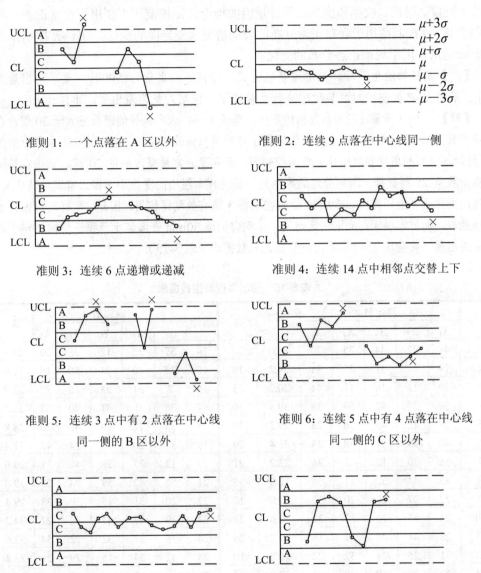

准则 1：一个点落在 A 区以外

准则 2：连续 9 点落在中心线同一侧

准则 3：连续 6 点递增或递减

准则 4：连续 14 点中相邻点交替上下

准则 5：连续 3 点中有 2 点落在中心线
同一侧的 B 区以外

准则 6：连续 5 点中有 4 点落在中心线
同一侧的 C 区以外

准则 7：连续 15 点落在中心线两侧的 C 区内　准则 8：连续 8 点落在中心线两侧且无一在 C 区内

图 8-10　常规控制图 8 种判异准则（图中 × 代表异常点）

（四）常规控制图的应用案例

1. 均值—极差控制图

对于计量值数据而言，这是最常用最基本的控制图。它用于控制对象为长度、重量、强度、纯度、时间、收率和生产量等计量值的场合。$\overline{X}$ 控制图主要用于观察正态分布的均值的变化，R 控制图用于观察正态分布的波动情况或变异度的变化，而 $\overline{X}$-R 控制图则将二者联合运用，用于观察正态分布的变化。

【例】某植物油生产厂，采用灌装机灌装，每桶标称重量为 5000g，要求溢出量为 0~50g。采用 $\overline{X}$-R 控制图对灌装过程进行质量控制。控制对象为溢出量，单位为 g。

【解】（1）步骤 1，预备数据的取得：理论上讲，预备数据的组数应大于 20 组，在实际应用中最好取 25 组数据，当个别组数据属于可查明原因的异常时，经剔除后所余数据依然大于 20 组时，仍可利用这些数据作分析用控制图。若剔除异常数据后不足 20 组，则须在排除异因后重新收集 25 组数据。取样分组的原则是尽量使样本组内的变异小（由正常波动造成），样本组间的变异大（由异常波动造成），这样控制图才能有效发挥作用。因此，取样时组内样本必须连续抽取，而样本组间则间隔一定时间。本例每间隔 30min 在灌装生产线连续抽取 n=5 的样本计量溢出量。共抽取 25 组样本，将数据记入数据表（表 8-15）。

表 8-15　溢出量控制图数据表

组号	测定值					$\overline{X}$	R	组号	测定值					$\overline{X}$	R
	X_1	X_2	X_3	X_4	X_5				X_1	X_2	X_3	X_4	X_5		
1	47	32	44	35	20	35.6	27	14	37	32	12	38	30	29.8	26
2	19	37	31	25	34	29.2	18	15	25	40	24	50	19	31.6	31
3	19	11	16	11	44	20.2	33	16	7	31	23	18	32	22.2	25
4	29	29	42	59	38	39.4	30	17	38	0	41	40	37	31.2	41
5	28	12	45	36	25	29.2	33	18	35	12	29	48	20	28.8	36
6	40	35	11	38	33	31.4	29	19	31	20	35	24	47	31.4	27
7	15	30	12	33	26	23.2	21	20	12	21	38	40	31	29.6	28
8	35	44	32	11	38	32.0	33	21	52	42	52	24	25	39.0	28
9	27	37	26	20	35	29.0	17	22	20	31	15	3	28	19.4	28
10	23	45	26	37	32	32.6	22	23	29	47	41	32	22	34.2	25
11	28	44	40	31	18	32.2	26	24	28	27	32	22	54	32.6	32
12	31	25	24	30	22	26.8	10	25	42	34	15	29	21	28.2	27
13	22	37	19	47	14	27.8	33	合　计						746.6	686

（2）步骤 2，计算统计量：计算每一组数据的平均值和极差，记入表中；然后计算 25 组数据的总平均值 $\overline{\overline{X}}$ 和极差平均值 $\overline{R}$，得：$\overline{\overline{X}}$ =29.86g，$\overline{R}$ =27.44g。

（3）步骤3，计算控制界限、作控制图、打点并判断：

①先计算 R 图的控制界限。根据表 8-16，$UCL_R=\mu_R+3\sigma_R=D_4\overline{R}$，$CL_R=\overline{R}$，$LCL_R=\mu_R-3\sigma_R=D_3\overline{R}$；其中 D_3、D_4 为控制图系数，可从表 8-17 中查得。

从表 8-17 中可知，当 $n=5$ 时，$D_3=0$，$D_4=2.114$，代入公式，得到：

$UCL_R=2.114\times27.44=58.01g$，$CL_R=27.44$，$LCL_R=0\times27.44=0$

以这些参数作 R 控制图，并将表 8-15 中的 R 数据在图上打点，结果如图 8-11 所示。对照常规控制图的判异准则，可判 R 图处于稳态；因此，可以接着建立平均值控制图。

② 当 $n=5$ 时，从表 8-17 知，$A_2=0.58$，所以：$UCL_{\overline{X}}=\overline{\overline{X}}+A_2\overline{R}=29.86+0.58\times27.44=45.78g$，$CL_{\overline{X}}=29.86g$，$LCL_{\overline{X}}=\overline{\overline{X}}-A_2\overline{R}=29.86-0.58\times27.44=13.94g$。

表 8-16　常规控制图控制线公式（部分）

	控制图名称及符号	控制限公式		
计量值	均值—极差图 $\overline{X}$ -R 图	$\overline{X}$ 图：$UCL_{\overline{X}}=\overline{\overline{X}}+A_2\overline{R}$	$CL_{\overline{X}}=\overline{\overline{X}}$	$LCL_{\overline{X}}=\overline{\overline{X}}-A_2\overline{R}$
		R 图：$UCL_R=D_4\overline{R}$	$CL_R=\overline{R}$;	$LCL_R=D_3\overline{R}$
	均值—标准差图 $\overline{X}$ -s 图	$\overline{X}$ 图：$UCL_{\overline{X}}=\overline{\overline{X}}+A_3\overline{s}$	$CL_{\overline{X}}=\overline{\overline{X}}$	$LCL_{\overline{X}}=\overline{\overline{X}}-A_3\overline{s}$
		s 图：$UCL_s=B_4\overline{s}$	$CL_s=\overline{s}$	$LCL_s=B_3\overline{s}$
	单值—移动极差图 X-R_s 图	X 图：$UCL_X=\overline{X}+2.66\overline{R}_s$	$CL_X=\mu_X=\overline{X}$;	$LCL_X=\overline{X}-2.66\overline{R}_s$
		R_s 图：$UCL_R=3.27\overline{R}_s$	$CL_R=\overline{R}_s$	$LCL_R=0$
计数值	不合格品率图 p 图	$UCL_p=\overline{p}+3\sqrt{\dfrac{\overline{p}(1-\overline{p})}{n_i}}$	$CL_p=\overline{p}$	$LCL_p=\overline{p}-3\sqrt{\dfrac{\overline{p}(1-\overline{p})}{n_i}}$
	不合格品数图 np 图	$UCL_{np}=n\overline{p}+3\sqrt{n\overline{p}(1-\overline{p})}$	$CL_{np}=n\overline{p}$	$LCL_{np}=n\overline{p}-3\sqrt{n\overline{p}(1-\overline{p})}$

表 8-17　计量值控制图系数表（部分）

样本量 n	均值控制图					极差控制图				
	控制界限系数			中心线系数		控制界限系数				
	A	A_2	A_3	d_2	$1/d_2$	d_3	D_1	D_2	D_3	D_4
2	2.121	1.880	2.659	1.128	0.8865	0.853	0	3.686	0	3.267
3	1.732	1.023	1.954	1.693	0.5907	0.888	0	4.358	0	2.574
4	1.500	0.729	1.628	2.059	0.4857	0.880	0	4.698	0	2.282
5	1.342	0.577	1.427	2.326	0.4299	0.864	0	4.918	0	2.114
6	1.225	0.483	1.287	2.534	0.3946	0.848	0	5.078	0	2.004
7	1.134	0.419	1.182	2.704	0.3698	0.833	0.204	5.204	0.076	1.924
8	1.061	0.373	1.099	2.847	0.3512	0.820	0.388	5.306	0.136	1.864

作平均值控制图并将表 8-15 中的数据在图上打点，结果如图 8-12 所示。按控制图异常判断准则，可判断图 8-12 无异常。因此，可以判定灌装过程处于稳定受控状态。

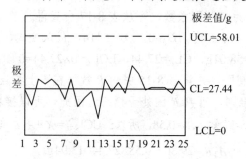

图 8-11　分析用溢出量极差控制图

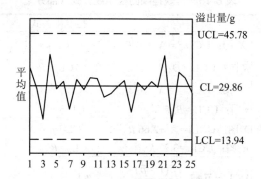

图 8-12　分析用溢出量平均值控制图

2. 单值—移动极差控制图

$X\text{-}R_s$ 控制图多用于下列场合：对每一个产品都进行检验，采用自动化检查和测量的场合；取样费时、昂贵的场合；以及如发酵等气体与液体流程式过程，样品均匀的场合。

【例】某发酵厂每半小时对发酵醪进行温度测定，结果如表 8-18 所示。表中 X 表示测定的温度值，R_s 代表移动极差。请制作控制图并对过程进行判定。

表 8-18　发酵醪温度测定值及统计表

序号	1	2	3	4	5	6	7	8	9	10	11	12	13
X	36.8	36.9	37.5	37.8	39.6	38.0	37.4	37.1	36.9	36.5	36.0	36.9	36.8
R_s		0.1	0.6	0.3	1.8	1.6	0.6	0.3	0.2	0.4	0.5	0.4	0.4

序号	14	15	16	17	18	19	20	21	22	23	24	25	平均
X	36.9	37.5	37.8	37.3	37.7	36.8	36.0	34.0	36.8	37.6	38.0	37.5	37.10
R_s	0.1	0.6	0.3	0.5	0.4	0.9	0.8	2.0	2.8	0.8	0.4	0.5	0.72

【解】根据单值—移动极差控制图计算公式（表 8-16），得到：

$CL_R = \bar{R}_s = 0.72$；$UCL_R = 3.27\bar{R}_s = 3.27 \times 0.72 = 2.354$；$LCL_R = 0$；$CL_X = \mu_X = \bar{X} = 37.10$

$UCL_X = \bar{X} + 2.66\bar{R}_s = 37.10 + 2.66 \times 0.72 = 39.02$；$LCL_X = \bar{X} - 2.66\bar{R}_s = 37.10 - 2.66 \times 0.72 = 35.18$

按照作图程序，得到单值和移动极差控制图（图 8-13 和图 8-14 系由 MINITAB 软件制作，图中控制限与人工计算的控制限的细微差异是由于计算时小数点取舍不同造成的；图中样本点数字表示该点为异常点及其判断准则）。

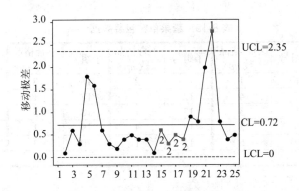

图 8-13　分析用发酵醪温度移动极差控制图

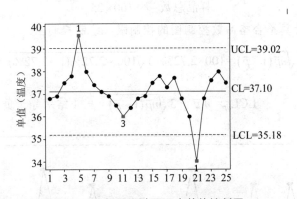

图 8-14　分析用发酵醪温度单值控制图

从图 8-13 可见，从第 6 点开始直到第 14 点，连续 9 点落在中心线的同一侧，依据判异准则的准则 2，属于异常链；第 22 点超出上控制限，属于异常。从图 8-14 可见，第 5 点和第 21 点分别超出上、下控制限，属于异常；第 6 点至第 11 点连续 6 点递减，符合判异准则的准则 3，属于异常链。综合以上判断，发酵醪温度控制过程出现异常，应尽快查找异常原因并加以消除；然后再重新收集 25 个数据制作控制图，以判定过程的稳定性。

3. 不合格品数控制图

np 控制图用于控制对象为不合格品数的场合。设 n 为样本量，p 为不合格品率，则 np 为不合格品数。由于当样本量 n 变化时 np 控制图的控制线都成为凹凸状，不但作图难，而且无法判异、判稳，故只在样本量相同的情况下，方才应用此图。

【例】某食品厂计划对糖果单粒包装机的包装质量进行控制。现每半小时取 100 粒糖果进行包装外观检验，结果如表 8-19 所示。请作 np 图并判定过程是否处于统计控制状态。

表 8-19　糖果单粒包装数据

子组号	不合格品数 np	子组号	不合格品数 np	子组号	不合格品数 np	子组号	不合格品数 np	子组号	不合格品数 np
1	2	6	1	11	2	16	3	21	3
2	5	7	4	12	1	17	1	22	6
3	1	8	3	13	1	18	5	23	1
4	2	9	2	14	4	19	1	24	2
5	5	10	6	15	1	20	3	25	3
合　计									68

【解】（1）步骤 1：计算平均不合格品数 $\overline{p}$：

$$\overline{p} = \frac{\text{不合格品总数}}{\text{样品总数}} = \frac{68}{100 \times 25} = 2.72\%$$

（2）步骤 2：计算不合格品数控制图的控制限，绘制控制图：

$$\mathrm{UCL}_{np} = n\,\overline{p} + 3\sqrt{n\overline{p}(1-\overline{p})} = 100 \times 2.72\% + 3\sqrt{100 \times 2.72\%(1-2.72\%)} = 7.60$$

$$\mathrm{CL}_{np} = n\,\overline{p} = 2.72; \qquad \mathrm{LCL}_{np} = n\,\overline{p} - 3\sqrt{n\overline{p}(1-\overline{p})} = -\text{（结果等于负值，以 "0" 代替）}$$

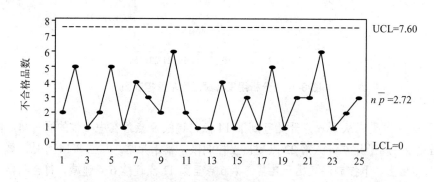

图 8-15　糖果包装不合格品数控制图

图 8-15 显示，糖果单粒包装机工作过程处于统计控制状态。

表 8-20　质量管理传统 7 种工具小结

序号	工具	应　　用
1	因果图	分析和表达因果关系，通过识别症状、分析原因、寻找改进措施，促进问题的解决
2	排列图	按重要性循序表示每一项目对整体的影响，排列改进的顺序
3	分层法	根据数据产生的特征（层）将数据进行分类
4	调查表	收集数据以得到事实的真实状况
5	直方图	显示数据波动的形态，直观表达过程状态，传达需在何处进行改进
6	散布图	分析两组数据间的关系，确定因果关系，确认改进效果
7	控制图	监控过程状态，诊断过程是否稳定，确定过程改进点

第三节　食品质量控制的新型方法

一、关联图法

关联图就是把几个问题和涉及这些问题的、关系极为复杂的因素之间的因果关系用箭头连接起来的图形。主要用于澄清思路、找出影响质量的关键问题。

二、KJ 法

KJ 法泛指利用卡片对语言资料进行整理的许多方法，如亲和图、分层图等。质量管理中常用亲和图法（又称近似图解法或 A 型图解法）。主要用于制定质量管理的方针、计划等。

三、系统图法

它是用系统的观点，把目的和达到目的的手段依次展开绘制系统图，以寻求质量问题的重点和最佳手段的一种方法。

四、矩阵图法

它是把质量问题的各因素按矩阵的行和列排列，以分析因素之间相互关系的方法。主要用来寻求新产品开发方案、寻找不合格原因等。

五、矩阵数据分析法

它是将矩阵图中相互关系能够量化的各因素，进行数据分析的一种方法。主要用于复杂工程的分析和复杂的质量评论。

六、过程决策程序图法

又称 PDPC 法，是指通过充分的预测，对过程的每一个环节估计到随着事态发展而可能遇到的障碍和产生的各种可能的结果，以便采取对策的方法。主要用于制定目标管理、技术开发计划等。

另外还有水平对比法、头脑风暴法、流程图法、质量功能展开等。

复习思考题

1. 质量管理常用的 7 种工具是什么？
2. 某食品公司对某新产品进行市场调查，反映价格高的有 12 条，风味不好的有 52 条，色泽不好的有 16 条，包装不好的有 37 条，质地不好的有 6 条，形状不好的有 4 条。请画出排列图，并指出改进意见。
3. 简述直方图的不同图形与过程质量的关系。
4. 分层法的作用是什么？它可以用在什么场合？
5. 调查表的用途是什么？
6. 常规控制图的判异准则是什么？
7. 质量管理中近年来出现了哪些新型的管理方法？

参考文献

[1] 陈宗道，刘金福，陈绍军. 食品质量管理. 北京：中国农业大学出版社，2003.

[2] 马林，罗国英. 全面质量管理基本知识. 新 1 版. 北京：中国经济出版社，2004.

[3] 国家质量监督检验检疫总局质量管理司. 质量专业基础知识与实务（初级）. 北京：中国人事出版社，2004.

[4] 王毓芳，郝凤. ISO 9000 常用统计技术（修订版）. 北京：中国计量出版社，2002.

[5] Montgomery Douglas C. Introduction to statistical quality control. 4th Edition. New York:John Wiley&Sons,Inc.,2001.

第九章 食品质量检验

【知识目标】

- 了解食品感官检验、理化检验、微生物检验和食品安全性评价的基本概念、内容和程序
- 理解质量检验的几种形式和分类，质量检验计划的概念、作用和编制程序
- 熟悉抽样检验的概念、抽样方法和抽样特性曲线
- 掌握统计抽样检验的常用参数和批质量的判定方法

【能力目标】

- 能应用 GB/T 2828.1 对食品及其原材料质量进行抽样检验
- 能处理食品质量检验中有关抽样和批质量判定的问题

第一节 检验制度、计划与组织

一、食品质量检验制度

食品质量检验制度是食品质量和安全管理体系的一个重要组成部分，是保证和提高食品质量的重要手段。虽然现代食品质量与安全管理注重过程控制的预防作用，强调通过过程控制来保证食品的质量与安全，减少对最终产品质量检验的依赖，但这并不意味质量检验不重要。相反，在现代食品质量与安全管理活动中，质量检验的内涵和范围更大了，它不仅仅是对最终产品的检验，而且是对食品实现全过程的检验。

食品质量检验制度也是我国食品质量安全市场准入制度的重要组成部分。食品质量安全市场准入制度规定的强制检验包括核发食品生产许可证前的发证检验、企业对每批产品的出厂检验和行政机关日常的监督检验。因此，食品企业必须建立质量检验机构，配备合格的检验人员，对食品生产的全过程进行检验，保证食品的质量与安全。

（一）质量检验的定义和作用

1. 质量检验的定义

检验就是通过观察和判断，适当时结合测量、试验所进行的符合性评价。

检验与验证、试验的关系：验证指通过提供客观证据对规定要求已达到满足的认定。试验指按照程序确定一个或多个特性。从内涵的范围来看，验证＞检验＞试验。"验证"要表明是否能满足规定的要求，是对"检验"这一活动的认定。对于采购回来的物料一定要进行"验证"，但不一定要进行"检验"或"试验"。验证的方法有多种多样，如检查、核对客观证据，常见的有检查有无合格证，核对供应商提供的检验数据等。

2. 质量检验的作用

（1）评价（鉴别）作用。企业的质量检验机构根据技术标准、合同、法规等依据，对产品质量形成的各阶段进行检验，并将检验结果与标准比较，做出符合或不符合标准的判断，或对产品质量水平进行评价。不进行鉴别就不能确定产品的质量状况，也就难以实现质量"把关"。鉴别主要由专职检验人员完成。

（2）把关作用。检验人员通过对原材料、外购件、外协件和成品的检验和试验，将不合格品分选或剔出，严格把住每个环节的质量关，做到不合格的原材料、外购件、外协件不进厂，不合格的半成品不转序，不合格的产品（成品）不出厂。这是质量检验最重要、最基本的职能和作用。

（3）预防作用。检验的预防作用表现在通过抽样检验，进行过程能力分析和运用控制图判断过程状态，从而预防不合格品的出现。另外，检验人员通过进货检验、首件检验、巡回检验及抽样检验等，及早发现不合格品，防止不合格品进入工序加工和大批量的产品不合格，避免造成更大的损失。

（4）报告作用。通过各阶段的检验和试验，记录和汇集了产品质量的各种数据，这些质量记录是证实产品符合性及质量管理体系有效运行的重要证据。另一方面，当产品质量发生变异时，这些检验记录能及时向有关部门及领导报告，起到重要信息反馈作用。

（二）质量检验的步骤

1. 检验的准备

熟悉规定要求，确定检验方法，制定检验规范。首先要熟悉检验标准和技术文件规定的质量特性和具体内容，确定测量的项目和量值。为此，有时需要将质量特性转化为可直接测量的物理量；有时则要采取间接测量方法，经换算后才能得到检验需要的量值；有时则需要有标准实物样品（样板）作为比较测量的依据。要确定检验方法，选择精密度、准确度适合检验要求的计量器具和测试、试验及理化分析用的仪器设备。确定测量、试验的条件，确定检验实物的数量，对批量产品还需要确定批的抽样方案。将确定的检验方法和方案用技术文件形式做出书面规定，制定规范化的检验规程（细则）、检验指导书，或绘成图表形式的检验流程卡、工序检验卡等。在检验的准备阶段，必要时要对检验人员进行相关知识和技能的培训和考核，确认能否适应检验工作的需要。检验的准备可通过编制检验计划的形式来实现。

2．检测、测量或试验

按已确定的检验方法和方案，对产品的一项或多项质量特性进行定量或定性的观察、测量、试验（检测），得到需要的量值和结果。测量首先应保证所用的测量装置或理化分析仪器处于受控状态。

3．记录

把所测量的有关数据，按记录的格式和要求认真做好记录。质量记录按质量体系文件规定的要求控制。质量检验记录是证实产品质量的证据，因此数据要客观、真实，字迹要清晰、整齐，不能随意涂改，需要更改的要按规定程序和要求办理。质量检验记录不仅要记录检验数据，还要记录检验日期、班次，由检验人员签名，便于质量追溯，明确质量责任。

4．比较和判定

比较就是由专职人员将检验的结果与规定要求进行对照比较，确定每一项质量特性是否符合规定要求，从而判定被检验的产品是否合格。但有关检验结果的正式判定应由经授权的责任人员做出，特别是涉及重要的或成本昂贵的产品。

5．确认和处置

检验有关人员对检验的记录和判定的结果进行签字确认，对产品做出处置：①对单件产品，合格的转入下道工序或入库。不合格的做适用性判断或经返工、返修、降等级、报废等方式处理。②对批量产品，根据检验结果，分别做出接收、拒收或复检处理。

图 9-1　质量检验流程

（三）质量检验的几种形式

1．查验原始质量凭证

在供货方质量稳定、有充分信誉的条件下，质量检验往往采取查验原始质量凭证，如质量证明书、合格证、检验或试验报告等以认定其质量状况。

2．实物检验

对产品最终性能、食品安全性有决定性影响的物料和质量特性，必须进行实物质量检验。由本单位专职检验人员或委托外部检验单位按规定的程序和要求进行检验。

3．派员进厂（驻厂）验收

采购方派员到供货方对其产品、产品的形成过程和质量控制进行现场查验，认定供货方产品生产过程质量受控，产品合格，给予认可接受。

（四）质量检验的分类

质量检验方式可按不同的方法进行分类（表9-1）。

表 9-1　质量检验的分类

分类方法	检验方式		分类方法	检验方式
一、按生产过程顺序分类	1.进货检验	首件（批）样品进货检验	六、按检验后样品的状况分类	1．破坏性检验
		成批进货检验		2．非破坏性检验
	2.过程检验	首件检验	七、按检验目的分类	1．生产检验
		巡回检验		2．验收检验
		在线检验		3．监督检验
		完工检验		4．验证检验
	3.最终检验	成品检验		5．仲裁检验
		形式检验	八、按供需关系分类	1．第一方检验
		出厂检验		2．第二方检验
二、按检验地点分类	1．固定场所检验			3．第三方检验
	2．流动检验		九、按检验人员分类	1．自检
三、按检验方法分类	1．感官检验			2．互检
	2．理化检验			3．专检
	3．微生物检验		十、按检验周期分类	1．逐批检验
四、按被检验产品的数量分类	1．全数检验			2．周期检验
	2．抽样检验		十一、按检验的效果分类	1．判定性检验
	3．免检			2．信息性检验
五、按质量特性的数据性质分类	1．计量值检验			3．寻因性检验
	2．计数值检验		十二、按检验项目性质分类	1．常规检验
				2．非常规检验

1．按生产过程的顺序分类

（1）进货检验。食品企业生产所需的原料、配料、包装材料等多由其他企业生产。

进货检验是企业对所采购的原材料及半成品等在入库之前所进行的检验。其目的是防止不合格品进入仓库，防止由于使用不合格品而影响产品质量，打乱正常的生产秩序。这对于把好质量关，减少企业不必要的经济损失是至关重要的。进货检验应由企业专职检验员，严格按照技术文件认真检验。进货检验包括首件（批）样品进货检验和成批进货检验。

① 首件（批）样品进货检验。对首件（批）进货样品，按程序文件、检验规程以及该产品的规格要求或特殊要求进行全面检验或全数检验或某项质量特性的试验；详细记录检测和试验数据，以便分析首件（批）样品的符合性质量及缺陷，并预测今后可能发生的缺陷，及时与供方沟通进行改进或提高。在首次交货、供方产品设计上有较大的变更、产品（供货）的制造工艺有了较大的改变、供货停产较长时间后恢复生产、需方质量要求有了改变等情况下应进行首件（批）样品的进货检验。

② 成批进货检验。按入厂原材料、半产品对产品质量的影响程度分为 A、B、C 三类，实施 A、B、C 管理法。A 类是关键件，必检；B 类是重要件，抽检；C 类是一般件，对产品型号规格、合格标志等进行验证。通过 A、B、C 分类检验，可使检验工作分清主次，集中主要力量检测关键件和重要件，确保进货质量。

（2）过程检验。过程检验也称工序检验，是在产品形成过程中对各加工工序之间进行的检验。其目的在于保证各工序的不合格半成品不得流入下道工序，防止对不合格半成品的继续加工和成批半成品不合格，确保正常的生产秩序。由于过程检验是按生产工艺流程和操作规程进行检验，因而起到验证工艺和保证工艺规程贯彻执行的作用。过程检验一般由生产部门和质检部门分工协作共同完成。过程检验根据过程的各阶段又可分为首件检验、巡回检验、在线检验和完工检验。

① 首件检验。是对加工的第一件产品进行的检验；或在生产开始时（上班或换班）或工序因素调整（调整工装、设备、工艺）后对前几件产品进行检验，其目的在于及早发现过程中影响产品质量的系统因素，防止产品成批报废。

② 巡回检验。是指检验员在生产现场按一定的时间间隔对有关工序的产品和生产条件进行的监督检验。巡回检验不仅要抽检产品，还需检查影响产品质量的生产因素（5M1E——人、机、料、法、测、环）。巡回检验的重点是关键工序。

③ 在线检验。是在流水线生产中，完成每道或数道工序后所进行的检验。一般要在流水线中设置几道检验工序，由生产部门或品质部门派员在此进行在线检验。

④ 完工检验。是对一批加工完的半成品进行全面的检验。完工检验的工作内容包括验证前面各工序的检验是否完成，检验结果是否符合要求，即对前面所有的检验数据进行复核。目的是发现和剔除不合格品，使合格品继续转入下道工序或进入半成品库。

（3）最终检验。最终检验是完工后的产品入库前或发到用户手中之前进行的一次全面检验，这是最关键的检验。因此，必须根据合同规定（如有的话）及有关技术标准或技术要求，对产品实施最终检验。其目的在于保证不合格产品不出厂。最终检验不仅要管好出厂前的检验，而且还应对在此之前进行的进货检验、过程检验是否都符合要求进行核对。只有所有规定的进货检验、过程检验都已完成，各项检验结果满足规定要求后，才能进行最终检验。最终检验的形式一般有：成品（入库）检验、形式检验和出厂检验。

① 成品检验。是在生产结束后，产品入库前对产品进行的常规检验。食品的入库检验项目为常规检验项目，如感官指标、部分理化指标、非致病性微生物指标、包装等。

② 形式检验。检验项目包括该产品标准对产品的全部要求，即包括常规检验项目和非常规检验项目。由于非常规检验（农药兽药残留、重金属、致病菌等）大多历时长、耗费大，不可能每批入库（或出厂）时都做。一般情况下，每个生产季度应进行一次形式检验。有下列情况之一者，亦应进行形式检验：新产品或老产品转厂生产时；长期停产，恢复生产时；正式生产后，当主要原辅材料、配方、工艺和关键生产设备有较大改变，可能影响产品质量时；国家质量监督机构提出进行形式检验要求时；出厂检验结果与上次形式检验有较大差异时。

③ 出厂检验。或称交收检验，是指在将仓库中的产品送交客户前进行的检验。虽然产品入库前已经进行了严格的检验，但由于食品有保质期，所以出厂检验是必要的。出厂检验的项目可以同入库检验一样，也可以从入库检验的项目中选择一部分进行。但要注意，只有形式检验在有效期内，出厂检验合格的产品，才有根据判定它符合质量要求。

2. 按被检验产品的数量分类

（1）全数检验。全数检验也称为百分之百检验，是对所提交检验的全部产品逐件按规定的标准检验。全数检验在以下情况进行：价值高但检验费用不高的产品；生产批量不大，质量又无可靠措施保证的产品；手工操作比重大、质量不稳定的加工工序所生产的产品；抽样方案判为不合格批需全数重检筛选的产品。

应注意，即使全数检验由于错验和漏验也不能保证百分之百合格。如果希望得到的产品百分之百都是合格产品，必须重复多次全数检验才能接近百分之百合格。

（2）抽样检验。抽样检验是按预先确定的抽样方案，从交验批中抽取规定数量的样品构成一个样本，通过对样本的检验推断批合格或批不合格。

抽样检验适用于以下情况：①生产批量大、自动化程度高、产品质量比较稳定；②带有破坏性检验项目的产品；③产品价值不高但检验费用较高时；④某些生产效率高、检验时间长的产品；⑤外协件、外购件大量进货时。

抽样检验方案的确定依据不同时，又可分为统计抽样检验和非统计抽样检验。非统计抽样检验（如百分比抽样检验）的方案不是由统计技术决定的，其对交验批的接收概率不只受批质量水平的影响，还受到批量大小的影响，是不科学、不合理的抽样检验，应予淘汰。

（3）免检。免检即无试验检验，并不意味着不进行"验证"，而是对经国家权威部门产品质量认证合格的产品或信得过产品在买入时执行的无试验检验，接收与否以供应方的合格证或检验数据为依据。执行免检时，顾客（需方）往往要对供应方的生产过程进行监督。监督方式可采用派员进驻或索取生产过程的控制图等方式进行。

3．按质量特性的数据性质分类

（1）计量值检验。计量值检验需要测量和记录质量特性的具体数值，取得计量值数据，并根据数据值与标准对比，判断产品是否合格。计量值检验所取得的质量数据，可应用直方图、控制图等统计方法进行质量分析，可以获得较多的质量信息。

（2）计数值检验。所获得的质量数据为合格品数、不合格品数等计数值数据，而不能取得质量特性的具体数值。

4．按检验后样品的状况分类

（1）破坏性检验。破坏性检验是指只有将被检验的样品破坏以后才能取得检验结果的检验，如食品化学检验等。

（2）非破坏性检验。非破坏性检验是指检验过程中产品不受到破坏、产品质量不发生实质性变化的检验，如食品重量的测量等检验。现在由于无损探伤技术的发展，非破坏性检验的范围在逐渐扩大。

5．按检验目的分类

（1）生产检验。生产检验指生产企业在产品形成的整个生产过程中的各个阶段所进行的检验。生产检验的目的在于保证生产企业所生产的产品质量。食品的出厂检验或称交收检验就属于生产检验。生产检验执行内控标准。

（2）验收检验。验收检验是顾客（需方）对生产企业（供方）提供的产品所进行的检验。验收检验的目的是为顾客保证验收产品的质量。验收检验执行验收标准。

（3）监督检验。监督检验指经各级政府主管部门所授权的独立检验机构，按质量监督管理部门制订的计划，从市场抽取商品或直接从生产企业抽取产品所进行的市场抽查监督检验。监督检验的目的是为了对投入市场的产品质量进行宏观控制。

（4）验证检验。验证检验指各级政府主管部门所授权的独立检验机构，从企业生产的产品中抽取样品，通过检验验证企业所生产的产品是否符合所执行的质量标准要求的检验。如产品质量认证中的形式试验就属于验证检验。

（5）仲裁检验。仲裁检验指当供需双方因产品质量发生争议时，由各级政府主管部门所授权的独立检验机构抽取样品进行检验，提供仲裁机构作为裁决的技术依据。

6．按供需关系分类

（1）第一方检验。生产方（供方）称为第一方。第一方检验指生产企业自己对自己所生产的产品进行的检验。第一方检验实际就是生产检验。

（2）第二方检验。使用方（顾客、需方）称为第二方。需方对采购的产品或原材料、外购件、外协件及配套产品等所进行的检验称为第二方检验。第二方检验实际就是进货检验（买入检验）和验收检验。

（3）第三方检验。由各级政府主管部门所授权的独立检验机构称为公正的第三方。第三方检验包括监督检验、验证检验、仲裁检验等。

7. **按检验人员分类**

（1）自检。自检是指由操作工人自己对自己所加工的产品所进行的检验。自检的目的是操作者通过检验了解被加工产品的质量状况，以便不断调整生产过程生产出完全符合质量要求的产品。

（2）互检。互检是由同工种或上下道工序的操作者相互检验所加工的产品。互检的目的在于通过检验及时发现不符合工艺规程规定的质量问题，以便及时采取纠正措施，从而保证加工产品的质量。

（3）专检。专检是指由企业质量检验机构直接领导，专职从事质量检验的人员所进行的检验。

8. **按检验周期分类**

（1）逐批检验。逐批检验是指对生产过程所产生的每一批产品，逐批进行的检验。逐批检验的目的在于判断批产品的合格与否。

（2）周期检验。周期检验是从逐批检验合格的某批或若干批中按确定的时间间隔（季或月）所进行的检验。周期检验的目的在于判断周期内的生产过程是否稳定。

周期检验和逐批检验构成企业的完整检验体系。周期检验是为了判定生产过程中系统因素作用的检验，而逐批检验是为了判定随机因素作用的检验，二者是投产和维持生产的完整的检验体系。周期检验是逐批检验的前提，没有周期检验或周期检验不合格的生产系统不存在逐批检验。逐批检验是周期检验的补充，逐批检验是在经周期检验杜绝系统因素作用的基础上而进行的控制随机因素作用的检验。

9. **按检验效果分类**

（1）判定性检验。判定性检验是依据产品的质量标准，通过检验判断产品合格与否的符合性判断。判定性检验的主要职能是把关，其预防职能的体现是非常微弱的。

（2）信息性检验。信息性检验是利用检验所获得的信息进行质量控制的一种现代检验方法。因为信息性检验既是检验又是质量控制，所以具有很强的预防功能。

（3）寻因性检验。寻因性检验是在产品的设计阶段，通过充分的预测，寻找可能产生不合格的原因（寻因），有针对性地设计和制造防差错装置，用于产品的生产制造过程，杜绝不合格品的产生。寻因性检验具有很强的预防功能。

10. **按检验项目性质分类**

（1）常规检验。每批产品必须进行的检验，如感官指标、净含量、部分理化指标、非致病性微生物指标、包装等。

（2）非常规检验。非逐批进行的检验，如农药兽药残留、重金属、致病菌等。

二、食品质量检验计划

（一）质量检验计划的概念和作用

1. 质量检验计划的概念

质量检验计划就是对检验涉及的活动、过程和资源做出规范化的书面文件规定，用以指导检验活动，使其既能有效和高效地保证产品的符合性质量，又能降低成本。

2. 质量检验计划的作用

（1）有利于质量和效率的提高。通过对检验活动的统筹安排，恰当地设置检验项目，选择适宜的检验方法，合理地配备和使用人员，使检验工作的质量和效率得到提高。

（2）提高检验的经济效果。确定并实施质量缺陷严重性分级标准，该严的则从严把关，能宽的则从宽处理，既有利于保证质量，又可以使产品制造过程更为经济。

（3）明确检验人员的责任和权利。明确每一个检验员分担的任务和应负的责任，有利于充分调动他们的积极性，也便于对他们进行考核。

（4）有利于检验工作的规范化、科学化和标准化，使产品质量在制造过程中更好地处于受控状态。

（二）质量检验计划的编制

1. 编制检验流程图及其说明

检验流程图是表明从原料或半成品投入到最终生产出成品的整个过程中，安排各项检验工作的一种图表。它是正确指导检验活动的重要依据。检验流程图一般包括检验点的设置、检验项目和检验方法等内容，可结合产品工艺流程图进行绘制。

（1）检验点的设置。应根据技术上的必要性、经济上的合理性和管理上的可行性来安排。

（2）检验项目。根据产品要求、产品技术标准、质量特性的重要程度确定所需要检验的项目。企业所执行的标准有验收标准和内控标准。按重要程度质量特性可分为关键质量特性、重要质量特性和一般质量特性。

（3）检验方法。明确各检验点及各检验项目所采取的检验方法，如采用感官检验还是某种理化检验，采用全数检验还是按某种方式进行抽样检验，采用自检还是专检等。

2. 明确职责与权限

（1）有关质量检验策划与检验计划修改的职责及权限。

（2）有关检验实施的职责与权限，如抽样、测量、分析、判断、报告等。

（3）有关不合格品处置的职责与权限。

（4）有关出现争议时仲裁和协调的职责与权限。

3．编制检验指导书

检验指导书即检验规程或检验卡片，是指导检验人员开展检验工作的文件。对产品实现过程中重要和关键的过程和产品都应编制检验指导书。检验指导书根据不同的检验类型、所检验的质量特性类型而定，形式和繁简程度均不相同，其基本内容可包括：检验对象及其在检验流程上的位置；所要检验的质量特性；检验方法，包括检验人员的资格要求、抽样方案、所用设备的要求、操作规范等；接收准则；应做的记录和报告要求。

表 9-2　ABC 食品公司检验指导书

产品名称		月饼成品	检验点名称	成品出厂检验	文件编号
检验项目		要　　求		抽样方案	检验方法
感官	形态	外形完整、四周饱满呈微鼓形，花纹图案清晰，无裂纹，无露馅		正常检验一次抽样： 一般检验水平Ⅱ， AQL=2.5，N=5 000， n=200，Ac=10，Re=11	视觉
	色泽	饼面浅黄色或金黄色、色泽均匀、有光泽			视觉
	组织	皮薄馅厚，饼皮厚薄均匀，致密无空隙			视觉
	口味	符合该产品特有的风味、无异味			味觉、嗅觉
	杂质	皮及馅内无肉眼可见的杂质			视觉
理化	重量	每块月饼实际重量不低于标称重量			用天平称量
	水分	11.0～19.0　　（%）		随机抽样	GB/T 5009.3 第 1 条
微生物	细菌总数	≤1 000　　（个/g）		随机抽样	GB 4789.2
	大肠菌群	≤30　　（个/100 g）		随机抽样	GB 4789.4

说明：1．感官和重量检验：由检验员按照 GB 2828.1—2003 的正常检验一次抽样方案进行统计抽样检验。

2．水分检验：由检验员从每批次产品中随机抽取 12 个月饼制成混合样并进行检验，样品水分符合规定要求则判批产品合格，否则判批产品不合格。

3．微生物检验：由检验员从每批次产品中随机抽取约 200 g 月饼制成混合样并进行检验，样品微生物数量小于或等于规定要求则判批产品合格，否则判批产品不合格。

4．检验报告：检验员出具检验报告并签字，经检验室主管审核、签字后通知仓库主管。

编制：王东　　　　审核：张西　　　　批准：李南　　　　　　日期：2006 年 1 月 5 日

4．编制相关资源需求计划

确定所需的检验人员及其资格要求、培训计划，所需的测量试验设备及其精密度要求等。

三、食品质量检验组织

（一）组织机构

按照食品质量安全市场准入制度的要求，食品企业必须建立质量检验机构，配有合格的专职检验人员、检验仪器设备和检验室等。质量检验部门的组织机构大小和形式因食品企业的规模、产品结构等具体情况的不同而不同。质量检验部门由一名主管（总检验师）领导，各检验员按职责要求完成各自的检验工作。

（二）检验部门的职责

（1）制订检验计划，编制检验人员所用的全部手册和检验程序。

（2）制定产品及工序的检验标准。

（3）制定人员、设备和供应等方面的部门预算。

（4）参与设计检验场地，选择设备和仪表，设计工作方法。

（5）分配检验人员的工作，监督和评定他们的工作成绩。

（6）在调查和解决质量问题上，以及在其他跨部门工作中同其他部门协作。

（7）复核不合格产品的情况，参与研究处置方法。

（8）负责原材料、过程和产品的质量检验，并提出检验报告。

（9）参与制定有关质量方面必需的文件。

（10）负责组织检验人员的培训工作。

（11）负责建立和管理质量档案。

（三）检验人员应该具备的条件

检验人员必须取得由劳动和社会保障部门核发的食品检验工初级工以上工种资格证书，并且具备较高的检验水平和较强的分析问题的能力。检验水平是指检验人员对产品质量做出正确判断的程度，主要表现在错、漏检率和分析能力上。要保证一定的检验水平，检验人员应该具备如下条件：具有较高的文化程度，掌握全面质量管理的基本知识，有较强的分析、判断能力；必须基本掌握与所承担的检验任务相适应的生产技能，责任心强，办事公正，敢于碰硬；能正确使用量具仪表，熟练掌握相应的测试技术；受过专门训练，已取得资格认证；无色盲、高度近视等眼疾。检验员的分析能力具体表现为是否善于"用数据讲话"，是否能通过数据的变化预示质量的趋势，如果产生了质量问题能否找到成因等。

第二节　抽样检验

一、概述

抽样检验就是从交验的一批产品（批量为 N）中，随机抽取一个样本（由 n 个单位产品组成）进行检验，从而对批产品质量做出判断的过程。

统计抽样检验是指抽样方案完全由统计技术所确定的抽样检验。它的理论依据是概率论、数理统计、管理学和经济学。它是统计质量控制的一个重要组成部分，是质量管理的内容之一。统计抽样检验的优势在于，可以用尽可能低的检验费用（经济性），有效地保证产品的质量水平（科学性），对产品质量检验或/和评估提供可靠的结论（可靠性），并且实施过程简便（可用性）。

按检验特性值的属性可以将抽样检验分为计数抽样检验和计量抽样检验两大类。计数抽样检验又包括计件抽样检验和计点抽样检验，计件抽样检验是根据被检样本中的不合格产品数，推断整批产品的接收与否；而计点抽样检验是根据被检样本中的产品包含的不合格数，推断整批产品的接收与否。计量抽样检验是通过测量被检样本中的产品质量特性的具体数值并与标准进行比较，进而推断整批产品的接收与否。按抽样的次数也即抽取样本的个数（不是指抽取的单位产品个数，即样本量），抽样检验又可以分为一次抽样检验、二次抽样检验、多次抽样检验和序贯抽样检验。一次抽样检验就是从检验批中只抽取一个样本就对该批产品做出是否接收的判断；二次抽样检验是一次抽样检验的延伸，它要求对一批产品抽取至多两个样本即做出批接收与否的结论，当第一个样本不能判定批接收与否时，再抽第二个样本，然后由两个样本的结果来确定批是否被接收；多次抽样是二次抽样检验的进一步推广，例如五次抽样，则允许最多抽取 5 个样本才最终确定批是否接收。序贯抽样检验不限制抽样次数，每次抽取一个单位产品，直至按规则做出是否接收批的判断为止。

二、抽样检验特性曲线

检验特性曲线是表示交验批的不合格率与批接收概率的关系的曲线，也称为 OC 曲线。

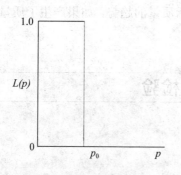

图 9-2　全数检验的 OC 曲线

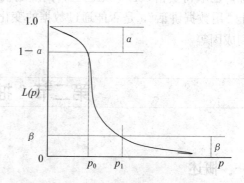

图 9-3　抽样检验的 OC 曲线

图 9-2 中，$[0, p_0]$ 区域为合格区域，$p>p_0$ 区域为不合格区域。图 9-3 中，$[0, p_0]$ 为合格区域，(p_0, p_1) 为未定区域，$p \geqslant p_1$ 为不合格区域。

全数检验的 OC 曲线，也称理想的 OC 曲线。当 $p \leqslant p_0$ 时，$L(p)=1$；当 $p>p_0$，$L(p)=0$。这样的曲线只有在 100%检验且不发生错检和漏检的情况下才能得到。

抽样检验的 OC 曲线一般具有三个特点：①对于合格的交验批，即 $p \leqslant p_0$，这时以高的接收概率（例如 $L(p) \geqslant 0.88$）予以接收；②对于质量变坏的交验批，即超过规定值 p_0，这时接收概率迅速减少，达到某个限度时（p_1）以低概率接收（即以高概率拒收），这时的 $L(p_1)$ 一般为 0.1 左右；③抽样检验的工作量适当，即样本量大小合适。

对于一般的交验批，一个抽样方案的 OC 曲线由批量 N、样本量 n、接收数 Ac 三个参数决定。N、n、Ac 不同，OC 曲线的形状就不同，其对批质量的判别能力也不一样，因此可用 OC 曲线比较方案的优劣。

三、抽样检验的样品采集

（一）抽检样品采集的原则

样品采集的原则是随机抽样，就是保证在抽取样本的过程中，排除一切主观意向，使批中的每个单位产品都有同等被抽取的机会的一种抽取方法。

（二）抽检样品采集的方法

1. 简单随机抽样法

这种方法就是平常所说的随机抽样法，就是指总体中的每个个体被抽到的机会是相同的。可采用抽签、抓阄、掷骰、查随机数值表（乱数表）等办法。简单随机抽样法的优点是抽样误差小，缺点是抽样手续比较繁杂。

2. 系统随机抽样法

又叫等距抽样法或机械抽样法，是每隔一定时间或一定编号进行，而每一次又是从一定时间间隔内生产出的产品或一段编号的产品中任意抽取一个。像在流水线上定时抽 1 件产品进行检验就是系统随机抽样的一个例子。系统随机抽样操作简便，实施起来不易出差错。但在总体发生周期性变化的场合，不宜使用这种抽样的方法。

3. 分层抽样法

又叫类型抽样法。它是从一个可以分成不同层（或称子体）的总体中，按规定的比例从不同层中随机抽取样品的方法。层别可以按设备分、按操作人员分、按操作方法分。分层抽样法常用于产品质量验收。分层抽样法的优点是样本代表性比较好，抽样误差比较小。缺点是抽样手续较简单随机抽样还要复杂。

4. 整群抽样法

又叫集团抽样法。这种方法是将总体分成许多群（组），每个群（组）由个体按一定方式结合而成，然后随机地抽取若干群（组），并由这些群（组）中的所有个体组成样本。比如，对某种产品来说，每隔20h抽出其中1h的产量组成样本。整群抽样法的优点是抽样实施方便。缺点是由于样本取自个别几个群体，而不能均匀地分布在总体中，因而代表性差，抽样误差大。

【例】假设有某种成品分别装在20个箱中，每箱各装50个，总共是1000个。如果想从中取100个成品作为样本进行测试研究，那么应该怎样运用上述4种抽样方法呢？

（1）简单随机抽样。将20箱成品倒在一起，混合均匀，并将成品从1~1000——编号，然后用查随机数表或抽签的办法从中抽出编号毫无规律的100个成品组成样本，这就是简单随机抽样。

（2）系统随机抽样。将20箱成品倒在一起，混合均匀，并将成品从1~1000逐一编号，然后用查随机数表或抽签的办法先决定起始编号，比如16号，那么后面入选样本的成品编号依次为26，36，46，56，…，906，916，926，…，996，6。于是就由这样100个成品组成样本，这就是系统随机抽样。

（3）分层抽样。对所有20箱成品，每箱都随机抽出5个成品，共100个组成样本，这就是分层抽样。

（4）整群抽样。先从20箱成品中随机抽出2箱，然后对这2箱成品进行全数检查，即把2箱成品看成"整群"，由它们组成样本，这就是整群抽样。

四、抽检中的常用参数

1. 批量 N

批量是检验批中单位产品的数量，常用 N 来表示。检验批必须是由质量均匀的产品所构成的。不同原材料、零部件制造的产品不得归为同一批提交检验；由不同设备、不同工艺方法所制造的产品不得归为同一批交付检验；不同时期或交替轮番生产的产品不得归为同一批交付检验。

批量 N 的大小要适宜。对构成交验批的批量大小并无特殊规定，但应注意：批量 N 过于小时，相对于批量 N 的抽样比例要加大；批量 N 过于大时，一旦发生误判所造成的损失亦大；从交验批的批量 N 中抽取用于检验的样本 n，一定要做到随机抽样。

2. 接收质量限 AQL

接收质量限 AQL 是指当一个连续系列批被提交验收抽样时，可允许的最差过程平均质量水平。它是对生产方的过程质量提出的要求，是允许的生产方过程平均（不合格品率）的最大值。

AQL 的数值可以表征"每百件产品中的不合格品数",也可以表征"每百件产品中的不合格数"。GB/T 2828.1 标准中规定的 AQL 值取值范围为 0.01%～1000%。当 $AQL \leqslant 10\%$ 时,既可表征每百件产品中的不合格品数又可表征每百件产品中的不合格数。但当 $AQL > 10\%$ 时,则只能表征每百件产品中的不合格数。

AQL 值一般在技术标准、质量标准或供需双方签订的订货合同或协议中应明确规定。确定 AQL 值的总原则应根据需求的必要性和生产的可能性由供需双方协商确定。

3. 检验水平 IL

检验水平是为确定判断能力而规定的批量 N 与样本大小 n 之间关系的等级划分。一般说来批量 N 越大,样本 n 也越大,但不是正比关系,大批量样本占的比例比小批量样本占的比例小。

在抽样检验过程中,检验水平用于表征抽样检验方案的判断能力。检验水平高,判断能力强,即优于或等于 AQL 质量批的接收概率将有所提高,劣质批(例如质量为 $10AQL$ 的批)的接收概率,将有较明显的降低。但需注意的是,检验水平越高,检验样本量越大,检验费用也相应提高。

GB/T 2828.1 给出了 3 个一般检验水平,分别是 I、II、III,还有 4 个特殊检验水平,分别是 S-1、S-2、S-3、S-4。数码越大,等级越高,判断能力越强。一般检验水平高于特殊检验水平。水平 I 的样本量不到水平 II 的样本量的一半,水平 III 的样本量大约是水平 II 的 1.5 倍。

检验水平的判断能力:III > II > I > S-4 > S-3 > S-2 > S-1。没有特别规定时,首先采用一般检验水平 II。

4. 抽样检验的严格度

GB/T 2828.1 标准规定有正常检验、放宽检验和加严检验三种不同严格程度的检验。当产品批初次被送交检验时,除非另有规定,否则一律从正常检验开始。开始正常检验经历一段时间后,如果认为送交检验的每一批质量水平一致优于合格质量水平时,为鼓励生产方不断提高和保证产品质量方面所作的努力,应转为采用放宽检验。如果认为送交检验的各批质量水平低于合格质量水平,出现多批被拒收时,当然会认为被接收的批质量水平也是低劣的。为了弥补这种缺陷,必须由正常检验转入加严检验,通过降低接收概率来拒绝许多批的通过,促使生产方努力提高产品的质量水平。可见,调整型抽样检验,无论是放宽还是加严都有利于促进生产方不断提高产品的质量水平。检验严格度的转移规则如图 9-4 所示。

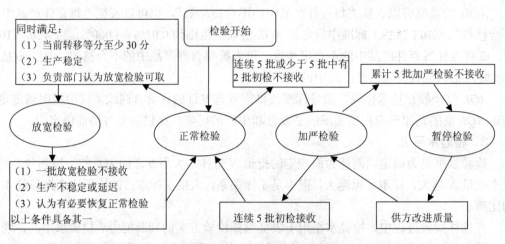

图 9-4　GB/T 2828.1 检验严格度的转移规则

五、抽样检验方案简介

（一）批质量判断过程

1. 一次抽样检验方案

（1）一次抽样检验方案的构成为[N，n，Ac]。其中：N 为交验批的批量；n 为样本大小；Ac 为合格判定数。方案中还应包括不合格判定数 Re，在一次抽样检验方案中总有 $Re=Ac+1$，所以往往在方案中不标出。

（2）一次抽样检验方案的判定程序。从交验批 N 件产品中随机抽取 n 件产品组成样本，按标准预先设定一个合格判定数 Ac，对样本中的 n 件产品进行检验，若发现样本 n 中的不合格品数为 d，则用 d 与 Ac 做比较后进行判定：若 $d \leqslant Ac$ 时，判批（N 件产品）为合格，对整批产品接收；若 $d > Ac$ 时，判批（N 件产品）为不合格，对整批产品拒收。如图 9-5 所示。

2. 二次抽样（复式抽样）检验方案

（1）二次抽样检验方案的构成为[n_1，Ac_1，Re_1]，[n_2，Ac_2，Re_2]。

式中：n_1 为所抽取的第 1 个样本的大小；n_2 为所抽取的第 2 个样本的大小；Ac_1 为第 1 个样本的合格判定数；Re_1 为第 1 个样本的不合格判定数；Ac_2 为第 2 个样本与第 1 个样本的累积合格判定数；Re_2 为第 2 个样本与第 1 个样本的累积不合格判定数。

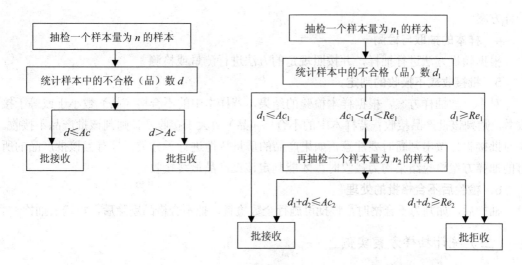

图 9-5　一次抽样方案示意图　　　　　图 9-6　二次抽样方案示意图

（2）二次抽样检验方案的判定程序首先从交验批 N 件产品中抽取第 1 个样本 n_1 件产品。检验第 1 个样本的 n_1 件产品，发现其中有 d_1 件不合格品。若 $d_1 \leqslant Ac_1$ 则判批为合格，予以接收。若 $d_1 \geqslant Re_1$ 则判批为不合格，予以拒收。由于 Re_1 与 Ac_1 之间没有加 1 的关系（即不是连续的自然数），因此，当 $Re_1 > d_1 > Ac_1$ 时，则暂不作决定，需再抽取第 2 个样本 n_2 件产品。检验第 2 个样本，发现其中有 d_2 件不合格品，继续做如下判断及处理：若 $d_1 + d_2 \leqslant Ac_2$ 则判批合格，予以接收。若 $d_1 + d_2 \geqslant Re_2$ 则判批不合格，予以拒收。如图 9-6 所示。

另外，还有五次和七次抽样方案。但只要设定的 AQL 值和检验水平 IL 相同，一次、二次、五次或七次抽样方案对产品的质量保证能力（检验的判断能力）基本上是相同的。

（二）计数调整型抽样标准 GB/T 2828.1—2003 的使用

1. 确定检验项目、质量标准和不合格分类

明确规定区分质量特性合格标准或不合格的标准，根据产品特点和实际需要将产品分为 A、B、C 类不合格或不合格品。

2. 抽样方案检索要素的确定

确定接收质量限 AQL、检验水平 IL、抽样方案类型（一、二、多次）、检验严格度和检验批组成。

3. 抽样方案的检索

据批量 N 和规定的检验水平 IL，查样本量字码表得出样本量字码 CL；再根据以前的检验信息及检验严格度转移规则，判断采用正常、加严或放宽检验；最后使用抽检表检索

抽样方案。

4. 样本的抽取与检测

根据随机方法进行抽样，并按照规定的方法进行测量或检测。

5. 批接收或不接收的判定

对于一次抽样方案，根据样本检验的结果，若样本中的不合格（品）数小于或等于接收数，则判该批产品接收；若样本中的不合格（品）数大于接收数，则判该批产品不接收。在对批接收性做出判断时要注意，如果产品的质量特性进行了分类，只有当该批产品的所有的抽样方案检验结果均为接收时，才能判定该批产品最终接收。

6. 检验后不合格批的处理

抽检后，如判为不合格时，该批可施行全数检查，把不合格品剔除后，再送去抽检。

（三）统计抽样方案实例

【例1】加压于瓶内在 5.5 kg/cm^2 经 1 min 做通过试验，需通过批量 99.85%方为合格。根据此标准，依 GB/T 2828.1—2003，试拟订单次抽样方案（批量 N=22 000）。

【解】AQL=0.15%，N=22 000。查样本量字码表，知批量 22 000 在[10 001，35 000]中与Ⅱ级检验水平相交之处，其样本代码为 M。根据样本代码查 GB/T 2828.1—2003 表 2-A《正常检验一次抽样方案》（主表），得样本数 n=315，再查样本数 n=315 和 AQL=0.15%相交得 Ac=1，Re=2，即抽样方案为[315，1，2]。

【例2】某产品出厂试验，采用 GB/T 2828.1—2003，规定不合格品 AQL=1.5%，检验水平 IL=Ⅱ，求 N=2 500 正常检验、加严检验、放宽检验一次抽样方案。

【解】（1）正常检验一次抽样方案的检索：①读取样本大小字码：从样本量字码表中批量 N=2 500 所在的行，与一般检查水平Ⅱ所在的列相交处，读取样本量字码为 K。②选定抽样检查表：正常检查一次抽样，选取 GB/T 2828.1—2003 附表 2-A《正常检验一次抽样方案》。③检索抽样方案：由样本大小字码 K 所在的行向右，在样本量栏读取样本量 n=125；继续向右与 AQL=1.5%所在列相交处读取[5，6]。④确定抽样方案：[125，5，6]。

（2）加严检验一次抽样方案的检索：按（1）步骤，可得到加严检验一次抽样方案为：[125，3，4]。

（3）放宽检验一次抽样方案的检索：按（1）步骤，可得到放宽检验一次抽样方案为：[50，3，4]。

【例3】某产品交收试验中，采用 GB/T 2828.1—2003，规定不合格品 AQL=0.40%，检验水平 IL=I，求 N=1 000 加严检验一次抽样方案。

【解】（1）读取样本量字码。从样本量字码表中批量 N=1 000 所在的行，与一般检查水平 I 所在的列相交处，读取样本量字码为 G。

（2）选定抽样检查表。加严检验一次抽样检验使用 GB/T2828.1—2003 附表 2-B《加严检验一次抽样方案》。

（3）检索抽样方案。在检索抽样方案过程中，如果在抽样方案主表中字码与样本量所在这一行与 AQL 对应的地方，只有箭头没有判定组数，就应该采用箭头指向的第一个判定组数和与它同行的字码所规定的样本量。不能再用原来的字码规定的样本量。样本量字码 G 对应的行与 AQL=0.40% 对应列的交叉处为向下箭头，故沿箭头方向读取第一个判定数组[0, 1]，然后由[0, 1]向左在样本量栏读取相应的样本量为 50（样本量字码为 H）。

（4）确定抽样方案：[50，0，1]。

第三节　食品感官检验

一、概述

1. 感官检验定义

感官检验是以人的感觉器官即眼（视觉）、耳（听觉）、鼻（嗅觉）、手（触觉）和舌（味觉）的感觉来评定产品质量的一种方法。

2. 感官检验的优缺点

感官检验的优点：①判断迅速，可以及时地检验出食品质量有无异常，便于早期发现问题，及时进行处理；②方法简便易行，不需要仪器设备和试剂，成本低廉；③有时可以察觉出其他检验方法无法检验的食品特殊性污染或微小变化。

感官检验的缺点：感官检验属于主观评价的方法，检验结果易受检验者感觉器官的敏锐程度、审美观念、实践经验、判断能力、生理、心理等因素影响。

二、食品感官检验的常用方法

（一）按检验手段分类

1. 视觉检验法

这是判断食品质量的一个重要感官手段。食品的外观形态和色泽对于评价食品的新鲜程度、食品是否有不良改变以及蔬菜、水果的成熟度等有着重要意义。可用于检验食品的整体外观、大小、形态、块形的完整程度、清洁程度、表面有无光泽、颜色的深浅色调、沉淀、杂质、异物等。

2．嗅觉检验法

食品本身所固有的独特气味是食品的正常气味。食品变质时常常有异味或不正常气味产生。人的嗅觉鉴别气味的灵敏度很高，往往容易发觉不合格产品。食品的气味是一些具有挥发性的物质形成的，进行嗅觉检验时常需稍稍加热，但最好是在 15～25℃的常温下进行，因为食品中的挥发性气味物质常随温度的高低而增减。在检验食品的异味时，液态食品可滴在清洁的手掌上摩擦，以增加气味的挥发。识别畜肉等大块食品时，可将一把尖刀稍微加热刺入深部，拔出后立即嗅闻气味。

3．味觉检验法

味觉器官不但能品尝到食品的滋味如何，而且对于食品中极轻微的变化也能敏感地察觉。如做好的米饭存放到尚未变馊时，其味道即有相应的改变。味觉器官的敏感性与食品的温度有关，在进行食品的滋味检验时，最好使食品处在 20～45℃，以免温度的变化会增强或减低对味觉器官的刺激。几种不同味道的食品在进行感官评价时，应当按照刺激性由弱到强的顺序，最后检验味道强烈的食品。在进行大量样品检验时，中间必须休息，每检验 1 种食品之后必须用温水漱口。

4．触觉检验法

凭借触觉来鉴别食品的膨、松、软、硬、弹性（稠度），以评价食品品质的优劣，也是常用的感官检验方法之一。例如，根据鱼体肌肉的硬度和弹性，常常可以判断鱼是否新鲜或腐败。

（二）按检测结果的分析方法分类

1．两点识别法

在给定的 A、B 两种试样中，选择与某种特别性能相适应的一种。例如在改变砂糖用量的两种试样中选择甜的一种。

2．两点嗜好试验法

对 A、B 两种试样加以比较，以判断哪一种好，哪一种受人喜爱。

3．三点比较法

将 A、B 两种试样分为如（A、A、B）或（A、B、B）的三点一组，对各组进行品尝的检查人数相等。选择三点中感觉不同的一点。

4．三点嗜好试验法

在三点比较法的基础上，将选出的一个和另外两个进行比较，选出所喜爱的一方。

5．1：2 点比较法

先将作为标准试样的 A 或 B 给检查员，在对其特征充分记忆后，再同时给予 A、B 两种试样，从中选择与标准样品相同的一种。

6. 顺序法

给予 A，B，C，…，n 个试样，然后把对于某种特性的强弱或嗜好度按顺序记下的方法。

7. 选择法

从试样 A，B，C，…，M 中选出最好的试样的方法，试样数必须在 3 个以上。

8. 配偶法（组合试验法）

给出两组相同的试样 A，B，C，…，M，检查员将两组中相同的试样组合在一起的检查方法。

9. 一对比较法

在评价 A，B，C，…，M 个试样时，将其按（A 与 B）、（A 与 C）、（A 与 D）…的形式全部组成两个一组的组合，然后从各组里选出某特性强或合乎人们嗜好的食品。

10. 评分法

分别对于所给试样的质量采用 1～100 分，1～10 分或–5～+5 分等数值尺度进行评价的方法。

11. 风味描述法

对食品的香味、入口时的味、感觉的类型、强度、回味等全部效果加以综合考虑进行评价。

第四节　食品理化检验

一、概念

理化检验是指利用物理的、化学的技术手段，采用相应的计量器具、仪器仪表和测试设备或化学物质和试验方法，对产品进行检验而获取检验结果的检验方法。理化检验通常可以得到定量的数值。

二、食品理化检验的基本程序

（一）样本的采集

（1）采样应注意样品的生产日期、批号、代表性和均匀性（掺伪食品和食物中毒样品除外）。采集的数量应能反映该食品的卫生质量和满足检验项目对样品量的需要，一式三份，供检验、复验、备查或仲裁，一般散装样品每份不少于 0.5 kg。

（2）采样容器根据检验项目，选用硬质玻璃瓶或聚乙烯制品。

（3）液体、半流体食品如植物油、鲜乳、酒或其他饮料，如用大桶或大罐盛装者，应先充分混匀后再采样。样品应分别盛放在 3 个干净的容器中。

（4）粮食及固体食品应自每批食品上、中、下三层中的不同部位分别采取部分样品，混合后按四分法对角取样，再进行几次混合，最后取有代表性样品。

（5）肉类、水产等食品应按分析项目要求分别采取不同部位的样品或混合后采样。

（6）罐头、瓶装食品或其他小包装食品，应根据批号随机取样，同一批号取样件数，250 g 以上的包装不得少于 6 个，250 g 以下的包装不得少于 10 个。

（7）掺伪食品和食物中毒的样品采集，要具有典型性。

（8）检验后的样品保存：一般样品在检验结束后，应保留一个月，以备需要时复检。易变质食品不予保留，保存时应加封并尽量保持原状。检验取样一般皆系指取可食部分，以所检验的样品计算。如图 9-7 所示。

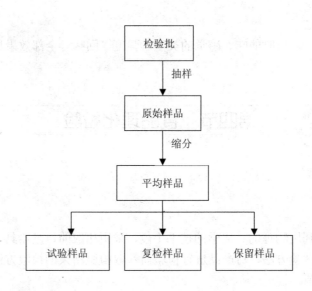

图 9-7　食品理化检验采样程序

（二）检测

根据产品标准，采用相应的检测方法对样品进行分析测定，并进行记录。结果计算按照国家标准规定的有效数字运算法则进行。

（三）比较、判定和报告

将检测结果与产品质量标准规定的要求进行比较，确定每一项质量特性是否符合规定要求，从而判定被检验产品是否合格，最后将结果形成检验报告。

第五节　食品微生物检验

一、概述

微生物广泛分布于自然界中，绝大多数微生物对人类和动、植物是有益的，有些甚至是必需的；但另一方面，微生物也是造成食品变质的主要原因，甚至会引起食物中毒。为了正确且客观地了解食品的卫生情况，加强食品卫生的管理，保障人们的健康，并为防止某些传染病的发生提供科学依据，我们必须对食品的微生物指标进行检验。

食品微生物检验的范围包括：①生产环境的检验，包括对生产用水、空气、墙壁、地面等的微生物检验。②原辅料的检验，包括对主料、辅料、添加剂等一切原辅料的微生物检验。③食品加工、储藏、销售环节的检验，包括对生产人员的卫生状况、加工工具、运输工具、包装材料等的微生物检验。④食品的检验，重点是对出厂食品、可疑食品及食物中毒食品的检验。

二、食品微生物检验的指标

（1）细菌菌落总数。细菌菌落总数是反映食品的新鲜度、被细菌污染的程度及在加工过程中细菌繁殖动态的一项指标，是判断食品卫生质量的重要依据。

（2）大肠菌群数。大肠菌群是肠道中普遍存在且数量最多的一群细菌，常将其作为人畜粪便污染的指标，也是评价食品卫生质量的重要依据。

（3）致病菌。致病菌的种类繁多、特性各异，一般根据不同食品或不同场合选择某一种或几种致病菌进行检验。例如，蛋及蛋制品一般选检沙门氏菌和金黄色葡萄球菌，海产品选检副溶血性弧菌等；当某种病流行时，则有必要选检引起该病的病原菌。

（4）霉菌。有些霉菌也会产生毒素，从而引起疾病，故也要根据具体情况对霉菌进行检验。

（5）其他指标。病毒、寄生虫等。

三、食品微生物检验的一般程序

（一）样品采集

1. 采样原则

所采样品必须有代表性。例如：要检查食品的生产操作卫生状况（即是否受环境污染），应从食品的表面去采取检样；要检查供食用的生物体本身是否患有对人体有传染性或有损害的疾病，应从该生物体的有关脏器、淋巴结和病灶部去采取检样；要检查食品的鲜度（即食品中蛋白质、糖类等成分的分解程度），就应用无菌手续从食品内部较深处去采取检样，以避免受外界污染的干扰。反之，如果随意在食品上切取一块检样，既含有表层也含有内层，就难以说明检出的杂菌来自何种原因。

对食品做杂菌数和大肠菌群 MPN 检验时，应尽可能做单独样，即一件食品一份检样。如将多件食品混合起来做一份检样，其得出的结果将是多件食品的平均数，掩盖了最高最低值，大大降低了数据所提供的信息。

2. 样品种类

样品种类分大样、中样和小样三种。大样是指一整批样品，中样是从样品各部分取得的混合样品，小样是指做分析用的样品，称为检样。检样一般为 25 g，中样为 200 g。

3. 采样方法

采样前或后应立即贴上标签，每件样品均应标记清楚（如品名、来源、数量、编号、采样人及采样时间等）。采样必须在无菌操作下进行。采样用具如探子、铲子、匙、采样器、剪子、镊子、开罐器、广口瓶、试管、刀子等必须是灭菌的。尽量采集有包装的食品，如袋装、瓶装或罐装食品。如包装太大或没有包装，则需用采样工具采集样品。粉末状的样品，应边取样边混合；液体样品应振摇混匀；冷冻食品应保持冷冻状态；非冷冻食品需保持在 0～5℃中保存。

（二）样品送检和保存

样品从采样点送到实验室应越快越好，一般应不超过 3 h。如果路途遥远，可将非冷冻食品样品置于 1～5℃环境中（如冰壶）。冷冻食品样品可保存在泡沫塑料隔热箱内（箱内有干冰可维持在 0℃以下）。

样品送至实验室后，应立即登记，填写实验序号，按不同样品置于室温、冰箱或冷冻室中。积极准备条件进行检验。一般阳性样品，发出报告后 3 d（特殊情况可适当延长）方能处理样品。进口食品的阳性样品需保存 6 个月，方能处理。

（三）检验和报告

根据产品质量标准规定的微生物指标进行检验。一般采用国家标准方法进行检验，但出口食品可根据进口商要求采用其他方法（如进口国或国际标准方法）进行检验。检验完毕后，检验人员应及时填写报告单，签名后，送主管人员核实签字后，方能生效。

复习思考题

1. 什么是质量检验？质量检验有什么作用？
2. 质量检验的步骤如何？
3. 如何编制质量检验计划？
4. 按抽样的次数分，统计抽样可分为几种类型？它们对产品的质量保证能力有什么不同？
5. 食品感官检验有哪些方法？
6. 食品理化检验的基本程序如何？
7. 微生物检验指标有哪些，各有什么意义？

参考文献

[1] 国家质量监督检验检疫总局质量管理司. 质量专业基础知识与实务（初级）. 北京：中国人事出版社，2004.

[2] 陈宗道，刘金福，陈绍军. 食品质量管理. 北京：中国农业大学出版社，2003.

[3] 肖诗唐，王毓芳，郝凤. 质量检验与统计技术. 北京：中国计量出版社，2001.

[4] 杨永华. 食品行业质量安全管理体系文件精编. 北京：中国计量出版社，2004.

[5] 林秀雄. 品质管制. 深圳：海天出版社，2004.

[6] 杨洁彬，王晶，王柏琴，等. 食品安全性. 北京：中国轻工业出版社，1999.

[7] 罗雪云，刘宏道. 食品卫生微生物检验标准手册. 北京：中国计量出版社，1995.

第十章　食品安全风险分析与评估

【知识目标】
- 食品安全风险分析的意义
- 食品安全风险评估的方法
- 常见的食品安全风险评估技术

【能力目标】
- 能制定出食品中有毒有害物质的限量标准
- 能运用食品安全风险评估工具对食品中有毒有害物质进行风险评估

　　20 世纪 50 年代以来，世界各国在食品安全管理上掀起了三次高潮，第一次是在食品链中广泛引入食品卫生质量管理体系与管理制度，第二次是在食品企业推广应用危害分析与关键控制点（HACCP）质量保证体系，第三次是开展食品安全风险分析工作。1995 年，食品法典委员会（CAC）提出了风险分析的概念，并把风险分析分为风险评估、风险管理和风险信息交流三个部分，其中风险评估在食品安全性评价中占有中心位置。对食品中危害成分进行风险管理需要以风险评估为依据，以风险信息交流为保证。在进行整体的食品安全性评价过程中，要把化学物质评价、毒理学评价、微生物学评价和营养学评价统一起来得出结论，这也是目前食品安全性评价的发展趋势。

　　图 10-1 说明了食品安全风险分析三部分之间的关系。

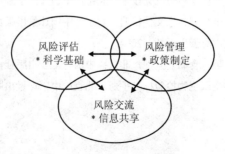

图 10-1　风险分析框架

食 品 质 量 管 理

第一节　食品安全风险分析概述

随着近几年全球性食品安全事件的频繁发生，人们已经认识到以往基于产品检测的事后管理体系无论是在效果上还是效率上都不尽如人意。不仅事后检测无法改变食品已被污染的事实，而且对每一件产品进行检测会花费巨额成本。因此，现代食品安全风险管理的着眼点应该是进行事前有效管理。

食品安全风险分析以现代科学技术和很多生物学数据为基础，选择适当的模型对食品的不安全性进行系统研究，推导出科学、合理的结论，使食品的安全性风险处于可接受的水平，这就是食品风险分析在食品质量管理中的作用。

一、基本概念

食品法典委员会（CAC）在食品法典程序手册中对风险分析的一系列定义如下。

（1）危害（hazard）：食品中含有的、潜在的对人体健康有危害的生物、化学或物理因素或状态。

（2）风险（risk）：由于食品中的某种危害而导致的有害于人群健康的可能性及其严重性。

（3）风险分析（risk analysis）：或称危险性分析，由三部分构成，即风险评估、风险管理和风险信息交流。也就是说，对食品中的危害给予健康不良效果的可能性及其严重性进行分析。

（4）风险评估（risk assessment）：对人体接触食源性危害而产生的已知或潜在的对健康的不良作用的科学评价。也可以说，是评估食品风险，建立危害与风险的内在联系。风险评估由以下步骤组成：①危害识别；②危害描述；③摄入量评估；④风险描述。

此定义包含了定量的风险评估，包括以数量表示风险，以及风险的定性表示，同时还包括指出不确定性的存在。

（5）危害识别（hazard identification）：对可能在特定食品中存在的可能对健康产生不良效果的生物性、化学性和物理性危险因素进行鉴定。

（6）危害描述（hazard characterization）：对食品中可能存在对健康造成不良效果的生物性、化学性和物理性危险因素进行定量、定性地评价。对于化学性危险因素要进行剂量—反应评估；对于生物或物理因子在可以获得资料的情况下也应进行剂量—反应评估。

（7）剂量—反应评估（dose-response assessment）：确定生物性、化学性或物理性危险因素的剂量与相关的对健康不良作用的强度和频度之间的关系。

（8）危害暴露评估（hazard exposure assessment）：定量、定性地评价由食品以及其他相关方式对生物的、化学的和物理的致病因子的可能摄入量。

（9）风险描述（risk characterization）：在危害确定、危害特征描述和暴露评估的基础上，对给定人群中已知或潜在危害产生的可能性和严重性，做出定量或定性估价的过程，包括伴随的不确定性的描述。

（10）风险管理（risk management）：这个过程有别于风险评估，是权衡选择政策的过程，需要考虑风险评估的结果和与保护消费者健康及促进公平贸易有关的其他因素。如必要，应选择采取适当的控制措施，包括取缔手段。

（11）风险信息交流：在风险评估者、管理人员、消费者和有关团体之间相关的情况交流。

二、风险分析的意义

国际食品法典标准作为全球性的法规文件，其制定原则必须科学、客观，并具有一致性和全面性。只有在此原则下制定出的标准、准则和推荐意见才可以得到世界各国的认可和遵守。国际食品法典委员会总结了三十多年的工作经验，将"风险分析"的概念引入食品管理中，并使其系统化和理论化，成为法典工作的重要原则和方法。尽管目前对各国而言，食品法典还不是强制性的要求，但世界贸易组织的两项协定——《卫生和植物卫生措施协定》（SPS 协定）和《贸易技术壁垒协定》（TBT 协定）都将食品法典标准作为食品贸易，特别是贸易争端时的参考依据，并且将"风险分析"列入其中，作为国家卫生措施与国际食品法典不一致时采用的判定原则。因此，在国际食品法典工作中应用"风险分析"原则有着十分重要的意义。

（一）制定食品标准的基础

风险分析建立了一整套科学系统的食源性危害的评估、管理理论，为制定国际上统一协调的食品卫生标准体系奠定了基础。

风险分析将贯穿整个食品链（从原料采集、生产加工，到最终产品的储藏、运输等环节）的各环节的食源性危害均列入评估的内容，考虑了评估过程中的不确定性，普通人群和特殊人群的暴露量，权衡风险与管理措施的成本效益，不断监控管理措施（包括制定的标准法规）的效果并及时利用各种交流的信息进行调整。特别需要指出的是，在风险分析过程中，评估者与管理者的职能划分，使决策更加科学和客观。因此，该方法一经食品法典委员会应用，就得到了世界各国的认可，采用这一全面系统的理论，有助于各国在国际食品安全管理领域取得一致性的意见，从而将有助于建立国际统一协调的食品卫生标准体系。

（二）应用于建立食品安全体系

风险分析三要素的实施者涉及科研、政府、消费者、企业以及媒体等有关各方，即在学术界进行风险评估、政府在评估的基础上倾听各方意见，权衡各种影响因素并最终提出风险管理的决策。其整个过程中贯穿着学术界、政府与消费者组织、企业和媒体等的信息交流，它们相互关联而又相对独立，有关各方的工作有机结合，避免了由于各部门割据形成主观片面的决策，从而在共同努力下促进食品安全管理体系的完善和发展。风险分析将科研、政府、消费者、生产企业以及媒体和其他有关各方有机地结合在一起，共同促进食品安全体系的完善和发展。

（三）促进公平的食品贸易

国际食品法典标准的一项重要宗旨是促进国际间公平的食品贸易，这也是世界贸易组织将食品法典作为解决贸易争端的依据的主要原因。在世界贸易组织的 SPS 协定第五条规定了各国需根据风险评估结果确定本国适当的卫生和植物卫生措施保护水平，各国不得主观、武断地以保护本国国民健康为理由，设立过于严格的卫生和植物卫生措施，从而阻碍贸易的公平进行。换言之，各国采纳的食品标准法规若严于食品法典标准，必须拿出风险评估的科学依据，否则，就被视为贸易的技术壁垒。由此可见，它在协调各国标准，促进国际贸易上的重要作用。因此，风险分析有效地防止旨在保护本国贸易利益的非关税贸易壁垒，促进公平的食品贸易。

（四）促进国际间食品贸易的发展

食品进出口国间食品管理措施是否具有等同性，评判原则同样依据食品法典的风险分析理论。为达到同等的食品安全目标，各国可采用不同的管理措施，但"只要出口国向进口国客观地表明了其卫生和植物卫生措施符合进口国相应的卫生和植物卫生保护水平，即使这些措施与本国或与进行相同产品贸易的其他国家存在差别，该成员国（进口国）都应承认出口国的卫生和植物卫生措施与其具有等同性"（SPS 协定第 4 条第 1 款）。等同性的确立有助于简化食品进出口的检验程序，促进双边和多边的相互承认，从而有利于食品贸易的快速发展。因此，风险分析有助于确定不同国家食品管理措施是否具有等同性和促进国际间食品贸易的发展。

第二节　食品安全风险分析基本内容

风险分析的过程简单来说第一步是识别食品安全问题，制定风险评估政策然后开始风险评估（risk assessment）。根据风险评估的结果，确定可行的风险管理（risk management）策略，在此过程中风险评估者、风险管理者及社会相关团体和公众之间要做好各个方面的信息交流，即风险交流（risk communication）。

一、风险评估

风险评估是风险分析的科学基础，也是构成风险分析的核心的科学部分。它由国际食品法典委员会所描述的 4 个分析步骤组成，即危害识别（hazard identification）、危害描述（hazard characterization）、危害暴露评估（hazard exposure assessment）和风险描述（risk characterization）。继危害识别之后，这些步骤的执行顺序并不固定，通常情况下，随着数据和假设的进一步完善，整个过程要不断重复，其中有些步骤也要重复进行。

（一）危害识别

危害识别是对特定食品中可能存在的生物的、化学的和物理的可对健康产生不良效果的因素进行识别。主要回答是否有证据表明受评危险因素会对暴露人群的健康产生危害。目的在于确定人体暴露于危害因素的潜在不良作用以及产生的可能性。

对于化学性危害（包括食品添加剂、农药和兽药残留、污染物和天然毒素）而言，危害识别主要是指要确定某种物质的毒性（即产生的不良效果），在可能时对这种物质导致不良效果的固有性质进行鉴定。有别于剂量—反应及风险描述的内容，危害识别不是对暴露人群的危险性进行定量的外推，而是对暴露人群发生不良作用的可能性作定性的评价。

危害识别是根据流行病学研究、动物试验、体外试验、结构—反应关系等科学数据确定人体在暴露于某种危害后是否会对健康发生不良作用。流行病学的数据是最有价值的，但往往难以获得，特别是对于新的食品添加剂，要应用以前往往不可能得到流行病学信息。因此，动物试验的数据往往是危害识别的主要依据。而体外试验的结果则可以作为作用机制的补充资料，但不能作为预测对人体危险性的唯一信息来源。结构—反应关系在对化学物（如香精、多环芳烃、二噁英）进行评价时，有相当价值。

由于资料不足，因此，进行危害识别的最好方法是证据加权。此法需要对来源于适当的数据库，经同行专家评审的文献及诸如企业界未发表的研究报告的科学资料进行充分的评议。该方法对不同研究的重视顺序如下：流行病学研究、动物毒理学研究、体外试验以及最后的定量结构—反应关系。

对微生物危害来说，危害识别的目的就是定性地确认与食品安全相关的微生物和微生物毒素。微生物危害可通过以下途径来识别，包括临床研究，流行病学研究与监测，动物实验研究，对微生物习性、食物链中微生物与生存环境间的相互作用的考察，对类似微生物及其生存环境的研究等。这些信息可以通过查询科学文献以及食品工业、政府机构和相关国际组织的数据库获得，也可以通过向专家咨询得到。

（二）危害描述

是描述当人食用食品时食品中生物的、化学的或物理的危害因素对健康产生不良效果的严重性和可能性。危害描述的主要内容是研究剂量—反应关系。绝大多数食源性危害（如食品添加剂、农药残留）在食品中的实际含量往往很低，通常只有百万分之几，甚至更少。因此，为了达到一定的敏感度，动物毒理学试验的剂量必须很高，取决于化学物的自身毒性，一般为百万分之几千。对于毒理学工作者的挑战则是用高剂量所观察到的动物不良反应来预测人体低剂量暴露的危害。为了与人体摄入水平相比较，需要把动物试验数据经过处理外推到低得多的剂量。因此人体健康风险评估多数都是基于动物试验的毒理资料。所以，在无阈值剂量的假设之下，用高于人的环境暴露浓度的动物试验剂量，由高至低地外推是必须也是可行的。

对于大多数化学物而言，在剂量—反应关系的研究中都可获得一个阈值，乘以一个适当的安全系数（100倍），即为安全水平，或称为每日允许摄入量（ADI），以每日每千克体重摄入的毫克数表示。然而，这一方法不适用于遗传毒性致癌物，因为此类化学物没有阈值，即不存在一个没有致癌危险性的低摄入量（尽管不同专家有不同看法）。目前，通常的做法是应用一些数学模型来估计致癌物的作用强度，以每单位摄入量引起的癌症病例数表示。一般认为在每百万人口中增加一个癌症病例是可接受的风险。可以看出，在进行这种数学模型的定量评估时，如果没有较大量的人群流行病学数据，而单凭动物试验的结果来外推，评估结果往往是不可靠的。

反应指标可以根据要求风险评估者回答的风险管理问题进行分类。例如，对化学性危害来说，反应指标包括动物实验中不同剂量化学危害所诱导的不良健康作用的类型；对微生物危害来说，反应指标包括与不同剂量相关的感染率、发病率、住院率和死亡率。当进行经济学分析时，危害特征描述应该包括由急性期后的并发症引起的食源性疾病造成的巨大影响，如大肠杆菌O157：H7引起的溶血性尿毒综合征，弯曲杆菌引起的格林—巴利综合征。

（三）危害暴露评估

危害暴露评估就是对人体对危害因素接触进行定性和定量评估。对于食品而言，就是摄入量的评估。

对于化学性危害（如食品添加剂、农药和兽药残留以及污染物等）暴露评估，原则上以最高使用量计算摄入量。一般来说，摄入量评估有三种方法：总膳食研究、单个食品的选择性研究和双份饭研究。

总膳食研究将某一国家或地区的食物进行聚类，按当地菜谱进行烹调，成为能够直接入口的样品，通过化学分析获得整个人群的膳食摄入量。

单个食品的选择性研究，是针对某些特殊污染物在典型地区选择指示性食品（如猪肾中的镉、玉米和花生中的黄曲霉毒素等）进行研究。

双份饭研究则对个体污染物摄入量的变异研究更加有效。

危害物的膳食摄入量=（介质中有害物质的浓度×每日摄入量）÷体重

对于生物性危害暴露评估，基于食品被致病性细菌污染的潜在程度以及有关的饮食信息。评估时应当描述食品从生产到食用的整个过程，能够预测可能的与食品的接触方式，尽可能反映出整个过程对食品的影响。

预测微生物学是暴露评估的一个有用的工具。通过建立数学模型来描述不同环境条件下微生物生长、存活及失活的变化，从而对致病菌在整个暴露过程中的变化进行预测，并最终估计出各个阶段及食品食用时致病菌的浓度水平。然后将这一结果输入到剂量反应模式中，描述致病菌在消费时在食品中的分布及消费过程中的消费量。由于食品"从农场到餐桌"的过程中环境因素存在很大的变化，将各种因素均合并在评估模型中进行分析，可以帮助评估者找到从生产到消费过程中影响风险的主要因素，从而能更有效地控制危险性环节。

（四）风险描述

风险描述是危害识别、危害描述和危害暴露评估的综合结果，是对危险因素对健康产生不良作用的可能性的估计。

对于有阈值的物质，对人群风险可以用摄入量与 ADI 值（或其他测量值）作比较进行描述。如果所评价物质的摄入量比 ADI 值小，则对人体健康产生不良作用的可能性为零。即：

安全限值（margin of safety，MOS）=ADI/暴露量

若 MOS≤1，该危害物对食品安全影响的风险是可以接受的；

若 MOS>1，该危害物对食品安全影响的风险超过了可以接受的限度，应当采取适当的风险管理措施。

对于无阈值的物质，对人群的风险是摄入量和危害程度的综合结果，即：

食品安全风险=摄入量×危害程度

二、风险管理

食品风险管理是衡量可接受的、减少的或降低的风险，并选择和实施适当措施的政策过程。这个过程是由各国政府管理者完成的。其结果是提出一系列食品安全管理的法规、标准等措施。

食品风险管理的主要目标是，通过选择和实施适当的措施，尽可能有效地控制这些风

险，从而保障公众健康。

风险管理的内容可以分为四个部分：风险评价、风险管理措施评估、风险管理决策的执行和监控与评述。

风险评价是风险管理的第一步，基本内容包括：①确定食品安全性问题；②进行风险状况的描述；③将危害分级以便于风险评估和确定风险管理措施；④为进行风险评估制定风险评价策略；⑤进行风险评估；⑥审议风险评估结果。

风险管理措施的评估基本内容包括：①确定现有的管理措施；②选择适当的管理措施，包括考虑制定适当的安全性标准；③最终的管理决策。

风险管理决策应首先考虑保护人体健康，同时应适当考虑经济费用、效益、技术可行性和社会习俗等。风险管理决策的执行应当透明，所有执行过程应该形成系统的文件。

监控和评述基本内容包括：①评估措施的效果；②审议风险管理或风险评估的内容。

三、风险信息交流

风险信息交流是在风险评估者、风险管理者和其他有关团体之间相互交流有关风险的信息情报和意见过程。它贯穿于整个风险分析的过程中。

风险信息交流是食品安全性风险分析过程的三大组成部分之一，这已得到普遍认同。风险评估是定量或定性地评估和描述风险的过程。风险管理是为确保适当的保护水平而权衡、选择各种措施，并实施控制手段。风险信息交流作为风险分析的组成部分，是恰当地明确风险问题以及制定、理解和作出最佳风险管理决策的必要与关键的途径。

对真正的或已认识到的食品危害，进行有效的风险信息和观点的交流，是风险分析过程的必要组成部分。风险信息交流可以来源于国际、国内或地方的官方信息，也可以来源于其他，如企业界、商界、消费者和其他有关各方的信息。在此，有关各方可以包括政府机构、企业代表、媒体、科学家、专业团体、消费者组织和其他有关的团体和个人。在某些情况下，风险信息交流可以连同公共卫生和食品安全教育计划一起开展。

第三节　食品安全风险评估方法

风险评估是风险分析的科学基础，是构成风险分析的核心科学部分，其最初是由于在面临科学的不确定性时需要制定保护公众健康的决策而发展起来的。它是对危险因素进行定性和定量风险评估的过程，其中危害识别属于定性风险评估的范畴。

每项风险评估工作都应切合目的，并能用多种方式对风险加以估计。在可行的情况下，定量风险评估方法在对不同的干预效果进行模型化方面更具优势，这也是其最大的优点。

对综合平衡风险与效益的风险管理者来说，将风险评估、流行病学和经济学的科学方法结合在一起是最有用的。

一、风险评估方法

风险评估结果可定性或定量表述，还有各种二者之间的形式（图 10-2）。以上介绍的风险评估特征适用于所有类型。在定性风险评估中，结果用描述性词语表示，如高、中、低。在定量风险评估中，结果则以数值形式表示，同时可能包括对不确定性的数字描述。有些情况下，中间形式是指半定量风险评估。例如，一种半定量方法可能对评估过程的每一步骤都赋予分值，结果以风险分级的形式表示。

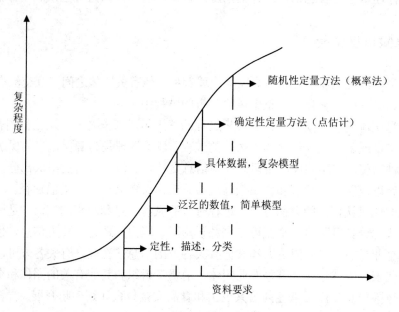

图 10-2　风险评估类型的序列

（一）点估计方法

点估计是指一种在风险评估的每个步骤都采用数字点值的方法；例如，可用测量数据（如食物摄入量或残留量）的均值或第 95 百分位数产生一个单一的风险估计值。确定性方法是化学性风险评估中的标准方法，例如，可用来判断任一风险是否可能是由食用了含规定最高残留限量（MRL）内的某种化学物残留的单种食品引起。

（二）概率方法

在风险评估的概率方法中，用科学证据来描述单个事件发生的可能性，将这些单个事件结合在一起，确定一种不良健康结果发生的可能性。这就要求对所涉及现象的变异性进行数学模型化，其最终的风险估计是一个概率分布。这样，可用随机（概率）模型建立和分析风险的不同情形。一般认为，该方法最能反映真实情况，但随机模型通常复杂且难以建立。

概率模型目前刚刚开始被用于作为"安全性评价"方法的补充，后者一直是控制化学性食源性危害，尤其是污染物的方法。另一方面，概率方法是较新的微生物风险评估学科中的标准方法，它可以对危害从生产到消费的传播动态进行数学描述。暴露资料与剂量—反应信息结合起来，可以对风险进行概率估计。食物可食部分中即使仅含有一个致病菌的菌落形成单位也被假定为有引起感染的可能性；在这方面，该风险模型类似于化学性致癌物的风险评估方法学。

二、风险评估过程中的不确定性和变异性

在人类健康风险评估过程中，存在着许多来源的不确定性和变异性，所以只有考虑了不确定性和变异性，才可能制定出有效的风险管理政策。不确定性是风险描述的重要组成部分，它定量地估计了一种结果的数值范围，如对健康的不良作用。此种范围来源于数据的变异性和不确定性，以及暴露与不良健康作用之间关系的模型结构的不确定性。

（一）危害识别中的不确定性和变异性

危害识别为了确定一种健康危害是或者可能是与食品中的生物学、化学或物理学因素有联系的。该步骤一般依靠筛查方法和长、短期细胞或者动物试验。试验系统包括定量的结构—活性关系、短期生物学测试和动物试验。所以，危害识别过程存在三个认为与不确定性和变异性密切相关的问题：

第一，将一种因素错误地分类，即确定一种因素是一种危害，而实际上该因素却不是危害，反之亦然。

第二，筛查方法的可靠程度包括两方面：①能否准确地确定一个具体危害；②检测方法的可重复性。

第三，外推问题，因为试验所得的结果都要外推来预测对人体的危害。

流行病学研究用于预计未来人群摄入的影响。例如，在流行病学研究中通过外推来预测人群的未来健康危害是很少的。然而，其他检测方法完全需要通过外推预测，可能对人

群产生不良的作用。

（二）危害描述中的不确定性和变异性

危害描述是确定作用位点、作用机制和剂量—反应关系（发生反应的比例或者反应的严重程度）的过程。在此过程中，很可能要建立一系列模型，包括用纯数学表达得到以生物学原理为基础表达的模型。结果，每种模型都在不同程度上反映人的实际疾病过程，并且有不同程度的不确定性。

模型不确定性在危害描述步骤中有重要意义。用数学方式的剂量—反应关系在代表实际生物学过程方面具有很大的不确定性。尽管公认剂量—反应模型本身有很大的不确定性，但它们是当今预测对人体健康产生不良作用的最常用方法，并且在制定政策中也是行之有效的。由于对风险评估的要求不断提高，对模型的作用，包括它们代表生物学过程的准确度和完整性的要求也更高了。

危害描述中变异性和不确定性的一个重要问题，是在所研究的种属中，在所设定的剂量水平下，得到的剂量—反应的差异。为了提高显性力度和阴性反应的价值，在动物试验中典型做法是采用大剂量。通常，这些摄入量远远大于一般情况下的人体摄入水平。对于人体风险评估而言，在高摄入量时收集的摄入—反应资料模型运用于低摄入量水平时可能会不大准确。另外，尽管绝大多数试验动物是纯系的，具有一致的遗传特性，但是动物个体间对相同剂量的反应仍有差异。如果采用非纯系动物，无疑将增大剂量—反应关系的变异性；假如考虑到人类的摄入，则会产生更大的个体差异。

危害描述中所产生变异性和不确定性的另一个问题，是需要在不同种属间外推。种属间外推导致外推模型的不确定性和外推中所用参数间的变异性。

（三）危害暴露量评估中的不确定性和变异性

用于表达暴露量的任何模型应该包括以下各方面信息：

第一，某一因素在产品中检测值或者制作该产品的土壤、植物或动物中的检测值。

第二，用于定义某一因素在加工、烹调、稀释过程中水平变化的下降率或富集率。

第三，人体摄入某产品的频度和强度。

第四，人体摄入某产品的时间周期或者属于人生不同阶段。

第五，某种健康损害效果在临床上能检测到的平均时间。

这些因素在确定人群摄入量分布中十分有用。因此，食品中的危害因素的摄入量存在显著的不确定性。

（四）风险描述中的不确定性和变异性

一旦收集了危害特征和摄入量资料，就可以建立个体/群体风险分布模型进行风险描述。这需要综合各种暴露途径的作用。因为上述各项组成步骤都包含不确定性和变异性，风险描述全过程可能包含着很大的不确定性。

风险描述过程的最后一个重要步骤，是描述其不确定性的特征。为了直接认清风险评估中的不确定性的特征，需要采用多层次方法分析不确定性。可以分为三个层次。

第一层次，需要阐明导入参数的偏差和它们对最后的风险估计所造成的影响。

第二层次，应采用灵敏度分析，来评估模型的可靠度和数据精确度对模型预测的影响。灵敏度分析的目的在于根据导入参数对结果偏差影响大小而进行排序。

第三层次，应用差异扩大方法仔细说明风险估计的整体准确度和模型、导入参数及场景有关的不确定性和变异性的关系。

（五）处理不确定性和变异性

进行定量风险评估所需的权威数据经常不够充分，有时候用以描述风险形成过程的生物学或其他模型本身具有明显的不确定性。风险评估中常常利用一系列的可能数值来解决现有科学信息的不确定性问题。

科学信息的这两个显著特性是有关联的。变异性是一个观察值和下一个观察值不同的现象；例如，人们对同一种食品的消费量不同，并且同一种食品中的特定危害水平也可能在两份食品中存在很大的不同。不确定性是未知性，如由于现有数据不足，或者由于对涉及的生物学现象了解不够。例如，在评估化学性危害时，因为人类流行病学数据不充分，科学家可能需要依赖啮齿类动物的毒性实验数据。

风险评估者必须保证让风险管理者明白现有数据的局限性对风险评估结果的影响。风险评估者应该对风险估计中的不确定性及其来源进行明确的描述。风险评估还应描述默认的假设是如何影响评估结果的不确定度的。如有必要或在适当的情况下，风险评估结果的不确定度应当与生物系统的内在变异性所造成的影响分开描述。

对慢性不良健康影响的确定性化学性风险评估使用点估计来给出结果，但一般不会对结果中的不确定性和变异性进行明确的量化。

三、食品安全风险评估技术

食品安全风险评估对于认识危险因素的有害作用、判断其危害程度、提出防控措施与对策、制定卫生标准，为政府机构提供决策依据以及保护公众的身体健康和生存质量方面，正发挥着越来越大的作用。进行风险评估时，需采用一些技术方法对危险因素的危险性做定性和定量的分析，常用的技术有流行病学研究、动物毒理学研究、体外试验以及定量结构—反应关系。

（一）流行病学研究

如果能获得阳性的流行病学研究数据，应当把它们应用于风险评估中。如果能够从临床研究获得数据，在危害识别及其他步骤中应当充分利用。然而，对于大多数化学物，临床和流行病学资料是难以得到的。此外，阴性的流行病学资料难以在危险性评估方面进行解释，因为大部分流行病学研究的统计学力度不足以发现人群中低暴露水平的作用。风险管理决策不应过于依赖流行病学研究而受到耽搁。评估采用的流行病学研究必须是用公认的标准程序进行。危害识别一般以动物和体外试验的资料为依据，因为流行病学研究费用昂贵，而又提供的数据很少。

（二）动物试验

用于风险评估的绝大多数毒理学数据来自动物试验，这就要求这些动物试验必须遵循业界广泛接受的标准化试验程序。无论采用哪种程序，所有试验必须实施良好实验室规范（GLP）和标准化质量保证/质量控制（QA/QC）方案。长期（慢性）动物试验数据至关重要，包括肿瘤、生殖/发育作用、神经毒性作用、免疫毒性作用等。短期（急性）毒理学试验资料也是有用的。动物试验应当有助于毒理学作用范围的确定。对于人体必需微量元素，如铜、锌、铁，应该收集需要量与毒性之间关系的资料。动物试验的设计应考虑到找出无可见作用剂量水平（NOEL）、可观察的无副作用剂量水平（NOAEL）或者临界剂量。应选择较高剂量以尽可能减少产生假阴性。

（三）短期试验研究与体外试验

由于短期试验耗时少且费用不高，因此用来探测化学物质是否具有潜在致癌性，或验证支持从动物试验或流行病学调查的结果是非常有价值的。可以用体外试验资料补充化学物质作用机体机制的资料，如遗传毒性试验。这些试验必须遵循良好实验室规范或其他广泛接受的程序。然而，体外试验的数据不能作为预测对人体危险性的唯一资料来源。

（四）结构—反应关系

结构—反应关系对于加强识别人类健康危害的加权分析是有用的。在对化学物作为一类（如多环芳烃化合物、多氯联苯类和四氯二苯并二噁英）进行评价时，此类化学物的一种或多种有足够的毒理学资料，可以采用毒物当量的方法来预测人类摄入该类化学物对健康的危害。

复习思考题

1. 简述进行食品安全风险分析的意义。
2. 风险分析包括哪三个部分？三者之间的关系如何？
3. 风险评估主要包括哪几个方面？各有何作用？
4. 风险评估的方法有哪些？

参考文献

[1] 国家质量监督检验检疫总局，进出口食品安全局. 食品中的危害与安全监控要典. 北京：对外经济贸易大学出版社，2006，9.

[2] 樊永祥. 食品安全风险分析：国家食品安全管理机构应用指南. 北京：人民卫生出版社，2008，11.

[3] 刘秀兰，夏延斌. 食品安全风险分析及其在食品质量管理中的应用. 食品与机械，2008，7.

中华人民共和国食品安全法

（2009 年 2 月 28 日第十一届全国人民代表大会常务委员会第七次会议通过）

目　录

第一章　总　则

第一条　为保证食品安全，保障公众身体健康和生命安全，制定本法。

第二条　在中华人民共和国境内从事下列活动，应当遵守本法：

（一）食品生产和加工（以下称食品生产），食品流通和餐饮服务（以下称食品经营）；

（二）食品添加剂的生产经营；

（三）用于食品的包装材料、容器、洗涤剂、消毒剂和用于食品生产经营的工具、设备（以下称食品相关产品）的生产经营；

（四）食品生产经营者使用食品添加剂、食品相关产品；

（五）对食品、食品添加剂和食品相关产品的安全管理。

供食用的源于农业的初级产品（以下称食用农产品）的质量安全管理，遵守《中华人民共和国农产品质量安全法》的规定。但是，制定有关食用农产品的质量安全标准、公布食用农产品安全有关信息，应当遵守本法的有关规定。

第三条　食品生产经营者应当依照法律、法规和食品安全标准从事生产经营活动，对社会和公众负责，保证食品安全，接受社会监督，承担社会责任。

第四条　国务院设立食品安全委员会，其工作职责由国务院规定。

国务院卫生行政部门承担食品安全综合协调职责，负责食品安全风险评估、食品安全标准制定、食品安全信息公布、食品检验机构的资质认定条件和检验规范的制定，组织查处食品安全重大事故。

国务院质量监督、工商行政管理和国家食品药品监督管理部门依照本法和国务院规定的职责，分别对食品生产、食品流通、餐饮服务活动实施监督管理。

第五条 县级以上地方人民政府统一负责、领导、组织、协调本行政区域的食品安全监督管理工作，建立健全食品安全全程监督管理的工作机制；统一领导、指挥食品安全突发事件应对工作；完善、落实食品安全监督管理责任制，对食品安全监督管理部门进行评议、考核。

县级以上地方人民政府依照本法和国务院的规定确定本级卫生行政、农业行政、质量监督、工商行政管理、食品药品监督管理部门的食品安全监督管理职责。有关部门在各自职责范围内负责本行政区域的食品安全监督管理工作。

上级人民政府所属部门在下级行政区域设置的机构应当在所在地人民政府的统一组织、协调下，依法做好食品安全监督管理工作。

第六条 县级以上卫生行政、农业行政、质量监督、工商行政管理、食品药品监督管理部门应当加强沟通、密切配合，按照各自职责分工，依法行使职权，承担责任。

第七条 食品行业协会应当加强行业自律，引导食品生产经营者依法生产经营，推动行业诚信建设，宣传、普及食品安全知识。

第八条 国家鼓励社会团体、基层群众性自治组织开展食品安全法律、法规以及食品安全标准和知识的普及工作，倡导健康的饮食方式，增强消费者食品安全意识和自我保护能力。

新闻媒体应当开展食品安全法律、法规以及食品安全标准和知识的公益宣传，并对违反本法的行为进行舆论监督。

第九条 国家鼓励和支持开展与食品安全有关的基础研究和应用研究，鼓励和支持食品生产经营者为提高食品安全水平采用先进技术和先进管理规范。

第十条 任何组织或者个人有权举报食品生产经营中违反本法的行为，有权向有关部门了解食品安全信息，对食品安全监督管理工作提出意见和建议。

第二章 食品安全风险监测和评估

第十一条 国家建立食品安全风险监测制度，对食源性疾病、食品污染以及食品中的有害因素进行监测。

国务院卫生行政部门会同国务院有关部门制定、实施国家食品安全风险监测计划。省、自治区、直辖市人民政府卫生行政部门根据国家食品安全风险监测计划，结合本行政区域的具体情况，组织制定、实施本行政区域的食品安全风险监测方案。

第十二条　国务院农业行政、质量监督、工商行政管理和国家食品药品监督管理等有关部门获知有关食品安全风险信息后，应当立即向国务院卫生行政部门通报。国务院卫生行政部门会同有关部门对信息核实后，应当及时调整食品安全风险监测计划。

第十三条　国家建立食品安全风险评估制度，对食品、食品添加剂中生物性、化学性和物理性危害进行风险评估。

国务院卫生行政部门负责组织食品安全风险评估工作，成立由医学、农业、食品、营养等方面的专家组成的食品安全风险评估专家委员会进行食品安全风险评估。

对农药、肥料、生长调节剂、兽药、饲料和饲料添加剂等的安全性评估，应当有食品安全风险评估专家委员会的专家参加。

食品安全风险评估应当运用科学方法，根据食品安全风险监测信息、科学数据以及其他有关信息进行。

第十四条　国务院卫生行政部门通过食品安全风险监测或者接到举报发现食品可能存在安全隐患的，应当立即组织进行检验和食品安全风险评估。

第十五条　国务院农业行政、质量监督、工商行政管理和国家食品药品监督管理等有关部门应当向国务院卫生行政部门提出食品安全风险评估的建议，并提供有关信息和资料。

国务院卫生行政部门应当及时向国务院有关部门通报食品安全风险评估的结果。

第十六条　食品安全风险评估结果是制定、修订食品安全标准和对食品安全实施监督管理的科学依据。

食品安全风险评估结果得出食品不安全结论的，国务院质量监督、工商行政管理和国家食品药品监督管理部门应当依据各自职责立即采取相应措施，确保该食品停止生产经营，并告知消费者停止食用；需要制定、修订相关食品安全国家标准的，国务院卫生行政部门应当立即制定、修订。

第十七条　国务院卫生行政部门应当会同国务院有关部门，根据食品安全风险评估结果、食品安全监督管理信息，对食品安全状况进行综合分析。对经综合分析表明可能具有较高程度安全风险的食品，国务院卫生行政部门应当及时提出食品安全风险警示，并予以公布。

第三章　食品安全标准

第十八条　制定食品安全标准，应当以保障公众身体健康为宗旨，做到科学合理、安全可靠。

第十九条　食品安全标准是强制执行的标准。除食品安全标准外，不得制定其他的食品强制性标准。

第二十条　食品安全标准应当包括下列内容：

（一）食品、食品相关产品中的致病性微生物、农药残留、兽药残留、重金属、污染物质以及其他危害人体健康物质的限量规定；

（二）食品添加剂的品种、使用范围、用量；

（三）专供婴幼儿和其他特定人群的主辅食品的营养成分要求；

（四）对与食品安全、营养有关的标签、标识、说明书的要求；

（五）食品生产经营过程的卫生要求；

（六）与食品安全有关的质量要求；

（七）食品检验方法与规程；

（八）其他需要制定为食品安全标准的内容。

第二十一条　食品安全国家标准由国务院卫生行政部门负责制定、公布，国务院标准化行政部门提供国家标准编号。

食品中农药残留、兽药残留的限量规定及其检验方法与规程由国务院卫生行政部门、国务院农业行政部门制定。

屠宰畜、禽的检验规程由国务院有关主管部门会同国务院卫生行政部门制定。

有关产品国家标准涉及食品安全国家标准规定内容的，应当与食品安全国家标准相一致。

第二十二条　国务院卫生行政部门应当对现行的食用农产品质量安全标准、食品卫生标准、食品质量标准和有关食品的行业标准中强制执行的标准予以整合，统一公布为食品安全国家标准。

本法规定的食品安全国家标准公布前，食品生产经营者应当按照现行食用农产品质量安全标准、食品卫生标准、食品质量标准和有关食品的行业标准生产经营食品。

第二十三条　食品安全国家标准应当经食品安全国家标准审评委员会审查通过。食品安全国家标准审评委员会由医学、农业、食品、营养等方面的专家以及国务院有关部门的代表组成。

制定食品安全国家标准，应当依据食品安全风险评估结果并充分考虑食用农产品质量安全风险评估结果，参照相关的国际标准和国际食品安全风险评估结果，并广泛听取食品生产经营者和消费者的意见。

第二十四条　没有食品安全国家标准的，可以制定食品安全地方标准。

省、自治区、直辖市人民政府卫生行政部门组织制定食品安全地方标准，应当参照执行本法有关食品安全国家标准制定的规定，并报国务院卫生行政部门备案。

第二十五条　企业生产的食品没有食品安全国家标准或者地方标准的，应当制定企业标准，作为组织生产的依据。国家鼓励食品生产企业制定严于食品安全国家标准或者地方标准的企业标准。企业标准应当报省级卫生行政部门备案，在本企业内部适用。

第二十六条　食品安全标准应当供公众免费查阅。

第四章　食品生产经营

第二十七条　食品生产经营应当符合食品安全标准，并符合下列要求：

（一）具有与生产经营的食品品种、数量相适应的食品原料处理和食品加工、包装、贮存等场所，保持该场所环境整洁，并与有毒、有害场所以及其他污染源保持规定的距离；

（二）具有与生产经营的食品品种、数量相适应的生产经营设备或者设施，有相应的消毒、更衣、盥洗、采光、照明、通风、防腐、防尘、防蝇、防鼠、防虫、洗涤以及处理废水、存放垃圾和废弃物的设备或者设施；

（三）有食品安全专业技术人员、管理人员和保证食品安全的规章制度；

（四）具有合理的设备布局和工艺流程，防止待加工食品与直接入口食品、原料与成品交叉污染，避免食品接触有毒物、不洁物；

（五）餐具、饮具和盛放直接入口食品的容器，使用前应当洗净、消毒，炊具、用具用后应当洗净，保持清洁；

（六）贮存、运输和装卸食品的容器、工具和设备应当安全、无害，保持清洁，防止食品污染，并符合保证食品安全所需的温度等特殊要求，不得将食品与有毒、有害物品一同运输；

（七）直接入口的食品应当有小包装或者使用无毒、清洁的包装材料、餐具；

（八）食品生产经营人员应当保持个人卫生，生产经营食品时，应当将手洗净，穿戴清洁的工作衣、帽；销售无包装的直接入口食品时，应当使用无毒、清洁的售货工具；

（九）用水应当符合国家规定的生活饮用水卫生标准；

（十）使用的洗涤剂、消毒剂应当对人体安全、无害；

（十一）法律、法规规定的其他要求。

第二十八条　禁止生产经营下列食品：

（一）用非食品原料生产的食品或者添加食品添加剂以外的化学物质和其他可能危害人体健康物质的食品，或者用回收食品作为原料生产的食品；

（二）致病性微生物、农药残留、兽药残留、重金属、污染物质以及其他危害人体健康的物质含量超过食品安全标准限量的食品；

（三）营养成分不符合食品安全标准的专供婴幼儿和其他特定人群的主辅食品；

（四）腐败变质、油脂酸败、霉变生虫、污秽不洁、混有异物、掺假掺杂或者感官性状异常的食品；

（五）病死、毒死或者死因不明的禽、畜、兽、水产动物肉类及其制品；

（六）未经动物卫生监督机构检疫或者检疫不合格的肉类，或者未经检验或者检验不合格的肉类制品；

（七）被包装材料、容器、运输工具等污染的食品；

（八）超过保质期的食品；

（九）无标签的预包装食品；

（十）国家为防病等特殊需要明令禁止生产经营的食品；

（十一）其他不符合食品安全标准或者要求的食品。

第二十九条 国家对食品生产经营实行许可制度。从事食品生产、食品流通、餐饮服务，应当依法取得食品生产许可、食品流通许可、餐饮服务许可。

取得食品生产许可的食品生产者在其生产场所销售其生产的食品，不需要取得食品流通的许可；取得餐饮服务许可的餐饮服务提供者在其餐饮服务场所出售其制作加工的食品，不需要取得食品生产和流通的许可；农民个人销售其自产的食用农产品，不需要取得食品流通的许可。

食品生产加工小作坊和食品摊贩从事食品生产经营活动，应当符合本法规定的与其生产经营规模、条件相适应的食品安全要求，保证所生产经营的食品卫生、无毒、无害，有关部门应当对其加强监督管理，具体管理办法由省、自治区、直辖市人民代表大会常务委员会依照本法制定。

第三十条 县级以上地方人民政府鼓励食品生产加工小作坊改进生产条件；鼓励食品摊贩进入集中交易市场、店铺等固定场所经营。

第三十一条 县级以上质量监督、工商行政管理、食品药品监督管理部门应当依照《中华人民共和国行政许可法》的规定，审核申请人提交的本法第二十七条第一项至第四项规定要求的相关资料，必要时对申请人的生产经营场所进行现场核查；对符合规定条件的，决定准予许可；对不符合规定条件的，决定不予许可并书面说明理由。

第三十二条 食品生产经营企业应当建立健全本单位的食品安全管理制度，加强对职工食品安全知识的培训，配备专职或者兼职食品安全管理人员，做好对所生产经营食品的检验工作，依法从事食品生产经营活动。

第三十三条 国家鼓励食品生产经营企业符合良好生产规范要求，实施危害分析与关键控制点体系，提高食品安全管理水平。

对通过良好生产规范、危害分析与关键控制点体系认证的食品生产经营企业，认证机构应当依法实施跟踪调查；对不再符合认证要求的企业，应当依法撤销认证，及时向有关质量监督、工商行政管理、食品药品监督管理部门通报，并向社会公布。认证机构实施跟踪调查不收取任何费用。

第三十四条 食品生产经营者应当建立并执行从业人员健康管理制度。患有痢疾、伤寒、病毒性肝炎等消化道传染病的人员，以及患有活动性肺结核、化脓性或者渗出性皮肤病等有碍食品安全的疾病的人员，不得从事接触直接入口食品的工作。

食品生产经营人员每年应当进行健康检查，取得健康证明后方可参加工作。

第三十五条 食用农产品生产者应当依照食品安全标准和国家有关规定使用农药、肥料、生长调节剂、兽药、饲料和饲料添加剂等农业投入品。食用农产品的生产企业和农民专业合作经济组织应当建立食用农产品生产记录制度。

县级以上农业行政部门应当加强对农业投入品使用的管理和指导，建立健全农业投入品的安全使用制度。

第三十六条 食品生产者采购食品原料、食品添加剂、食品相关产品，应当查验供货者的许可证和产品合格证明文件；对无法提供合格证明文件的食品原料，应当依照食品安全标准进行检验；不得采购或者使用不符合食品安全标准的食品原料、食品添加剂、食品相关产品。

食品生产企业应当建立食品原料、食品添加剂、食品相关产品进货查验记录制度，如实记录食品原料、食品添加剂、食品相关产品的名称、规格、数量、供货者名称及联系方式、进货日期等内容。

食品原料、食品添加剂、食品相关产品进货查验记录应当真实，保存期限不得少于二年。

第三十七条 食品生产企业应当建立食品出厂检验记录制度，查验出厂食品的检验合格证和安全状况，并如实记录食品的名称、规格、数量、生产日期、生产批号、检验合格证号、购货者名称及联系方式、销售日期等内容。

食品出厂检验记录应当真实，保存期限不得少于二年。

第三十八条 食品、食品添加剂和食品相关产品的生产者，应当依照食品安全标准对所生产的食品、食品添加剂和食品相关产品进行检验，检验合格后方可出厂或者销售。

第三十九条 食品经营者采购食品，应当查验供货者的许可证和食品合格的证明文件。

食品经营企业应当建立食品进货查验记录制度，如实记录食品的名称、规格、数量、生产批号、保质期、供货者名称及联系方式、进货日期等内容。

食品进货查验记录应当真实，保存期限不得少于二年。

实行统一配送经营方式的食品经营企业，可以由企业总部统一查验供货者的许可证和食品合格的证明文件，进行食品进货查验记录。

第四十条 食品经营者应当按照保证食品安全的要求贮存食品，定期检查库存食品，及时清理变质或者超过保质期的食品。

第四十一条 食品经营者贮存散装食品，应当在贮存位置标明食品的名称、生产日期、保质期、生产者名称及联系方式等内容。

食品经营者销售散装食品，应当在散装食品的容器、外包装上标明食品的名称、生产日期、保质期、生产经营者名称及联系方式等内容。

第四十二条 预包装食品的包装上应当有标签。标签应当标明下列事项：

（一）名称、规格、净含量、生产日期；

（二）成分或者配料表；

（三）生产者的名称、地址、联系方式；

（四）保质期；

（五）产品标准代号；

（六）贮存条件；

（七）所使用的食品添加剂在国家标准中的通用名称；

（八）生产许可证编号；

（九）法律、法规或者食品安全标准规定必须标明的其他事项。

专供婴幼儿和其他特定人群的主辅食品，其标签还应当标明主要营养成分及其含量。

第四十三条　国家对食品添加剂的生产实行许可制度。申请食品添加剂生产许可的条件、程序，按照国家有关工业产品生产许可证管理的规定执行。

第四十四条　申请利用新的食品原料从事食品生产或者从事食品添加剂新品种、食品相关产品新品种生产活动的单位或者个人，应当向国务院卫生行政部门提交相关产品的安全性评估材料。国务院卫生行政部门应当自收到申请之日起六十日内组织对相关产品的安全性评估材料进行审查；对符合食品安全要求的，依法决定准予许可并予以公布；对不符合食品安全要求的，决定不予许可并书面说明理由。

第四十五条　食品添加剂应当在技术上确有必要且经过风险评估证明安全可靠，方可列入允许使用的范围。国务院卫生行政部门应当根据技术必要性和食品安全风险评估结果，及时对食品添加剂的品种、使用范围、用量的标准进行修订。

第四十六条　食品生产者应当依照食品安全标准关于食品添加剂的品种、使用范围、用量的规定使用食品添加剂；不得在食品生产中使用食品添加剂以外的化学物质和其他可能危害人体健康的物质。

第四十七条　食品添加剂应当有标签、说明书和包装。标签、说明书应当载明本法第四十二条第一款第一项至第六项、第八项、第九项规定的事项，以及食品添加剂的使用范围、用量、使用方法，并在标签上载明"食品添加剂"字样。

第四十八条　食品和食品添加剂的标签、说明书，不得含有虚假、夸大的内容，不得涉及疾病预防、治疗功能。生产者对标签、说明书上所载明的内容负责。

食品和食品添加剂的标签、说明书应当清楚、明显，容易辨识。

食品和食品添加剂与其标签、说明书所载明的内容不符的，不得上市销售。

第四十九条　食品经营者应当按照食品标签标示的警示标志、警示说明或者注意事项的要求，销售预包装食品。

第五十条　生产经营的食品中不得添加药品，但是可以添加按照传统既是食品又是中药材的物质。按照传统既是食品又是中药材的物质的目录由国务院卫生行政部门制定、公布。

第五十一条　国家对声称具有特定保健功能的食品实行严格监管。有关监督管理部门应当依法履职，承担责任。具体管理办法由国务院规定。

声称具有特定保健功能的食品不得对人体产生急性、亚急性或者慢性危害，其标签、说明书不得涉及疾病预防、治疗功能，内容必须真实，应当载明适宜人群、不适宜人群、功效成分或者标志性成分及其含量等；产品的功能和成分必须与标签、说明书相一致。

第五十二条 集中交易市场的开办者、柜台出租者和展销会举办者，应当审查入场食品经营者的许可证，明确入场食品经营者的食品安全管理责任，定期对入场食品经营者的经营环境和条件进行检查，发现食品经营者有违反本法规定的行为的，应当及时制止并立即报告所在地县级工商行政管理部门或者食品药品监督管理部门。

集中交易市场的开办者、柜台出租者和展销会举办者未履行前款规定义务，本市场发生食品安全事故的，应当承担连带责任。

第五十三条 国家建立食品召回制度。食品生产者发现其生产的食品不符合食品安全标准，应当立即停止生产，召回已经上市销售的食品，通知相关生产经营者和消费者，并记录召回和通知情况。

食品经营者发现其经营的食品不符合食品安全标准，应当立即停止经营，通知相关生产经营者和消费者，并记录停止经营和通知情况。食品生产者认为应当召回的，应当立即召回。

食品生产者应当对召回的食品采取补救、无害化处理、销毁等措施，并将食品召回和处理情况向县级以上质量监督部门报告。

食品生产经营者未依照本条规定召回或者停止经营不符合食品安全标准的食品的，县级以上质量监督、工商行政管理、食品药品监督管理部门可以责令其召回或者停止经营。

第五十四条 食品广告的内容应当真实合法，不得含有虚假、夸大的内容，不得涉及疾病预防、治疗功能。

食品安全监督管理部门或者承担食品检验职责的机构、食品行业协会、消费者协会不得以广告或者其他形式向消费者推荐食品。

第五十五条 社会团体或者其他组织、个人在虚假广告中向消费者推荐食品，使消费者的合法权益受到损害的，与食品生产经营者承担连带责任。

第五十六条 地方各级人民政府鼓励食品规模化生产和连锁经营、配送。

第五章 食品检验

第五十七条 食品检验机构按照国家有关认证认可的规定取得资质认定后，方可从事食品检验活动。但是，法律另有规定的除外。

食品检验机构的资质认定条件和检验规范，由国务院卫生行政部门规定。

本法施行前经国务院有关主管部门批准设立或者经依法认定的食品检验机构，可以依照本法继续从事食品检验活动。

第五十八条　食品检验由食品检验机构指定的检验人独立进行。

检验人应当依照有关法律、法规的规定，并依照食品安全标准和检验规范对食品进行检验，尊重科学，恪守职业道德，保证出具的检验数据和结论客观、公正，不得出具虚假的检验报告。

第五十九条　食品检验实行食品检验机构与检验人负责制。食品检验报告应当加盖食品检验机构公章，并有检验人的签名或者盖章。食品检验机构和检验人对出具的食品检验报告负责。

第六十条　食品安全监督管理部门对食品不得实施免检。

县级以上质量监督、工商行政管理、食品药品监督管理部门应当对食品进行定期或者不定期的抽样检验。进行抽样检验，应当购买抽取的样品，不收取检验费和其他任何费用。

县级以上质量监督、工商行政管理、食品药品监督管理部门在执法工作中需要对食品进行检验的，应当委托符合本法规定的食品检验机构进行，并支付相关费用。对检验结论有异议的，可以依法进行复检。

第六十一条　食品生产经营企业可以自行对所生产的食品进行检验，也可以委托符合本法规定的食品检验机构进行检验。

食品行业协会等组织、消费者需要委托食品检验机构对食品进行检验的，应当委托符合本法规定的食品检验机构进行。

第六章　食品进出口

第六十二条　进口的食品、食品添加剂以及食品相关产品应当符合我国食品安全国家标准。

进口的食品应当经出入境检验检疫机构检验合格后，海关凭出入境检验检疫机构签发的通关证明放行。

第六十三条　进口尚无食品安全国家标准的食品，或者首次进口食品添加剂新品种、食品相关产品新品种，进口商应当向国务院卫生行政部门提出申请并提交相关的安全性评估材料。国务院卫生行政部门依照本法第四十四条的规定作出是否准予许可的决定，并及时制定相应的食品安全国家标准。

第六十四条　境外发生的食品安全事件可能对我国境内造成影响，或者在进口食品中发现严重食品安全问题的，国家出入境检验检疫部门应当及时采取风险预警或者控制措施，并向国务院卫生行政、农业行政、工商行政管理和国家食品药品监督管理部门通报。接到通报的部门应当及时采取相应措施。

第六十五条　向我国境内出口食品的出口商或者代理商应当向国家出入境检验检疫部门备案。向我国境内出口食品的境外食品生产企业应当经国家出入境检验检疫部门注册。

国家出入境检验检疫部门应当定期公布已经备案的出口商、代理商和已经注册的境外食品生产企业名单。

第六十六条　进口的预包装食品应当有中文标签、中文说明书。标签、说明书应当符合本法以及我国其他有关法律、行政法规的规定和食品安全国家标准的要求，载明食品的原产地以及境内代理商的名称、地址、联系方式。预包装食品没有中文标签、中文说明书或者标签、说明书不符合本条规定的，不得进口。

第六十七条　进口商应当建立食品进口和销售记录制度，如实记录食品的名称、规格、数量、生产日期、生产或者进口批号、保质期、出口商和购货者名称及联系方式、交货日期等内容。

食品进口和销售记录应当真实，保存期限不得少于二年。

第六十八条　出口的食品由出入境检验检疫机构进行监督、抽检，海关凭出入境检验检疫机构签发的通关证明放行。

出口食品生产企业和出口食品原料种植、养殖场应当向国家出入境检验检疫部门备案。

第六十九条　国家出入境检验检疫部门应当收集、汇总进出口食品安全信息，并及时通报相关部门、机构和企业。

国家出入境检验检疫部门应当建立进出口食品的进口商、出口商和出口食品生产企业的信誉记录，并予以公布。对有不良记录的进口商、出口商和出口食品生产企业，应当加强对其进出口食品的检验检疫。

第七章　食品安全事故处置

第七十条　国务院组织制定国家食品安全事故应急预案。

县级以上地方人民政府应当根据有关法律、法规的规定和上级人民政府的食品安全事故应急预案以及本地区的实际情况，制定本行政区域的食品安全事故应急预案，并报上一级人民政府备案。

食品生产经营企业应当制定食品安全事故处置方案，定期检查本企业各项食品安全防范措施的落实情况，及时消除食品安全事故隐患。

第七十一条　发生食品安全事故的单位应当立即予以处置，防止事故扩大。事故发生单位和接收病人进行治疗的单位应当及时向事故发生地县级卫生行政部门报告。

农业行政、质量监督、工商行政管理、食品药品监督管理部门在日常监督管理中发现食品安全事故，或者接到有关食品安全事故的举报，应当立即向卫生行政部门通报。

发生重大食品安全事故的，接到报告的县级卫生行政部门应当按照规定向本级人民政府和上级人民政府卫生行政部门报告。县级人民政府和上级人民政府卫生行政部门应当按照规定上报。

任何单位或者个人不得对食品安全事故隐瞒、谎报、缓报，不得毁灭有关证据。

第七十二条　县级以上卫生行政部门接到食品安全事故的报告后，应当立即会同有关农业行政、质量监督、工商行政管理、食品药品监督管理部门进行调查处理，并采取下列措施，防止或者减轻社会危害：

（一）开展应急救援工作，对因食品安全事故导致人身伤害的人员，卫生行政部门应当立即组织救治；

（二）封存可能导致食品安全事故的食品及其原料，并立即进行检验；对确认属于被污染的食品及其原料，责令食品生产经营者依照本法第五十三条的规定予以召回、停止经营并销毁；

（三）封存被污染的食品用工具及用具，并责令进行清洗消毒；

（四）做好信息发布工作，依法对食品安全事故及其处理情况进行发布，并对可能产生的危害加以解释、说明。

发生重大食品安全事故的，县级以上人民政府应当立即成立食品安全事故处置指挥机构，启动应急预案，依照前款规定进行处置。

第七十三条　发生重大食品安全事故，设区的市级以上人民政府卫生行政部门应当立即会同有关部门进行事故责任调查，督促有关部门履行职责，向本级人民政府提出事故责任调查处理报告。

重大食品安全事故涉及两个以上省、自治区、直辖市的，由国务院卫生行政部门依照前款规定组织事故责任调查。

第七十四条　发生食品安全事故，县级以上疾病预防控制机构应当协助卫生行政部门和有关部门对事故现场进行卫生处理，并对与食品安全事故有关的因素开展流行病学调查。

第七十五条　调查食品安全事故，除了查明事故单位的责任，还应当查明负有监督管理和认证职责的监督管理部门、认证机构的工作人员失职、渎职情况。

第八章　监督管理

第七十六条　县级以上地方人民政府组织本级卫生行政、农业行政、质量监督、工商行政管理、食品药品监督管理部门制定本行政区域的食品安全年度监督管理计划，并按照年度计划组织开展工作。

第七十七条　县级以上质量监督、工商行政管理、食品药品监督管理部门履行各自食品安全监督管理职责，有权采取下列措施：

（一）进入生产经营场所实施现场检查；

（二）对生产经营的食品进行抽样检验；

（三）查阅、复制有关合同、票据、账簿以及其他有关资料；

（四）查封、扣押有证据证明不符合食品安全标准的食品，违法使用的食品原料、食品添加剂、食品相关产品，以及用于违法生产经营或者被污染的工具、设备；

（五）查封违法从事食品生产经营活动的场所。

县级以上农业行政部门应当依照《中华人民共和国农产品质量安全法》规定的职责，对食用农产品进行监督管理。

第七十八条 县级以上质量监督、工商行政管理、食品药品监督管理部门对食品生产经营者进行监督检查，应当记录监督检查的情况和处理结果。监督检查记录经监督检查人员和食品生产经营者签字后归档。

第七十九条 县级以上质量监督、工商行政管理、食品药品监督管理部门应当建立食品生产经营者食品安全信用档案，记录许可颁发、日常监督检查结果、违法行为查处等情况；根据食品安全信用档案的记录，对有不良信用记录的食品生产经营者增加监督检查频次。

第八十条 县级以上卫生行政、质量监督、工商行政管理、食品药品监督管理部门接到咨询、投诉、举报，对属于本部门职责的，应当受理，并及时进行答复、核实、处理；对不属于本部门职责的，应当书面通知并移交有权处理的部门处理。有权处理的部门应当及时处理，不得推诿；属于食品安全事故的，依照本法第七章有关规定进行处置。

第八十一条 县级以上卫生行政、质量监督、工商行政管理、食品药品监督管理部门应当按照法定权限和程序履行食品安全监督管理职责；对生产经营者的同一违法行为，不得给予二次以上罚款的行政处罚；涉嫌犯罪的，应当依法向公安机关移送。

第八十二条 国家建立食品安全信息统一公布制度。下列信息由国务院卫生行政部门统一公布：

（一）国家食品安全总体情况；

（二）食品安全风险评估信息和食品安全风险警示信息；

（三）重大食品安全事故及其处理信息；

（四）其他重要的食品安全信息和国务院确定的需要统一公布的信息。

前款第二项、第三项规定的信息，其影响限于特定区域的，也可以由有关省、自治区、直辖市人民政府卫生行政部门公布。县级以上农业行政、质量监督、工商行政管理、食品药品监督管理部门依据各自职责公布食品安全日常监督管理信息。

食品安全监督管理部门公布信息，应当做到准确、及时、客观。

第八十三条 县级以上地方卫生行政、农业行政、质量监督、工商行政管理、食品药品监督管理部门获知本法第八十二条第一款规定的需要统一公布的信息，应当向上级主管部门报告，由上级主管部门立即报告国务院卫生行政部门；必要时，可以直接向国务院卫生行政部门报告。

县级以上卫生行政、农业行政、质量监督、工商行政管理、食品药品监督管理部门应当相互通报获知的食品安全信息。

第九章　法律责任

第八十四条　违反本法规定，未经许可从事食品生产经营活动，或者未经许可生产食品添加剂的，由有关主管部门按照各自职责分工，没收违法所得、违法生产经营的食品、食品添加剂和用于违法生产经营的工具、设备、原料等物品；违法生产经营的食品、食品添加剂货值金额不足一万元的，并处二千元以上五万元以下罚款；货值金额一万元以上的，并处货值金额五倍以上十倍以下罚款。

第八十五条　违反本法规定，有下列情形之一的，由有关主管部门按照各自职责分工，没收违法所得、违法生产经营的食品和用于违法生产经营的工具、设备、原料等物品；违法生产经营的食品货值金额不足一万元的，并处二千元以上五万元以下罚款；货值金额一万元以上的，并处货值金额五倍以上十倍以下罚款；情节严重的，吊销许可证：

（一）用非食品原料生产食品或者在食品中添加食品添加剂以外的化学物质和其他可能危害人体健康的物质，或者用回收食品作为原料生产食品；

（二）生产经营致病性微生物、农药残留、兽药残留、重金属、污染物质以及其他危害人体健康的物质含量超过食品安全标准限量的食品；

（三）生产经营营养成分不符合食品安全标准的专供婴幼儿和其他特定人群的主辅食品；

（四）经营腐败变质、油脂酸败、霉变生虫、污秽不洁、混有异物、掺假掺杂或者感官性状异常的食品；

（五）经营病死、毒死或者死因不明的禽、畜、兽、水产动物肉类，或者生产经营病死、毒死或者死因不明的禽、畜、兽、水产动物肉类的制品；

（六）经营未经动物卫生监督机构检疫或者检疫不合格的肉类，或者生产经营未经检验或者检验不合格的肉类制品；

（七）经营超过保质期的食品；

（八）生产经营国家为防病等特殊需要明令禁止生产经营的食品；

（九）利用新的食品原料从事食品生产或者从事食品添加剂新品种、食品相关产品新品种生产，未经过安全性评估；

（十）食品生产经营者在有关主管部门责令其召回或者停止经营不符合食品安全标准的食品后，仍拒不召回或者停止经营的。

第八十六条　违反本法规定，有下列情形之一的，由有关主管部门按照各自职责分工，没收违法所得、违法生产经营的食品和用于违法生产经营的工具、设备、原料等物品；违法生产经营的食品货值金额不足一万元的，并处二千元以上五万元以下罚款；货值金额一万元以上的，并处货值金额二倍以上五倍以下罚款；情节严重的，责令停产停业，直至吊销许可证：

（一）经营被包装材料、容器、运输工具等污染的食品；

（二）生产经营无标签的预包装食品、食品添加剂或者标签、说明书不符合本法规定的食品、食品添加剂；

（三）食品生产者采购、使用不符合食品安全标准的食品原料、食品添加剂、食品相关产品；

（四）食品生产经营者在食品中添加药品。

第八十七条 违反本法规定，有下列情形之一的，由有关主管部门按照各自职责分工，责令改正，给予警告；拒不改正的，处二千元以上二万元以下罚款；情节严重的，责令停产停业，直至吊销许可证：

（一）未对采购的食品原料和生产的食品、食品添加剂、食品相关产品进行检验；

（二）未建立并遵守查验记录制度、出厂检验记录制度；

（三）制定食品安全企业标准未依照本法规定备案；

（四）未按规定要求贮存、销售食品或者清理库存食品；

（五）进货时未查验许可证和相关证明文件；

（六）生产的食品、食品添加剂的标签、说明书涉及疾病预防、治疗功能；

（七）安排患有本法第三十四条所列疾病的人员从事接触直接入口食品的工作。

第八十八条 违反本法规定，事故单位在发生食品安全事故后未进行处置、报告的，由有关主管部门按照各自职责分工，责令改正，给予警告；毁灭有关证据的，责令停产停业，并处二千元以上十万元以下罚款；造成严重后果的，由原发证部门吊销许可证。

第八十九条 违反本法规定，有下列情形之一的，依照本法第八十五条的规定给予处罚：

（一）进口不符合我国食品安全国家标准的食品；

（二）进口尚无食品安全国家标准的食品，或者首次进口食品添加剂新品种、食品相关产品新品种，未经过安全性评估；

（三）出口商未遵守本法的规定出口食品。

违反本法规定，进口商未建立并遵守食品进口和销售记录制度的，依照本法第八十七条的规定给予处罚。

第九十条 违反本法规定，集中交易市场的开办者、柜台出租者、展销会的举办者允许未取得许可的食品经营者进入市场销售食品，或者未履行检查、报告等义务的，由有关主管部门按照各自职责分工，处二千元以上五万元以下罚款；造成严重后果的，责令停业，由原发证部门吊销许可证。

第九十一条 违反本法规定，未按照要求进行食品运输的，由有关主管部门按照各自职责分工，责令改正，给予警告；拒不改正的，责令停产停业，并处二千元以上五万元以下罚款；情节严重的，由原发证部门吊销许可证。

第九十二条 被吊销食品生产、流通或者餐饮服务许可证的单位，其直接负责的主管人员自处罚决定作出之日起五年内不得从事食品生产经营管理工作。

食品生产经营者聘用不得从事食品生产经营管理工作的人员从事管理工作的，由原发证部门吊销许可证。

第九十三条 违反本法规定，食品检验机构、食品检验人员出具虚假检验报告的，由授予其资质的主管部门或者机构撤销该检验机构的检验资格；依法对检验机构直接负责的主管人员和食品检验人员给予撤职或者开除的处分。

违反本法规定，受到刑事处罚或者开除处分的食品检验机构人员，自刑罚执行完毕或者处分决定作出之日起十年内不得从事食品检验工作。食品检验机构聘用不得从事食品检验工作的人员的，由授予其资质的主管部门或者机构撤销该检验机构的检验资格。

第九十四条 违反本法规定，在广告中对食品质量作虚假宣传，欺骗消费者的，依照《中华人民共和国广告法》的规定给予处罚。

违反本法规定，食品安全监督管理部门或者承担食品检验职责的机构、食品行业协会、消费者协会以广告或者其他形式向消费者推荐食品的，由有关主管部门没收违法所得，依法对直接负责的主管人员和其他直接责任人员给予记大过、降级或者撤职的处分。

第九十五条 违反本法规定，县级以上地方人民政府在食品安全监督管理中未履行职责，本行政区域出现重大食品安全事故、造成严重社会影响的，依法对直接负责的主管人员和其他直接责任人员给予记大过、降级、撤职或者开除的处分。

违反本法规定，县级以上卫生行政、农业行政、质量监督、工商行政管理、食品药品监督管理部门或者其他有关行政部门不履行本法规定的职责或者滥用职权、玩忽职守、徇私舞弊的，依法对直接负责的主管人员和其他直接责任人员给予记大过或者降级的处分；造成严重后果的，给予撤职或者开除的处分；其主要负责人应当引咎辞职。

第九十六条 违反本法规定，造成人身、财产或者其他损害的，依法承担赔偿责任。

生产不符合食品安全标准的食品或者销售明知是不符合食品安全标准的食品，消费者除要求赔偿损失外，还可以向生产者或者销售者要求支付价款十倍的赔偿金。

第九十七条 违反本法规定，应当承担民事赔偿责任和缴纳罚款、罚金，其财产不足以同时支付时，先承担民事赔偿责任。

第九十八条 违反本法规定，构成犯罪的，依法追究刑事责任。

第十章 附　则

第九十九条 本法下列用语的含义：

食品，指各种供人食用或者饮用的成品和原料以及按照传统既是食品又是药品的物品，但是不包括以治疗为目的的物品。

食品安全，指食品无毒、无害，符合应当有的营养要求，对人体健康不造成任何急性、亚急性或者慢性危害。

预包装食品，指预先定量包装或者制作在包装材料和容器中的食品。

食品添加剂，指为改善食品品质和色、香、味以及为防腐、保鲜和加工工艺的需要而加入食品中的人工合成或者天然物质。

用于食品的包装材料和容器，指包装、盛放食品或者食品添加剂用的纸、竹、木、金属、搪瓷、陶瓷、塑料、橡胶、天然纤维、化学纤维、玻璃等制品和直接接触食品或者食品添加剂的涂料。

用于食品生产经营的工具、设备，指在食品或者食品添加剂生产、流通、使用过程中直接接触食品或者食品添加剂的机械、管道、传送带、容器、用具、餐具等。

用于食品的洗涤剂、消毒剂，指直接用于洗涤或者消毒食品、餐饮具以及直接接触食品的工具、设备或者食品包装材料和容器的物质。

保质期，指预包装食品在标签指明的贮存条件下保持品质的期限。

食源性疾病，指食品中致病因素进入人体引起的感染性、中毒性等疾病。

食物中毒，指食用了被有毒有害物质污染的食品或者食用了含有毒有害物质的食品后出现的急性、亚急性疾病。

食品安全事故，指食物中毒、食源性疾病、食品污染等源于食品，对人体健康有危害或者可能有危害的事故。

第一百条　食品生产经营者在本法施行前已经取得相应许可证的，该许可证继续有效。

第一百零一条　乳品、转基因食品、生猪屠宰、酒类和食盐的食品安全管理，适用本法；法律、行政法规另有规定的，依照其规定。

第一百零二条　铁路运营中食品安全的管理办法由国务院卫生行政部门会同国务院有关部门依照本法制定。

军队专用食品和自供食品的食品安全管理办法由中央军事委员会依照本法制定。

第一百零三条　国务院根据实际需要，可以对食品安全监督管理体制作出调整。

第一百零四条　本法自 2009 年 6 月 1 日起施行。《中华人民共和国食品卫生法》同时废止。

附录 B

中华人民共和国农产品质量安全法

（2006 年 4 月 29 日第十届全国人民代表大会常务委员会第二十一次会议通过）

第一章 总 则

第一条 为保障农产品质量安全，维护公众健康，促进农业和农村经济发展，制定本法。

第二条 本法所称农产品，是指来源于农业的初级产品，即在农业活动中获得的植物、动物、微生物及其产品。

本法所称农产品质量安全，是指农产品质量符合保障人的健康、安全的要求。

第三条 县级以上人民政府农业行政主管部门负责农产品质量安全的监督管理工作；县级以上人民政府有关部门按照职责分工，负责农产品质量安全的有关工作。

第四条 县级以上人民政府应当将农产品质量安全管理工作纳入本级国民经济和社会发展规划，并安排农产品质量安全经费，用于开展农产品质量安全工作。

第五条 县级以上地方人民政府统一领导、协调本行政区域内的农产品质量安全工作，并采取措施，建立健全农产品质量安全服务体系，提高农产品质量安全水平。

第六条 国务院农业行政主管部门应当设立由有关方面专家组成的农产品质量安全风险评估专家委员会，对可能影响农产品质量安全的潜在危害进行风险分析和评估。

国务院农业行政主管部门应当根据农产品质量安全风险评估结果采取相应的管理措施，并将农产品质量安全风险评估结果及时通报国务院有关部门。

第七条 国务院农业行政主管部门和省、自治区、直辖市人民政府农业行政主管部门应当按照职责权限，发布有关农产品质量安全状况信息。

第八条 国家引导、推广农产品标准化生产，鼓励和支持生产优质农产品，禁止生产、销售不符合国家规定的农产品质量安全标准的农产品。

第九条 国家支持农产品质量安全科学技术研究，推行科学的质量安全管理方法，推广先进安全的生产技术。

第十条 各级人民政府及有关部门应当加强农产品质量安全知识的宣传，提高公众的农产品质量安全意识，引导农产品生产者、销售者加强质量安全管理，保障农产品消费安全。

第二章 农产品质量安全标准

第十一条 国家建立健全农产品质量安全标准体系。农产品质量安全标准是强制性的技术规范。

农产品质量安全标准的制定和发布，依照有关法律、行政法规的规定执行。

第十二条　制定农产品质量安全标准应当充分考虑农产品质量安全风险评估结果，并听取农产品生产者、销售者和消费者的意见，保障消费安全。

第十三条　农产品质量安全标准应当根据科学技术发展水平以及农产品质量安全的需要，及时修订。

第十四条　农产品质量安全标准由农业行政主管部门商有关部门组织实施。

第三章　农产品产地

第十五条　县级以上地方人民政府农业行政主管部门按照保障农产品质量安全的要求，根据农产品品种特性和生产区域大气、土壤、水体中有毒有害物质状况等因素，认为不适宜特定农产品生产的，提出禁止生产的区域，报本级人民政府批准后公布。具体办法由国务院农业行政主管部门商国务院环境保护行政主管部门制定。

农产品禁止生产区域的调整，依照前款规定的程序办理。

第十六条　县级以上人民政府应当采取措施，加强农产品基地建设，改善农产品的生产条件。

县级以上人民政府农业行政主管部门应当采取措施，推进保障农产品质量安全的标准化生产综合示范区、示范农场、养殖小区和无规定动植物疫病区的建设。

第十七条　禁止在有毒有害物质超过规定标准的区域生产、捕捞、采集食用农产品和建立农产品生产基地。

第十八条　禁止违反法律、法规的规定向农产品产地排放或者倾倒废水、废气、固体废物或者其他有毒有害物质。

农业生产用水和用作肥料的固体废物，应当符合国家规定的标准。

第十九条　农产品生产者应当合理使用化肥、农药、兽药、农用薄膜等化工产品，防止对农产品产地造成污染。

第四章　农产品生产

第二十条　国务院农业行政主管部门和省、自治区、直辖市人民政府农业行政主管部门应当制定保障农产品质量安全的生产技术要求和操作规程。县级以上人民政府农业行政主管部门应当加强对农产品生产的指导。

第二十一条　对可能影响农产品质量安全的农药、兽药、饲料和饲料添加剂、肥料、兽医器械，依照有关法律、行政法规的规定实行许可制度。

国务院农业行政主管部门和省、自治区、直辖市人民政府农业行政主管部门应当定期对可能危及农产品质量安全的农药、兽药、饲料和饲料添加剂、肥料等农业投入品进行监督抽查，并公布抽查结果。

第二十二条　县级以上人民政府农业行政主管部门应当加强对农业投入品使用的管理和指导，建立健全农业投入品的安全使用制度。

第二十三条　农业科研教育机构和农业技术推广机构应当加强对农产品生产者质量安全知识和技能的培训。

第二十四条　农产品生产企业和农民专业合作经济组织应当建立农产品生产记录，如实记载下列事项：

（一）使用农业投入品的名称、来源、用法、用量和使用、停用的日期；

（二）动物疫病、植物病虫草害的发生和防治情况；

（三）收获、屠宰或者捕捞的日期。

农产品生产记录应当保存二年。禁止伪造农产品生产记录。

国家鼓励其他农产品生产者建立农产品生产记录。

第二十五条　农产品生产者应当按照法律、行政法规和国务院农业行政主管部门的规定，合理使用农业投入品，严格执行农业投入品使用安全间隔期或者休药期的规定，防止危及农产品质量安全。

禁止在农产品生产过程中使用国家明令禁止使用的农业投入品。

第二十六条　农产品生产企业和农民专业合作经济组织，应当自行或者委托检测机构对农产品质量安全状况进行检测；经检测不符合农产品质量安全标准的农产品，不得销售。

第二十七条　农民专业合作经济组织和农产品行业协会对其成员应当及时提供生产技术服务，建立农产品质量安全管理制度，健全农产品质量安全控制体系，加强自律管理。

第五章　农产品包装和标识

第二十八条　农产品生产企业、农民专业合作经济组织以及从事农产品收购的单位或者个人销售的农产品，按照规定应当包装或者附加标识的，须经包装或者附加标识后方可销售。包装物或者标识上应当按照规定标明产品的品名、产地、生产者、生产日期、保质期、产品质量等级等内容；使用添加剂的，还应当按照规定标明添加剂的名称。具体办法由国务院农业行政主管部门制定。

第二十九条　农产品在包装、保鲜、贮存、运输中所使用的保鲜剂、防腐剂、添加剂等材料，应当符合国家有关强制性的技术规范。

第三十条　属于农业转基因生物的农产品，应当按照农业转基因生物安全管理的有关规定进行标识。

第三十一条　依法需要实施检疫的动植物及其产品，应当附具检疫合格标志、检疫合格证明。

第三十二条　销售的农产品必须符合农产品质量安全标准，生产者可以申请使用无公害农产品标志。农产品质量符合国家规定的有关优质农产品标准的，生产者可以申请使用相应的农产品质量标志。

禁止冒用前款规定的农产品质量标志。

第六章 监督检查

第三十三条 有下列情形之一的农产品，不得销售：

（一）含有国家禁止使用的农药、兽药或者其他化学物质的；

（二）农药、兽药等化学物质残留或者含有的重金属等有毒有害物质不符合农产品质量安全标准的；

（三）含有的致病性寄生虫、微生物或者生物毒素不符合农产品质量安全标准的；

（四）使用的保鲜剂、防腐剂、添加剂等材料不符合国家有关强制性的技术规范的；

（五）其他不符合农产品质量安全标准的。

第三十四条 国家建立农产品质量安全监测制度。县级以上人民政府农业行政主管部门应当按照保障农产品质量安全的要求，制定并组织实施农产品质量安全监测计划，对生产中或者市场上销售的农产品进行监督抽查。监督抽查结果由国务院农业行政主管部门或者省、自治区、直辖市人民政府农业行政主管部门按照权限予以公布。

监督抽查检测应当委托符合本法第三十五条规定条件的农产品质量安全检测机构进行，不得向被抽查人收取费用，抽取的样品不得超过国务院农业行政主管部门规定的数量。上级农业行政主管部门监督抽查的农产品，下级农业行政主管部门不得另行重复抽查。

第三十五条 农产品质量安全检测应当充分利用现有的符合条件的检测机构。

从事农产品质量安全检测的机构，必须具备相应的检测条件和能力，由省级以上人民政府农业行政主管部门或者其授权的部门考核合格。具体办法由国务院农业行政主管部门制定。

农产品质量安全检测机构应当依法经计量认证合格。

第三十六条 农产品生产者、销售者对监督抽查检测结果有异议的，可以自收到检测结果之日起五日内，向组织实施农产品质量安全监督抽查的农业行政主管部门或者其上级农业行政主管部门申请复检。

采用国务院农业行政主管部门会同有关部门认定的快速检测方法进行农产品质量安全监督抽查检测，被抽查人对检测结果有异议的，可以自收到检测结果时起四小时内申请复检。复检不得采用快速检测方法。

因检测结果错误给当事人造成损害的，依法承担赔偿责任。

第三十七条 农产品批发市场应当设立或者委托农产品质量安全检测机构，对进场销售的农产品质量安全状况进行抽查检测；发现不符合农产品质量安全标准的，应当要求销售者立即停止销售，并向农业行政主管部门报告。

农产品销售企业对其销售的农产品，应当建立健全进货检查验收制度；经查验不符合农产品质量安全标准的，不得销售。

第三十八条　国家鼓励单位和个人对农产品质量安全进行社会监督。任何单位和个人都有权对违反本法的行为进行检举、揭发和控告。有关部门收到相关的检举、揭发和控告后，应当及时处理。

第三十九条　县级以上人民政府农业行政主管部门在农产品质量安全监督检查中，可以对生产、销售的农产品进行现场检查，调查了解农产品质量安全的有关情况，查阅、复制与农产品质量安全有关的记录和其他资料；对经检测不符合农产品质量安全标准的农产品，有权查封、扣押。

第四十条　发生农产品质量安全事故时，有关单位和个人应当采取控制措施，及时向所在地乡级人民政府和县级人民政府农业行政主管部门报告；收到报告的机关应当及时处理并报上一级人民政府和有关部门。发生重大农产品质量安全事故时，农业行政主管部门应当及时通报同级食品药品监督管理部门。

第四十一条　县级以上人民政府农业行政主管部门在农产品质量安全监督管理中，发现有本法第三十三条所列情形之一的农产品，应当按照农产品质量安全责任追究制度的要求，查明责任人，依法予以处理或者提出处理建议。

第四十二条　进口的农产品必须按照国家规定的农产品质量安全标准进行检验；尚未制定有关农产品质量安全标准的，应当依法及时制定，未制定之前，可以参照国家有关部门指定的国外有关标准进行检验。

第七章　法律责任

第四十三条　农产品质量安全监督管理人员不依法履行监督职责，或者滥用职权的，依法给予行政处分。

第四十四条　农产品质量安全检测机构伪造检测结果的，责令改正，没收违法所得，并处5万元以上10万元以下罚款，对直接负责的主管人员和其他直接责任人员处1万元以上5万元以下罚款；情节严重的，撤销其检测资格；造成损害的，依法承担赔偿责任。

农产品质量安全检测机构出具检测结果不实，造成损害的，依法承担赔偿责任；造成重大损害的，并撤销其检测资格。

第四十五条　违反法律、法规规定，向农产品产地排放或者倾倒废水、废气、固体废物或者其他有毒有害物质的，依照有关环境保护法律、法规的规定处罚；造成损害的，依法承担赔偿责任。

第四十六条　使用农业投入品违反法律、行政法规和国务院农业行政主管部门的规定的，依照有关法律、行政法规的规定处罚。

第四十七条　农产品生产企业、农民专业合作经济组织未建立或者未按照规定保存农产品生产记录的，或者伪造农产品生产记录的，责令限期改正；逾期不改正的，可以处2000

元以下罚款。

第四十八条　违反本法第二十八条规定，销售的农产品未按照规定进行包装、标识的，责令限期改正；逾期不改正的，可以处 2 000 元以下罚款。

第四十九条　有本法第三十三条第四项规定情形，使用的保鲜剂、防腐剂、添加剂等材料不符合国家有关强制性的技术规范的，责令停止销售，对被污染的农产品进行无害化处理，对不能进行无害化处理的予以监督销毁；没收违法所得，并处 2 000 元以上 2 万元以下罚款。

第五十条　农产品生产企业、农民专业合作经济组织销售的农产品有本法第三十三条第一项至第三项或者第五项所列情形之一的，责令停止销售，追回已经销售的农产品，对违法销售的农产品进行无害化处理或者予以监督销毁；没收违法所得，并处 2 000 元以上 2 万元以下罚款。

农产品销售企业销售的农产品有前款所列情形的，依照前款规定处理、处罚。

农产品批发市场中销售的农产品有第一款所列情形的，对违法销售的农产品依照第一款规定处理，对农产品销售者依照第一款规定处罚。

农产品批发市场违反本法第三十七条第一款规定的，责令改正，处 2 000 元以上 2 万元以下罚款。

第五十一条　违反本法第三十二条规定，冒用农产品质量标志的，责令改正，没收违法所得，并处 2 000 元以上 2 万元以下罚款。

第五十二条　本法第四十四条、第四十七条至第四十九条、第五十条第一款、第四款和第五十一条规定的处理、处罚，由县级以上人民政府农业行政主管部门决定；第五十条第二款、第三款规定的处理、处罚，由工商行政管理部门决定。

法律对行政处罚及处罚机关有其他规定的，从其规定。但是，对同一违法行为不得重复处罚。

第五十三条　违反本法规定，构成犯罪的，依法追究刑事责任。

第五十四条　生产、销售本法第三十三条所列农产品，给消费者造成损害的，依法承担赔偿责任。

农产品批发市场中销售的农产品有前款规定情形的，消费者可以向农产品批发市场要求赔偿；属于生产者、销售者责任的，农产品批发市场有权追偿。消费者也可以直接向农产品生产者、销售者要求赔偿。

第八章　附　则

第五十五条　生猪屠宰的管理按照国家有关规定执行。

第五十六条　本法自 2006 年 11 月 1 日起施行。

中华人民共和国国家标准

质量管理体系　要求

Quality management systems—Requirements

（ISO 9001：2008，IDT）

GB/T 19001—2008/ISO 9001：2008

代替　GB/T 19001—2000

前　言

本标准等同采用 ISO 9001：2008《质量管理体系 要求》（英文版）。

本标准代替 GB/T 19001—2000《质量管理体系 要求》，通过对其修订，使表述更为以明确，并增强与 GB/T 24001—2004 的相容性。

附录 B 中给出了 GB/T 19001—2008 和 GB/T 19001—2000 之间的具体变化。

本标准的附录 A 和附录 B 是资料性附录。

本标准由全国质量管理和质量保证标准化技术委员会（SAC/TC151）提出并归口。

本标准由中国标准化研究院负责起草。

本标准起草单位：中国标准化研究院、国家认证认可监督管理委员会、中国认证认可协会、中国合格评定国家认可中心、中国质量认证中心、方圆标志认证集团、中国船级社质量认证公司、上海质量体系审核中心、深圳环通认证中心、赛宝认证中心、华夏认证中心有限公司、国培认证培训（北京）中心、中国建材检验认证中心、上海汽轮机有限公司。

本标准主要起草人：田武、李钊、刘卓慧、李强、李荷芳、李明、赵志伟、王建宁、孙纯一、曲辛田、万举勇、王梅、李平、石新勇、倪红卫。

本标准所代替标准的历次版本发布情况为：

GB/T 10300.2—1988，以后依次修订为 GB/T 19001—1992、GB/T19001—1994、GB/T 19001—2000。

0 引 言

0.1 总则

采用质量管理体系应当是组织的一项战略性决策。一个组织的质量管理体系的设计和实施受下列因素的影响：

    a）组织的环境、该环境的变化以及与该环境有关的风险；

    b）组织不断变化的需求；

    c）组织的特定目标；

    d）组织所提供的产品；

    e）组织所采用的过程；

    f）组织的规模和组织结构。

统一质量管理体系的结构或文件不是本标准的目的。

本标准所规定的质量管理体系要求是对产品要求的补充。"注"是理解和澄清有关要求的指南。

本标准能用于内部和外部（包括认证机构）评价组织满足顾客、适用于产品的法律法规和组织自身要求的能力。

本标准的制定已经考虑了 GB/T 19000 和 GB/T 19004 中阐明的质量管理原则。

0.2 过程方法

本标准鼓励组织在建立、实施质量管理体系以及改进其有效性时采用过程方法，通过满足顾客要求，增强顾客满意。

为使组织有效运作，必须识别和管理众多相互关联的活动。通过使用资源和管理，将输入转化为输出的活动，可以视为过程。通常，一个过程的输出可直接形成下一个过程的输入。

为了产生期望的结果，组织内过程系统的应用，连同这些过程的识别和相互作用，以及对这些过程的管理，可称之为"过程方法"。

过程方法的优点是对诸过程的系统中单个过程之间的联系以及过程的组合和相互作用进行连续的控制。

过程方法在质量管理体系中应用时强调以下方面的重要性：

a）理解和满足要求；

b）需要从增值的角度考虑过程；

c）获得过程业绩和有效性的结果；

d）基于客观的测量，持续改进过程。

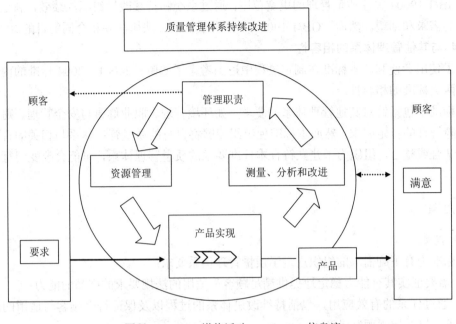

图释：——→ 增值活动　········▶ 信息流

图1　以过程为基础的质量管理体系模式

图1所反映的以过程为基础的质量管理体系模式，展示了第4章～第8章中所提出的过程联系。该图反映了在确定输入要求时，顾客起着重要的作用。对顾客满意的监视，要求组织对顾客关于组织是否已满足其要求的感受的信息进行评价。该模式虽覆盖了本标准的所有要求，但却未详细地反映各过程。

注：此外，称之为"PDCA"的方法可适用所有过程。PDCA模式可简述如下：

P——策划：根据顾客要求和组织的方针，建立提供结果所必要的目标和过程；

D——实施：实施过程；

C——检查：根据方针、目标和产品要求，对过程和产品进行监视和测量，并报告结果；

A——改进：采取措施，以持续改进过程业绩。

0.3 与 GB/T 19004 的关系

GB/T 19001 和 GB/T 19004 都是质量管理体系标准，这两项标准相互补充，但也可单独使用。

GB/T 19001 规定了质量管理体系要求，可供组织内部使用，也可用于认证或合同的目的。GB/T 19001 所关注的质量管理体系在满足顾客要求方面的有效性。

在本标准发布时，GB/T 19004 处于修订过程中。修订后的 GB/T 19004 为组织的管理者在复杂的、要求更高的和不断变化的环境中获得持续成功提供了指南。与 GB/T 19001

相比，GB/T 19004 关注质量管理的更宽范围；通过系统和持续改进组织的绩效，满足所有相关方的需求和期望。然而，GB/T 19004 不拟用于认证、法律法规和合同的目的。

0.4 与其他管理体系的相容性

为了使用者便利，本标准在制定过程中适当考虑了 GB/T 24001—2004 标准的内容，以增强两类标准的相容性。

本标准不包括针对其他管理体系的要求，如环境管理、职业健康与安全管理、财务管理或风险管理的特定要求。然而本标准使组织能够将自身的质量管理体系与相关的管理体系要求结合或整合。组织为了建立符合本标准要求的质量管理体系，可能会改变现行的管理体系。

1 范围

1.1 总则

本标准为有下列需求的组织规定了质量管理体系要求：

a）需要证实其有能力稳定地提供满足顾客和适用的法规要求的产品的能力；

b）通过体系的有效应用，包括持续改进体系的过程以及保证符合顾客与适用的法律法规要求，旨在增强顾客满意。

> 注 1：在本标准中，术语"产品"仅适用于：
>
>> a）预期提供给顾客或顾客所要求的产品；
>>
>> b）产品实现过程所产生的任何预期输出。
>
> 注 2：法律法规可表述为法定要求。

1.2 应用

本标准规定的要求是通用的，意在适用于各种类型、不同规模和提供不同产品的组织。当本标准的任何要求由于组织及其产品的特点而不适用时，可以考虑进行删减。

除非删减仅限于第 7 章中那些不影响组织提供满足顾客和适用法规要求的产品的能力和责任的要求，否则不得声称符合本标准。

2 规范性引用文件

下列文件中的条款通过本标准中引用而成为本标准的条文。凡是注日期的引用文件，其随后所有的修改单（不包括刊误的内容）或修订版均不适用于本标准，然而，鼓励根据本标准达成协议的各方研究是否可使用这些文件的最新版本。凡是不注日期的引用文件，其最新版本适用于本标准。

GB/T 19000—2008 质量管理体系　基础和术语（idt ISO 9000：2005）

3 术语和定义

本标准采用 GB/T 19000—2008 给出的术语和定义。

本标准所出现的术语"产品"也可指"服务"。

4 质量管理体系

4.1 总要求

组织应按本标准的要求建立质量管理体系，形成文件，加以实施和保持，并持续改进其有效性。

组织应：

a）确定质量管理体系所需的过程及其在组织中的应用（见 1.2）；

b）确定这些过程的顺序和相互作用；

c）确定为确保这些过程有效运作和控制所需的准则和方法；

d）确保可以获得必要的资源和信息，以支持这些过程的运作和监视；

e）监视、测量和分析这些过程；

f）实施必要的措施，以实现对这些过程所策划的结果和对这些过程的持续改进；

组织应按本标准的要求管理这些过程。

组织若选择将影响产品符合要求的任何过程外包，应确保对其实施控制。对此类外包过程控制的类型和程度应在质量管理体系中加以规定。

注 1：上述质量管理体系所需的过程应该包括与管理活动、资源提供、产品实现和测量、分析和改进有关的过程。

注 2："外包过程"是为了质量管理体系的需要，由组织选择，并由外部实施的过程。

注 3：组织确保对外包过程的控制，并不免除其满足所有顾客和法律法规要求的责任。对外包过程控制的类型和程度可受诸如下列因素影响：

    a）外包过程对组织提供满足要求的产品的能力的潜在影响；

    b）对外包过程控制的分担程度；

    c）通过应用 7.4 条款实现所需控制的能力。

4.2 文件要求

4.2.1 总则

质量管理体系文件应包括：

a）形成文件的质量方针和质量目标；

b）质量手册；

c）本标准所要求的形成文件的程序和记录；

d）组织确定的为确保其过程有效策划、运作和控制所确定的必要文件，包括记录。

注 1：本标准出现"形成文件的程序"之处，即要求建立该程序，形成文件，并加以实施和保持。一文件可以包括一个或多个程序的要求。一个形成文件的程序的要求可以被包含在多个文件中。

注 2：不同组织的质量管理体系文件的多少与详略程度取决于：

　　a）组织的规模和活动的类型；

　　b）过程及其相互作用的复杂程度；

　　c）人员的能力。

注 3：文件可采用任何形式的媒体。

4.2.2 质量手册

组织应编制和保持质量手册，质量手册包括：

a）质量管理体系的范围，包括任何删减的细节与合理性（见 1.2）；

b）为质量管理体系编制的形成文件的程序或对其引用；

c）质量管理体系过程之间相互作用的表述。

4.2.3 文件控制

质量管理体系所要求的文件应予以控制。记录是一种特殊类型的文件，应依据条款 4.2.4 的要求进行控制。

应编制形成文件的程序，以规定以下方面所需的控制：

a）文件发布前得到批准，以确保文件是充分与适宜的；

b）必要时对文件进行评审与更新，并再次批准；

c）确保文件的更改和现行修订状态得到识别；

d）确保在使用处可获得有效版本的适用文件；

e）确保文件保持清晰、易于识别；

f）确保策划和运作质量管理体系所必需的外来文件得到识别，并控制其分发；

g）防止作废文件的非预期使用，若因任何原因而保留作废文件时，对这些文件进行适当的标识。

4.2.4 记录的控制

为提供符合要求及质量管理体系有效运行的证据而建立的记录，应得到控制。

组织应编制形成文件的程序，以规定记录的标识、贮存、保护、检索、保存期限和处置所需的控制。

记录应保持清晰、易于识别和检索。

5 管理职责

5.1 管理承诺

最高管理者应通过以下活动，对建立、实施质量管理体系并持续改进其有效性所作出的承诺提供证据：

a）向组织传达满足顾客和法律法规要求的重要性；

b）制定质量方针；

c）确保质量目标的制定；

d）进行管理评审；

e）确保资源的获得。

5.2 以顾客为关注焦点

最高管理者应以增强顾客满意为目的，确保顾客的要求得到确定并予以满足（见7.2.1和8.2.1）。

5.3 质量方针

最高管理者应确保质量方针：

a）与组织的宗旨相适应；

b）包括对满足要求和持续改进质量管理体系有效性的承诺；

c）提供制定和评审质量目标的框架；

d）在组织内得到沟通和理解；

e）在持续适宜性方面得到评审。

5.4 策划

5.4.1 质量目标

最高管理者应确保在组织的相关职能和层次上建立质量目标，质量目标包括满足产品要求所需的内容[见7.1a）]。质量目标应是可测量的，并与质量方针保持一致。

5.4.2 质量管理体系策划

最高管理者应确保：

a）对质量管理体系进行策划，以满足质量目标以及条款4.1的要求；

b）在对质量管理体系的更改进行策划和实施时，保持质量管理体系的完整性。

5.5 职责、权限和沟通

5.5.1 职责和权限

最高管理者应确保组织内的职责、权限及其相互关系得到规定和沟通。

5.5.2 管理者代表

最高管理者应指定一名该组织的管理者，无论该成员在其他方面的职责如何，应具有以下方面的职责和权限：

a）确保质量管理体系所需的过程得到建立、实施和保持；

b）向最高管理者报告质量管理体系的业绩和任何改进的需求；

c）确保在整个组织内提高对顾客要求的意识。

注：管理者代表的职责可包括与质量管理体系有关事宜的外部联络。

5.5.3 内部沟通

最高管理者应确保在组织内建立适当的沟通过程，并确保对质量管理体系的有效性进行沟通。

5.6 管理评审

5.6.1 总则

最高管理者应按计划的时间间隔评审组织的质量管理体系，以确保其持续的适宜性、充分性和有效性。评审应包括评价质量管理体系改进的机会和变更的需要，包括质量方针和质量目标。

应保持管理评审的记录（见 4.2.4）。

5.6.2 评审输入

管理评审的输入应包括以下方面的信息：

a）审核结果；

b）顾客反馈；

c）过程的业绩和产品的符合性；

d）预防和纠正措施的状况；

e）以往管理评审的跟踪措施；

f）可能影响质量管理体系的变更；

g）改进的建议。

5.6.3 评审输出

管理评审的输出应包括以下方面有关的任何决定和措施：

a）质量管理体系及其过程有效性的改进；

b）与顾客要求有关的产品的改进；

c）资源需求。

6 资源管理

6.1 资源的提供

组织应确定并提供以下方面所需的资源：

a）实施、保持质量管理体系并持续改进其有效性；

b）通过满足顾客要求，增强顾客满意度。

6.2 人力资源

6.2.1 总则

基于适当的教育、培训、技能和经历，从事影响产品要求符合性的人员应是能够胜任的。

注：在质量管理体系中承担任何任务的人员都可能直接或间接地影响产品要求符合性。

6.2.2 能力、培训和意识

组织应：

a）确定从事影响影响产品要求符合性的人员所必要的能力；

b）适当时，提供培训或采取其他措施以获得所需的能力；

c）评价所采取措施的有效性；

d）确保员工意识到所从事活动的相关性和重要性，以及如何为实现质量目标作出贡献；

e）保持教育、培训、技能和经验的适当记录（见 4.2.4）。

6.3 基础设施

组织应确定并维护为实现产品的符合性所需的基础设施。基础设施包括，如：

a）建筑物、工作场所和相关的设施；

b）过程设备（硬件和软件）；

c）支持性服务（如运输、通讯或信息系统）。

6.4 工作环境

组织应确定和管理为达到产品符合要求所需的工作环境。

注：术语"工作环境"是指工作时所处的条件，包括物理的、环境的和其他因素，如噪声、温度、湿度、照明或天气等。

7 产品实现

7.1 产品实现的策划

组织应策划和开发产品实现所需的过程。产品实现的策划应与质量管理体系其他过程的要求相一致（见 4.1）。

在对产品实现进行策划时，组织应确定以下方面的适当内容：

a）产品的质量目标和要求；

b）针对产品确定过程、文件和资源的需求；

c）产品所要求的验证、确认、监视、测量、检验和试验活动，以及产品接收准则；

d）为实现过程及其产品满足要求提供证据所需的记录（见 4.2.4）。

策划的输出形式应适于组织的动作方式。

注 1：对应用于特定产品、项目或合同的质量管理体系的过程（包括产品实现过程）和资源作出规定的文件可称之为质量计划。

注 2：组织也可将条款 7.3 的要求应用于产品实现过程的开发。

7.2 与顾客有关的过程

7.2.1 与产品有关的要求的确定

组织应确定：

a）顾客规定的要求，包括对交付及交付后的活动要求；

b）顾客虽然没有明示，但规定的用途或已知和预期用途所必需的要求；

c）产品适用的法律法规要求；

d）组织确定的任何附加要求。

7.2.2 与产品有关的要求的评审

组织应评审与产品有关的要求。评审应在组织向顾客作出提供产品的承诺之前进行（如：提交标书、接受合同或订单及接收合同或订单的更改），并应确保：

a）产品要求得到规定；

b）与以前表述不一致的合同或订单的要求已予解决；

c）组织有能力满足规定的要求。

评审结果及评审所引发的措施的记录应予保持（见4.2.4）。

若顾客提供的要求没有形成文件，组织在接收顾客要求前应对顾客要求进行确认。

若产品要求发生变更，组织应确保相关文件得到修改，并确保相关人员知道已变更的要求。

注：在某些情况下，如网上销售，对每一个订单进行正式的评审可能是不实际的，而代之对有关的产品信息，如产品目录、产品广告内容等进行评审。

7.2.3 顾客沟通

组织应对以下有关方面确定并实施与顾客沟通的有效安排：

a）产品信息；

b）问询、合同或订单的处理，包括对其的修改；

c）顾客反馈，包括顾客抱怨。

7.3 设计和开发

7.3.1 设计和开发策划

组织应对产品的设计和开发进行策划和控制。

在进行设计和开发策划时，组织应确定：

a）设计和开发阶段；

b）适合每个设计和开发阶段的评审、验证和确认活动；

c）设计和开发的职责和权限。

组织应对参与设计和开发的不同小组之间的接口进行管理，以确保有效的沟通，并明确职责分工。

随设计和开发的进展，在适当时，策划的输出应予以更新。

注：设计开发的评审、验证和确认的目的有区别，可以视产品和组织的方式分别或结合实施和记录。

7.3.2 设计和开发输入

应确定与产品要求有关的输入，并保持记录（见4.2.4）。这些输入包括：

a）功能和性能要求；

b）适用的法律法规要求；

c）适用时，以前类似设计提供的信息；

d）设计和开发所必需的其他要求。

应对这些输入进行评审，以确保其充分性与适宜性。要求应完整、清楚，并且不能自相矛盾。

7.3.3 设计和开发输出

设计和开发的输出应以能够针对设计和开发的输入进行验证的方式提出，并应在放行前得到批准。

设计和开发输出应：

a）满足设计和开发输入的要求；

b）给出采购、生产和服务提供的适当信息；

c）包含和引用产品接收准则；

d）规定对产品的安全和正常使用所必需的产品特性。

7.3.4 设计和开发评审

在适宜的阶段，应依据所策划的安排（见 7.3.1）对设计和开发进行系统的评审，以便：

a）评价设计和开发的结果满足要求的能力；

b）识别任何问题并提出必要的措施。

评审的参加者应包括与所评审的设计和开发阶段有关的职能的代表。评审结果及任何必要措施的记录应予以保持（见 4.2.4）。

7.3.5 设计和开发验证

为确保设计和开发输出满足输入的要求，应依据所策划的安排（见 7.3.1）对设计和开发进行验证。验证结果及任何必要措施的记录应予以保持（见 4.2.4）。

7.3.6 设计和开发确认

为确保产品能够满足规定的或已知预期使用或应用的要求，应依据所策划的安排（见 7.3.1）对设计和开发进行确认。只要可行，确认应在产品交付或实施之前完成。确认结果及任何必要措施的记录应予以保存（见 4.2.4）。

7.3.7 设计和开发更改的控制

应识别设计和开发的更改，并保持记录。在适当时，应对设计和开发的更改进行评审、验证和确认，并在实施前得到批准。设计和开发更改的评审应包括评价更改对产品组成部分和已交付产品的影响。

更改的评审结果及任何必要措施的记录应予以保持（见 4.2.4）。

7.4 采购

7.4.1 采购过程

组织应确保采购的产品符合规定的采购要求。对供方及采购产品控制的类型和程度应取决于采购产品对随后的产品实现或最终产品的影响。

组织应根据供方按组织的要求提供产品的能力评价和选择供方。应制定选择、评价和重新评价的准则。评价结果及评价所引发的任何必要措施的记录应予以保持（见4.2.4）。

7.4.2 采购信息

采购信息应表述拟采购的产品，适当时包括：

a）产品、程序、过程和设备的批准要求；

b）人员资格的要求；

c）质量管理体系要求。

在与供方沟通前，组织应确保规定的采购要求是充分与适宜的。

7.4.3 采购产品的验证

组织应建立并实施检验或其他必要的活动，以确保采购的产品满足规定的采购要求。

当组织或其顾客拟在供方的现场实施验证时，组织应在采购信息中对拟验证的安排和产品放行的方法作出规定。

7.5 生产和服务提供

7.5.1 生产和服务提供的控制

组织应策划并在受控条件下进行生产和服务提供。适当时，受控条件应包括：

a）获得表述产品特性的信息；

b）必要时，获得作业指导书；

c）使用适当的设备；

d）获得和使用监视和测量设备；

e）实施监视和测量；

f）放行、交付和交付后活动的实施。

7.5.2 生产和服务提供过程的确认

当生产和服务提供过程的输出不能由后续的监视和测量加以验证，使问题在产品使用或服务已交付后才显现时，组织应对任何这样的过程实施确认。

组织应证实这些过程实现所策划的结果的能力。

组织应对这些过程作出安排，适当时包括：

a）为过程的评审和批准所规定的准则；

b）设备的认可和人员资格的鉴定；

c）使用特定的方法和程序；

d）记录的要求（见4.2.4）；

e）再确认。

注1：对许多服务组织，所提供服务不能在服务交付前便利验证，此过程应在策划阶段（见7.1）予以考虑。

注 2：例如：焊接、消毒、培训、热处理、呼救中心服务或紧急响应过程可能需要确认。

7.5.3 标识和可追溯性

适当时，组织应在产品实现的全过程中使用适宜的方法标识产品。

组织应在产品实现的全过程中，针对监视和测量要求识别产品的状态。

在有可追溯性要求的场合，组织应控制并记录产品的唯一性标识并保持记录（见 4.2.4）。

注：在某些行业，技术状态管理是保持标识和可追溯性的一种方法。

7.5.4 顾客财产

组织应爱护在组织控制下或组织使用的顾客财产。组织应识别、验证、保护供其使用或构成产品一部分的顾客财产。当顾客财产发生丢失、损坏后发现不适当的情况时，应报告顾客，并保持记录（见 4.2.4）。

注：顾客财产可包括知识产权和个人资料。

7.5.5 产品防护

在内部处理和交付到预定地点期间，组织应针对产品的符合性提供防护，这种防护应包括标识、搬运、包装、贮存和保护。防护也应适用于产品的组成部分。

7.6 监视和测量装置的控制

组织应确定需实施的监视和测量以及所需的监控和测量装置，为产品符合确定的要求（见 7.2.1）提供证据。

组织应建立过程，以确保监视和测量活动可行并以与监视和测量的要求相一致的方式实施。

为确保结果有效，必要时，测量设备应：

a）对照能溯源到国际或国家标准的测量标准，按照规定的时间间隔或在使用前进行校准或验证。当不存在上述标准时，应记录校准或验证的依据；

b）必要时进行调整或再调整；

c）得到识别，以确定其校准状态；

d）防止可能使测量结果失效的调整；

e）在搬运、维护和贮存期间防止损坏或失效。

此外，当发现设备不符合要求时，组织应对以往测量结果的有效性进行评价和记录。组织应对该设备和任何受影响的产品采取适当的措施。

校准和验证结果的记录应予以保持（见 4.2.4）。

当计算机软件用于规定要求的监视和测量时，应确认其满足预定用途的能力。确认应在初次使用前进行，必要时再确认。

注 1：更多信息，参见 ISO 10012。

注 2：监视和测量装置包括测量设备（无论其用于监视还是测量）及用于监视要求符合性的除测量

设备外的其他装置。

注 3: 计算机软件满足预定用途的能力的确认典型活动包括对软件的验证和配置管理,以保持其适用性。

8 测量、分析和改进

8.1 总则

组织应策划并实施以下方面所需的监视、测量、分析和改进过程:

a)证实产品的符合性;

b)确保质量管理体系的符合性;

c)持续改进质量管理体系的有效性。

这应包括统计技术在内的使用方法及其应用程度的确定。

8.2 监视和测量

8.2.1 顾客满意

作为对质量管理体系业绩的一种表现,组织应监视顾客有关组织是否满足其要求的感受的有关信息,并确定获取和利用这种信息的方法。

注: 监视顾客感受可以包括从诸如顾客满意度调查、来自顾客的关于交付产品质量方面数据、用户意见调查、流失业务分析、顾客赞扬、担保索赔和经销商报告之类的来源获得输入。

8.2.2 内部审核

组织应按计划的时间间隔进行内部审核,以确定质量管理体系是否:

a)符合策划的安排(见 7.1)、本标准的要求以及组织所确定的质量管理体系要求;

b)得到有效实施和保持。

考虑拟审核的过程和区域的状况和重要性以及以往审核的结果,组织应对审核方案进行策划。应规定审核的准则、范围、频次和方法。审核员的选择和审核的实施应确保审核过程的客观性和公正性,审核员不应审核自己的工作。

应编制形成文件的程序,以规定审核的策划、实施以及形成记录和报告结果的职责和要求。

应保持审核及其结果的记录(见 4.2.4)。

负责受审区域的管理者应确保及时采取措施,以消除所发现的不合格及其原因。后续活动应包括对所采取措施的验证和验证结果的报告(见 8.5.2)。

注: 作为指南,参见 GB/T 19011。

8.2.3 过程的监视和测量

组织应采取适宜的方法对质量管理体系过程进行监视,并在适宜时进行测量。这些方法应证实过程实现所策划的结果的能力。当未能达到所策划的结果时,应采取纠正和纠正措施,以确保产品的符合性。

注：在确定适当方法时，组织应根据其过程对产品要求符合性和质量管理体系有效性的影响，考虑对其每一个过程进行监视和测量的适当类型和程度。

8.2.4 产品的监视和测量

组织应对产品的特性进行监视和测量，以验证产品要求得到满足。这种监视和测量应依据策划的安排（见 7.1），在产品实现过程的适当阶段进行。应保持符合接收准则的证据。

记录应指明有权放行产品以交付给顾客的人员（见 4.2.4）。

除非得到有关授权人员的批准，适当时得到顾客的批准，否则在策划的安排（见 7.1）均已圆满完成之前，不得向顾客放行产品和交付服务。

8.3 不合格品的控制

组织应确保不符合产品要求的产品得到识别和控制，以防止非预期的使用和交付。应编制形成文件的程序，以规定不合格品控制以及不合格品处置的有关职责和权限。

组织应采取下列一种或几种方法，处置不合格品：

a）采取措施，消除发现的不合格；

b）经有关授权人员批准，适当时经顾客批准，让步使用、放行或接收不合格品；

c）采取措施，防止原预期的使用或应用；

d）当在交付或开始后发现产品不合格时，组织应采取与不合格的影响或潜在影响的程度相适应的措施。

在不合格品得到纠正之后应对其再次进行验证，以证实符合要求。

应保持不合格品的性质以及随后所采取的任何措施的记录，包括所批准的让步的记录（见 4.2.4）。

8.4 数据分析

组织应确定、收集和分析适当的数据，以证实质量管理体系的适宜性和有效性，并评价在何处可以进行质量管理体系的持续改进。这应包括来自监视和测量的结果以及其他有关来源的数据。

数据分析应提供以下方面的有关信息：

a）顾客满意（见 8.2.1）；

b）与产品要求的符合性（8.2.4）；

c）过程和产品的特性及趋势，包括采取预防措施的机会（见 8.2.3 和 8.2.4）；

d）供方（见 7.4）。

8.5 改进

8.5.1 持续改进

组织应利用质量方针、质量目标、审核结果、数据分析、纠正和预防措施以及管理评审，持续改进质量管理体系的有效性。

8.5.2 纠正措施

组织应采取措施，以消除不合格的原因，防止不合格的再发生。纠正措施应与所遇到的不合格的影响程度相适应。

应编制形成文件的程度，以规定以下方面的要求：

a）评审不合格（包括顾客投诉）；

b）确定不合格的原因；

c）评价确保不合格不再发生的措施的需求；

d）确定和实施所需的措施；

e）记录所采取措施的结果（见 4.2.4）；

f）评审所采取的纠正措施的有效性。

8.5.3 预防措施

组织应采取措施，以消除潜在不合格的原因，防止不合格的发生。预防措施应与潜在问题的影响程度相适应。

应编制形成文件的程度，以规定以下方面的要求：

a）确定潜在不合格及其原因；

b）评价防止不合格发生的措施的需求；

c）确定和实施所需的措施；

d）记录所采取措施的结果（见 4.2.4）；

e）评审所采取的纠正措施的有效性。

食品卫生通用规范
CAC/RCP1—1969，Rev.4—2003

前　言

人们有权期望他们食用的食品是安全和适宜消费的，但食源性疾病导致的伤害，会令人不安，有时甚至是致命性的，这是人们最不愿看见的。当然，食物中毒事件也会带来其他一些影响。食源性疾病不仅会影响到贸易和旅游业，导致收入下降、工人失业，甚至产生法律纠纷。食品腐败不仅会造成浪费，影响成本，还可能对贸易和消费者的信心产生不良影响。

现在，国际食品贸易和出国旅游业正在兴旺发展，带来了显著的社会和经济效益，但同时也使得疾病更易于在世界范围传播。从新食品的生产、制作和销售技术的不断发展可以看出，在过去的 20 年里，许多国家人们的饮食习惯已经发生了巨大变化。因此，对食品卫生进行有效地控制是非常重要的，以避免由于食源性疾病、食源性伤害和食品腐败给人们身体健康带来损害及造成经济损失。我们每一个人，包括农场主和耕种者、加工和制造商、食品经营者和消费者，都有责任来保证食用的食物是安全和适宜消费的。

卫生通用规范为保证食品卫生奠定了坚实的基础，在应用时，应根据实际情况结合具体的卫生操作规范和微生物标准指南配合使用。本文件是食品由初级生产到最终消费的食品链，说明每个环节的卫生关键控制措施。它推荐了一种基于 HACCP 为基础的方法，提高食品的安全性，达到危害 HACCP 体系及其应用指南的要求。

卫生通用规范中所述的控制措施是保证食品食用的安全性和适宜性的国际公认的重要方法。可用于政府、企业（包括初级生产者、加工和制造商、食品服务商及零售商）和消费者。

1．目的

食品卫生通用规范：

明确用于整个食品链（包括从初级生产到最终消费者）的基本卫生准则，以达到保证食品安全和适宜消费的目的。

推荐建立基于 HACCP 的方法作为提高食品安全性的手段；

说明应如何贯彻执行这些原则；

为专用的规范提供指导，可能是针对食品链某一环节的需要，如生产加工过程或零售商品等，而强化该环节的卫生要求。

2．范围、应用和定义

2.1 范围

2.1.1 食品链

本文件是按照食品由初级生产到最终产品消费的食物链制定的食品生产必须具备的必要的卫生条件，以生产出安全的和适合消费的产品，也为某些特殊环节应用的其他细则的制定提供了一个基本框架。因此，具体应用时应结合本文件和 HACCP 体系及其应用指南中的内容。

2.1.2 政府、企业和消费者的作用

政府可参考本文件的内容，决定如何更好地鼓励企业执行这些基本规范的要求，以达到如下目的：

- 充分地保护消费者，使其免受由食品引起的疾病及损害；制定政策时考虑那些弱势群体，或群体特点；
- 保证食品适于人们食用；
- 维护食品国际贸易中的信誉；
- 提供健康教育计划，有效地将食品卫生的基本原理传授给企业和消费者。

企业应用本文件中提及的卫生操作规范，其目的是：

- 提供安全且适宜食用的食品；
- 通过标签及其他适当的方式使消费者对食品得到清楚、易于理解的信息，使他们能正确储藏、处理和制作食品，防止食品受致病菌的污染；
- 维护食品国际贸易中的信誉。

消费者则在食用食品时，遵照食品的有关说明并采用适当的食品卫生措施。

2.2 应用

本文中就有关食品的安全性及适宜性方面不仅对其应达到的目的进行了阐述，而且还对这些目标的基本原理加以说明。

第三节的内容是有关初级生产及相关过程的。不同的食品其卫生操作存在较大的差别，有时尚需制定特殊的法规，在本节中仍提供了一些通用性的指南。第四节到第十节分别阐述了整个食物链乃至销售环节中的总的卫生原则。第九节还包含了消费者方面的内容，以使消费者认识到自己在保证食品安全性方面的重要作用。

本文件中也肯定存在一些特殊要求不适用的情况。在任何情况下，提出的基本问题都是：在食品消费的安全性及适宜性的基础上，什么是必要的和恰当的？

文中对什么情况下会提出"哪里必要"和"哪里恰当"之类的问题作了说明。尽管所作的要求基本都是适当的和合理的，在食品的安全性和适宜性的基础上，还是会出现某些不必

要也不适当的情况。要确定某一要求是否必要和恰当，则应对其风险性进行评估，最好在HACCP方法的范围内进行。这一方法可以使本文件中的要求被灵活、合理地应用，以达到食品的安全性和适宜性的总体目标。本文件还考虑到食品生产过程中，加工工艺的多样性及生产中可能要冒的各种风险。专门食品法规中有附加说明。

2.3 定义

为便于本法规的使用，特作如下规定：

清洁：去除泥土、残留食物、污垢、油污或其他不应有的物质；

污染物：任何有损于食品的安全性和适宜性的生物或化学物质、异物或者非有意加入食品中的其他物质；

污染：由食品或食品环境中引入或产生的污染物；

消毒：通过化学试剂和/或物理方法将环境中微生物数量减少到不会造成食品安全性或适宜性下降的水平；

工厂：任何进行食品处理的房屋或场所，在房屋和场所的范围内都实行统一的管理；

食品卫生：在食物链的所有环节保证食品的安全性和适宜性所必须具有的一切条件和措施；

危害：在食物链中可能对健康产生有害影响的生物、化学或物理因素；

HACCP：一个识别、评价和控制显著危害的食品安全体系；

食品处理者：任何与包装或未包装的食品、食品设备和器具或者食品接触面直接接触，并因此要遵守食品卫生要求的人；

食品安全性：按食用要求，食品在制备和/或食用时，不会对消费者健康造成伤害的一种保证；

食品适宜性：按食用要求，使食品可被消费者接受的一种保证；

初级生产：包括收获、屠宰、挤奶及捕捞在内的生产阶段。

3．初级生产

目的：初级生产应该确保其食品是安全的，适合进一步加工。必要时包括：

● 避免使用可能对食品安全造成威胁的场地；

● 采取有效方法控制污染物、害虫及动植物疾病，使其不会对食品的安全性构成危害；

● 采取有效的方法或措施，以保证食品是在合格的卫生条件下进行生产的。

理由：为了降低将危害带到食物链后期生产阶段的可能性。这些危害可能对食品的安全或适宜消费性产生不利影响。

3.1 环境卫生

对周围环境潜在的污染源应加以考虑，尤其是初级食品加工，应避免在有潜在有害物的场所内进行，否则这些有害物会污染食品使其超出可接受的水平。

3.2 食品原料的卫生生产

在进行初级生产时，要始终考虑到初级生产活动可能对食品安全性和适宜性产生潜在影响。在这里，尤其要识别包括在相关活动中存在的一些被污染的可能性很高的特殊点，并针对性地采取措施，尽可能地将污染减小到最低程度。以 HACCP 为基础的方法将有助于采取这种措施——参见 HACCP 系统及其应用指南。

为达到以上目的，生产者应尽可能地实行这些措施：

- 在初级生产中，控制来自空气、土壤、水、饲料、肥料（包括天然肥料）、农药、兽药或任何其他媒介物造成的污染；
- 保持动植物本身的卫生健康，避免由于食用这类食品而对人身健康造成危害，或影响到产品的食用性；
- 保护食物源，使之不受粪便或其他物质的污染。

这里，尤其要注意对废弃物的有效管理和对有害物质的合理存放。"卫生从农场开始"的行动计划可达到特别的食品安全目的，而且正逐渐成为初级生产的重要组成部分，应加以鼓励。

3.3 搬运、贮藏和运输

生产者应各尽其责：

- 应将食品和食品配料与那些明显不适于人类食用的物质分开；
- 采用卫生的方法对下脚料进行处理；
- 在搬运、贮藏和运输期间，保护食品及食品配料使其免受害虫，或化学性的、物理性的或微生物性的污染或其他有害物质的污染。

还要注意通过采取适当的措施，包括对温度、湿度的控制和其他控制方法以尽可能合理、有效地防止食品变质和腐败。

3.4 初级生产中的清洁、维护及个人卫生

使用适当的设备及程序以确保：

- 有效地进行任何必要的清洁及维护；
- 保持适当的个人清洁卫生。

4．工厂：设计和设施

目的：根据食品生产性质及相关的风险，厂房、设备和设施位置的选择、设计和建造应能保证达到以下要求：

- 使污染减至最低程度；
- 设计和布局合理，便于维护、清洗和消毒，同时使空气带来的污染降低到最低；
- 表面及材料，尤其与食品直接接触的表面和材料，根据其用途，应是无毒的；必要时还应具有适当的耐用性并易于清洗和维护；
- 必要的环节，应配有对温度、湿度和其他控制所需的设备和设施；

- 可有效地防止昆虫的进入和藏匿。

理由：良好的卫生设计和结构、合理的布局并提供充足的设施，对于进行有效的危害控制是必要的。

4.1 选址

4.1.1 加工厂

在决定食品加工厂厂址时，不仅要考虑潜在的污染源问题，同时也要考虑为保护食品免受污染所采取的一切合理措施的有效性问题。加工厂的厂址不能随意选择，即使在采取保护措施之后，仍有可能对食品的安全性和适应性构成危害的场所，尤其应注意的是，加工厂通常都远离以下地方：

- 对食品有严重污染的工业区和环境污染区；
- 除非有充分的防范措施，否则应远离易发生洪涝灾害的地区；
- 易于遭受害虫侵扰的地区；
- 不能有效消除固体和液体废弃物的地区。

4.1.2 设备

设备应设置和安装在：

- 易于维护和清洗的地点；
- 能保证设备的正常运转和与其预期用途一致的地点；
- 便于良好的卫生操作，包括卫生监控。

4.2 厂房和车间

4.2.1 设计和布局

食品加工厂的内部设计和布局应满足良好的食品卫生操作的要求，包括防止食品加工生产中或工序间造成食品间的交叉污染。

4.2.2 内部结构和设施

食品加工厂的内部结构应该采用耐用的材料建造，并易于维护和清洗，必要时可以对其进行消毒；为了保证食品的安全性和适应性，必要时还应满足以下条件：

- 根据其用途，墙壁表面、隔板和地面应采用不渗水、无毒的材料制造；
- 在符合操作要求的高度内，墙壁和隔板的表面是光滑的；
- 地面的结构应有利于排污和清洗的需要；
- 天花板和顶部固定物的结构应有利于减少积尘、水珠的凝结和碎物的脱落；
- 窗户应易于清洗，其结构应有利于减少积尘，必要时还应安装可拆卸、可清洗的防虫纱窗；
- 门的表面应当光滑、无吸附性，并易于清洗，必要时可以进行消毒处理；
- 直接与食品接触的工作表面，其卫生条件应符合要求，易于清洗、维护和消毒。它们应该采用光滑的、不易吸水的材料制成，对食品无毒害作用，可以用正常的操作方法进行清洗和消毒。

4.2.3 临时的或可移动的经营场所和自动售货机

这类经营场所和设施包括：市场货摊、移动式售货车和街道售卖车，以及临时的食品处理场所，例如帐篷、大篷等。

这类经营场所和设施的地址、设计和建造应尽可能合理，以避免食品污染和为害虫提供容身场所。

在这类特殊情况下，要对与这些设施相关的食品卫生危害加以全面的控制，以确保食品的安全性和适宜性。

4.3 设备

4.3.1 总体要求

直接与食品接触的设备和容器（除了一次性容器和包装），其设计和制造应确保其在需要时，可以进行充分的清洗、消毒和维护，不会污染食品。设备和容器应根据其用途，采用无毒材料制成。设备还应是耐用的，可移动的，或是可拆装式的，以便于维护、清洗、消毒和监控。例如，便于虫害的检查。

4.3.2 食品控制和监测设备

除 4.3.1 中提出的总体要求之外，用于烹饪、加热、冷却、储存或冷冻食品的设备，应根据食品的安全性和适宜性出发，使设备能够在必要时尽可能地快速达到所要求的温度，并处于良好的保温状况。这些设备的温度应该是可以监测和控制的。必要时这些设备应该以有效的方式对湿度、空气流速及其他对于食品的安全性和适宜性有重要影响的参数进行监测和控制。这些要求的目的是为了保证：

- 消除有害的或不需要的微生物或它们产生的毒素，或将其数量减少至安全的范围内，或将它们的残余量和繁殖数量进行有效的控制；
- 在适当的情况下，可对 HACCP 计划中所确立的关键限值进行监控；
- 能快速地达到食品安全性和适宜性所要求的温度及其他必要条件，并能保持这种状态。

4.3.3 废弃物和不可食用物质的容器

盛装废弃物、副产品和不可食用的或有危险性物质的容器，应该有特殊的标识和合理结构，必要时用不渗水的材料制成。用来装有危险性物质的容器应该清楚标识，必要时应该是可以上锁的，以防止有意的或无意的污染食品。

4.4 设施

4.4.1 供水

饮用水供水系统应配有适当的存储、输送和温度控制设施，在需要的时候就能提供充足的饮用水，以保证食品的安全性和适宜性。

饮用水应达到世界卫生组织（WHO）最新出版的《饮用水的质量指南》中所规定的

标准，或者高于该标准。非饮用水（例如用于消防、锅炉、冷却或其他类似用途，不会对食品产生污染的水）应有单独的供水系统。非饮用水供水系统应该与饮用水系统区别开来，并且不能够与饮用水系统连接或回流到饮用水的供水系统中。

4.4.2 排水和废物处理

应当具有完善的排水和废物处理系统和设施。在设计和建造排水和废物处理系统时，应避免其污染食品和饮用水。

4.4.3 清洗

应提供适当、专用的设施，用于食品、器具和设备的清洗。必要时这些设施应提供充足的热和冷的饮用水。

4.4.4 个人卫生设施和卫生间

提供适当的个人卫生设施，以保证个人卫生保持在适当的水平，并避免污染食品。适当的设施包括：

- 足够的洗手和干手设施，包括足够的洗手池和冷热水（或适当温度的水）供应；
- 卫生间的设计应满足适当的卫生要求；
- 足够的更衣设施。

上述设施的选址和设计应合理。

4.4.5 温度控制

根据食品生产加工的特点，要有完善的设施对食品进行加热、冷却、烹饪、冷藏和冷冻处理。对存放冷藏和冷冻食品的设施，应对食品的温度进行监控；必要时，应控制环境温度以确保食品的安全性和适宜性。

4.4.6 空气质量和通风

提供适当的自然或机械通风设施，尤其为了以下几个方面的需要：

- 尽量减少由空气造成的食品污染，例如，烟雾和雾滴；
- 控制周围环境温度；
- 控制可能影响食品适宜性的异味；
- 必要时对湿度加以控制，以确保食品的安全性和适宜性。

通风系统的设计和安装应避免空气从污染区流向清洁区，必要时，通风设施可以进行彻底地维护和清洗。

4.4.7 照明

提供充足的自然光线或照明，以保证工作在卫生的方式下进行。照明光线的色彩不应产生误导。灯光的强度应满足食品加工的要求。照明设施的安装和保护措施要恰当，以免在其破裂时对食品造成污染。

4.4.8 存储

提供适当的设施用于储存食品、配料和非食物性的化学物质（例如：清洁剂、润滑剂、燃油等）。

在适当的情况下，食品储存设施的设计和建造应能达到下述要求：

- 可进行充分的维护和清洗；
- 避免害虫的侵入和藏匿；
- 保证食品在储存期内得到有效的保护，免受污染；
- 必要时，提供一个能够尽量避免食品变质的环境（例如：控制温度和湿度）。

储存设施的类型取决于食品本身的特点。必要时，清洁的材料和有害物质应该分开存放或存放在安全的地方。

5．生产控制

目的：为了生产出安全和卫生的食品，应该：

- 根据原料、配料组成成分以及加工过程、运输过程和顾客的使用情况，明确设计各类食品的制造和处理要求，并在食品生产和加工处理过程中得到满足；
- 设计、执行、监控和评审控制体系的有效性。

理由：应采取预防措施来减小生产不安全食品的风险，并通过对食品危害进行控制，保证食品生产过程中的安全性和适宜性。

5.1 食品危害的控制

食品经营者应该通过运用诸如 HACCP 的体系来控制食品危害。他们应该：

- 识别食品加工操作过程中对食品安全起关键作用的所有步骤；
- 对关键步骤实施有效的控制程序；
- 监测控制程序，确保它们持续有效；
- 定期或操作进行变更时，对控制程序进行评审。

这些体系应该运用于整个食物链，通过适当的产品加工和设计来控制产品保质期内食品卫生。

控制程序可以很简单，例如：检查存货周期校准装置，或正确使用冷藏展示柜。有时候，听取专家的建议和具有相关文件记录的体系可能更好。这种食品安全体系的模型在 HACCP 体系和应用指南中有描述。

5.2 卫生控制系统的关键

5.2.1 时间和温度控制

温度控制不当是导致食品引发疾病和食品腐败变质的最为常见的原因之一。这包括对烹饪、冷却、加工和储存的时间和温度的控制。应制定适当的控制系统，以确保对食品的安全性和适宜性起关键作用的温度进行有效的控制。

温度控制系统应该考虑：

- 食品本身的特性，例如：其水分活性、pH 值和食品中微生物的初始数量和微生物的种类；

- 产品预期的保质期；
- 包装和加工方法；
- 产品的预期用途。例如，需进一步烹饪/处理后食用还是可以直接食用的。

这些体系应说明食品对时间和温度允许的变动范围。应定期对温度记录装置进行检查和校准以保证其准确度。

5.2.2 特殊的加工步骤

与食品卫生相关的其他加工步骤还包括：

- 冷却；
- 热处理；
- 辐照；
- 干燥；
- 化学防腐；
- 真空或充气包装。

5.2.3 微生物及其他说明

在 5.1 中所述的管理体系为保证食品的安全性和适宜性提供了一个有效的方法。在任何食品控制系统中涉及有关微生物、化学或物理的说明时，都应具有坚实的科学理论基础和水平，而且在适当之处，还需要说明其监测程序、分析方法和应用范围。

5.2.4 微生物交叉感染

致病菌可以通过一种食品传染给另一种食品，感染的方式可以是食品的直接接触，也可能是通过食品操作人员、食品接触面或者空气间接感染。原料、未经加工的食品要与即食食品有效的隔离，隔离可根据食品的物理性质或按时间间隔来完成，并要对中间物进行有效地清洁，必要时还要对其进行消毒。

进入加工区域的人员需要严格管理或控制。尤其是进入风险较大的加工区，一定要有更衣设施。工作人员进入这些区域前需要洗手和穿戴干净的保护服装（包括鞋子）。

与食品有关的接触面，器具、设备、固定装置使用后必须彻底地进行清洗，必要时，在处理食品原料，尤其是肉类和家禽类之后还要进行消毒。

5.2.5 物理和化学污染

应有适当的体系来防止食品受到其他异物的污染，诸如：玻璃、从机器上脱落的金属碎屑、灰尘、有害的烟雾和有害的化学物质的污染。如有必要，在生产加工过程中还应配备探测仪和过滤装置。

5.3 原料接收的要求

如果已经知道某些原料和配料中含有诸如寄生虫、有害微生物、农药、兽药和有毒物质，已腐败变质或外来异物的成分，而且通过正常的分选和加工过程都无法使这些成分降到可接受的水平，那么工厂就不能接收这种原料或配料。在适当的情况下，对原料和配料的技术参数要进行确认和使用。

在某些情况下，在进行食品加工之前还需对原料或/和配料进行检验和分选，必要时，可送到实验室进行测试，以确保原料适于使用。只有那些质优、适宜原材料和配料方能使用。

原材料和配料的存放要便于有效的存货周转。

5.4 包装

包装设计和包装材料应能为产品提供可靠的保护以尽量减小污染，同时防止破损，并提供适当的标识。包装材料或气体在指定的存放和使用条件下，必须是无毒的，而且不会对食品的安全性和适宜性造成不良影响。适当时可重复使用的包装材料还要求具有耐用，易于清洁的特性，必要时，还应能对其作消毒处理。

5.5 水

5.5.1 直接与食品接触的水

除了下述情况下，在食品的加工和处理中都应使用饮用水：

- 生产蒸汽、消防及其他不与食品直接相关的类似场合用水；
- 在某些食品加工过程中，诸如冷却过程，及某些处理食品的场所，但前提是，这些情况下使用非饮用水，不会危害到食品的安全和食用性，就可以使用（如使用干净的海水）。

用于循环使用的水要经过处理和维护，以防止危害食品。应有效监控上述水处理过程。未经过进一步处理的循环水以及食品加工后回收的水（如蒸发和干燥所得），只要不会影响食品的安全性和食用性，都可以继续使用。

对于反复使用的循环水，要进行适当的处理，以保证使用的循环水不会对食品的安全性和适宜性带来风险。循环水的处理过程应受到有效的监控。没有经过进一步处理的循环水和从食品加工的蒸发和干燥过程中收集的水也可使用，但前提是使用这种水不会对食品的安全性和适宜性构成危险。

5.5.2 作为配料

凡是需要使用饮用水的场合必须使用饮用水以避免食品受到污染。

5.5.3 冰和蒸汽

制冰用水要符合4.4.1的要求。冰和蒸汽在生产、处理和贮藏过程中要加以保护防止污染。用于与食品或食品接触面直接相接触的蒸汽不应对食品的安全性和适宜性构成威胁。

5.6 管理与监督

对食品卫生如何进行管理与监督取决于其业务规模，活动的性质以及所涉及食品的种类。管理者应对食品卫生原理和操作规范相关的知识有足够的了解，以便在工作中，能正确地判断潜在的危险，并采取相应的预防和纠正措施，以保证管理和监督工作的有效进行。

5.7 文件和记录

在必要时，有关加工、生产和销售过程中的相关记录应当保留，保留时间一般要超过产品的保质期。文件记录有助于提高食品安全控制体系的可信度和有效性。

5.8 产品回收程序

管理者应制定有效的回收程序，以便一旦有食品涉及安全性问题时，能够做到完全、迅速地从市场召回涉嫌的任何产品。如果与健康危害直接相关的产品被召回，那么，对采用类似条件生产的产品，以及可能对公众的健康带来类似危害的其他产品，则必须评价其安全性，或者也需要被召回，这时还要考虑对公众发布有关警示公告。

回收的产品在销毁，或改为人类消费以外的其他用途之前，或在确定对人类消费是安全的，或通过重新处理后来保证其安全之前，要在监督之下进行妥善保管。

6．工厂：维护与卫生

目的：为达到以下目的建立有效的体系：

- 保证充分、适当的维护和清洁；
- 控制害虫；
- 管理废弃物；
- 监控维护和卫生程序的有效性。

理由：便于对食品危害、害虫和可能污染食品的其他因素进行持续、有效的控制。

6.1 维护和清洁

6.1.1 总体要求

工厂和设备应保持在良好的维护状态和条件下，以便于：

- 所有的卫生程序的执行；
- 运转正常，尤其是关键步骤；
- 防止食品污染，诸如防止金属碎屑、墙皮的脱落、杂质碎块和化学物质的污染。

清洁时，应去除食品残渣和灰尘，这些都可能成为食品的污染源。清洁方法和材料取决于食品业务的特性，清洁之后要进行必要的消毒处理。

清洁用的化学品的处理和使用应当小心谨慎，并按照产品说明书的要求来使用和存放、贮藏，必要时，还应和食品分开存放，且应存放在有明显标记的容器内，以避免污染食品。

6.1.2 清洗程序和方法

清洗可以采用某一种物理方法，也可将几种物理方法结合起来，如加热、擦洗、冲洗、真空清洗和其他不用水的方法，也可用化学方法，如使用洗涤剂、碱和酸等。

清洗程序根据具体情况可包括：

- 清除表面的杂质；

- 使用洗涤剂使污垢和细菌膜松化，使之泡在或悬浮在溶液中；
- 用水进行冲洗（水质符合第 4 节的要求），去除松弛的积垢和洗涤剂残留物；
- 干洗或其他适合的方法去除和收集残留物和碎屑；
- 必要时进行消毒。

6.2 清洁计划

制订的清洁和消毒计划应能保证工厂的所有地方和设施都得到适当的清洁，当然也包括对清洁设备本身的清洁。

对清洁和消毒计划的适宜性和有效性应进行持续、有效的监控，必要时可记录在案。

在制订清洁计划时，应对以下几点加以明确：

- 要进行清洁的区域、设备和器具；
- 清洁任务的责任人；
- 清洗的方法和频率；
- 清洁效果的检查安排。

根据实际情况，制订清洁计划时，可向有关专家进行咨询。

6.3 害虫控制体系

6.3.1 总体要求

害虫对食品的安全性、适宜性构成严重的威胁。害虫的侵扰可能出现在滋生地和有食物的地方。因此，采用良好的卫生操作规范可以避免产生有利于害虫滋生的环境。良好的卫生环境，严格的进货检验，完善的监控措施，可以将害虫对食品产生污染的可能性降至最低，从而减少杀虫剂的使用。

6.3.2 防止害虫的进入

建筑物应保持在良好的维护状态和条件下，以防止害虫的进入，并消除在其潜在的滋生地。洞孔、下水道等害虫可能进入的地方要加以密封。铁丝网屏障，如窗、门、通风口的网屏等，可以减少害虫的侵入。此外，还要尽可能地避免动物进入厂区和食品加工厂内。

6.3.3 栖身和出没

食物和水分有利于害虫的滋生和出没。潜在的食物源应该存放在防虫的容器中，还应离地隔墙存放。食品工厂的内外都应保持清洁。而废料应该存放在有盖、防虫的容器里。

6.3.4 监控和检查

对工厂及其周围环境应定期进行检查，以消除隐患。

6.3.5 根除

一旦发现害虫的出没应立即采取措施予以处理，但应注意不要对食品的安全性和适宜性构成危害，在此前提下，可采用的化学、物理或生物药品的方法根除害虫。

6.4 废弃物的管理

对废弃物的清除和存放应有适当的管理措施。废弃物不允许堆积在食品处理、存放以及其他工作区域及其周围，除非是不得已的情况，否则应离工作区越远越好。

废弃物的存放区也应保持清洁卫生。

6.5 监控的有效性

应对卫生体系的有效性进行监控，定期对工作前的检查进行审核，或在适当时，对环境和食品接触面进行微生物抽样检查等来定期核实情况，并对其进行定期复查和修改，使之适应情况的发展变化。

7. 工厂：个人卫生

目的：通过以下方法，保证直接或间接接触食品的人员不会污染食品：

- 保持良好的个人卫生；
- 良好的卫生习惯和适当的工作方式。

理由：不能保持良好的个人卫生、患有某种疾病或身体不适、卫生习惯不好的操作人员都可能会污染食品，或将疾病传染给食品消费者。

7.1 健康状况

被查明或被怀疑患有某种疾病的人员或某种病原菌的携带者，或某种疾病可以通过食品传染给其他人，只要认为这些人员可能会对食品构成威胁，就应禁止他们进入食品加工区。任何患有疾病的人都应及时向管理人员汇报病情和疾病的症状。

如果食品操作人员出现临床性或流行病情疾病症状时，就应进行体检。

7.2 疾病和受伤

工作人员的疾病或受伤情况应向管理人员报告，以便及时进行身体检查或者考虑将其调离与食品处理有关的岗位：

- 黄疸；
- 腹泻；
- 呕吐；
- 发烧；
- 带发烧的喉痛；
- 明显受感染的皮肤损伤（烫伤、割伤等）；
- 耳朵、眼睛或鼻子中有流出物。

7.3 个人清洁

食品操作者应该保持良好的个人清洁卫生，在适当的场合，要穿戴防护性工作服、帽子及鞋子。患有割伤、碰伤的工作的人员，如允许他们继续工作，则应将伤口处用防水性材料进行包扎。

当个人的清洁可能影响到食品安全性时，操作人员通常要洗手，如：

- 在开始进行食品加工前；

- 去洗手间后；
- 处理食品原料或其他任何被污染的材料之后，如果不及时清洗将会污染其他食品；一般情况下，应避免他们再去处理即食食品。

7.4 个人行为举止

从事食品加工操作的人员应克制那些可能导致食品污染的行为，如：

- 抽烟；
- 吐痰；
- 咀嚼或吃东西；
- 在未加保护的食品上打喷嚏或咳嗽。

个人佩戴的物品如首饰、手表、饰针或其他类似物品不准佩戴或带入食品加工场所，只要它们可能对食品的安全性和适宜性带来危害。

7.5 外来人员

进入食品制造、加工和处理场所的参观人员，在适当的情况下，应该穿防护性服装并遵守本节中提到的其他个人卫生的要求。

8．运输

目的：必要时，应采取措施以达到如下目的：

- 保护食品不受潜在污染源的危害；
- 保护食品不受损害，受损害的食品可能已不适于食用；
- 为食品提供一个良好的环境，在这种环境下，可以有效控制致病菌或腐败性微生物的生长以及毒素的产生。

理由：为防止食品在运输过程中变成被污染的产品，或者到达目的地之后，食品已不适合食用，因此，就应在运输过程中采取有效的措施，甚至在食物链的前期采取适当的卫生控制措施。

8.1 概述

在运输过程中，对食品应加以充分保护。对运输工具或容器的要求取决于食品的性质及其运输的条件。

8.2 要求

必要时，运输工具和集装箱的设计与制造应达到以下要求：

- 不会对食品和包装造成污染；
- 可以进行有效地清洁，必要时可进行消毒；
- 在运输过程中，必要时，应将不同食品类或将食品与非食品类物质有效地分开；
- 采用有效的保护措施避免食品受到污染，包括灰尘及烟雾；
- 能有效地保持食品的温度、湿度、空气环境及其他必要条件，以避免食品中的有害的或不利的微生物的繁殖和腐败变质，否则可能造成食品不适于食用；

- 可以对食品的温度、湿度及其他必要条件进行检查。

8.3 使用和维护

运输食品所用的交通工具及容器都要保持在良好的清洁、维护和工作状态。当使用同一的运输工具和容器来运输不同种类的食品或非食品时，在装前应对其进行彻底地清洁，必要时还应进行消毒。

在某些情况下，尤其是散装运输时，运输容器和运输工具指定和标明"仅限食品使用"，而且只能按指定的用途来使用。

9. 产品信息和消费者意识

目的：产品应标注适当的信息以确保：

- 为食物链中的下一个操作者提供充分的、易于理解的产品信息，以使他们能够安全、正确地对食品进行处理、储藏、加工、制作和陈列；
- 必要时，产品批号容易被识别和召回。

消费者对食品卫生知识有足够的了解，以保证消费者：

- 认识到产品信息的重要性；
- 作出个人的适当选择；
- 正确地存放、处理、使用食品，防止食品污染和食品致病菌的生长和繁殖。

为食品企业和食品贸易商提供的产品信息应与提供给一般消费者的信息有明显的区别，尤其是在产品标签上。

理由：缺乏产品信息和一般的食品卫生知识将导致产品在食物链的后续环境中出现处理不当的情况。即使在食物链的前期已采用了适当的卫生控制措施，但由于这些处理不当，仍有可能造成产品不适合消费者食用和食源性疾病的发生。

9.1 批次识别

批次识别对产品回收是相当重要的，同时也有助于产品库存的周转。每个食品包装容器都必须有永久性的标识，以便于辨别产品的生产厂家和批次。它们应符合食品法典委员会制定的《包装食品标签的通用标准》（Codex Stan 1—1985）。

9.2 产品信息

所有的食品都应提供必要的产品信息给食物链的下一个加工或经营者，以使他们能够安全、正确地对食品进行加工处理、展示、储藏和制作。

9.3 产品标识

包装食品的标签应该有清楚的产品使用说明书，使食物链中下一环节的人们能够正确地对食品进行加工处理、展示、储藏、制作和使用。产品标签应符合食品法典委员会制定的《包装食品标签的通用标准》（Codex Stan 1—1985）的要求。

9.4 对消费者的教育

健康教育计划应包括基本的食品卫生常识。这样的教育计划应能使消费者认识到各类产品信息的重要性，并能按照产品说明书的要求正确的食用和使用食品，或者作出其他明智的选择。消费者尤其应了解与产品有关的温度/时间的控制与食源性疾病之间的关系。

10．培训

目的：对于从事食品生产与经营，所有涉及直接或间接与食品接触的人，都应接受食品卫生知识的培训和指导，以使他们能够胜任自己的岗位。

理由：对任何食品卫生体系来说，培训都是十分重要的。

如果没有食品活动的有关人员进行适当的卫生培训、指导和监督，都可能对食品的安全性和适宜性构成威胁。

10.1 意识和责任

食品卫生的培训是十分重要的，每个人应认识到自己在防止食品污染和变质中的责任和作用。食品操作者应该具备有必要的知识和技能，以保证食品的加工处理符合卫生要求。对那些使用烈性化学清洁剂或其他具有潜在危害的化学品的人员，还应在安全操作技术方面加以指导。

10.2 培训计划

在评估培训要达到的水平时，应考虑的因素包括：

- 食品的性质，尤其是致病菌和腐败菌的繁殖生长能力；
- 食品处理和包装的方法，包括被污染的可能性；
- 加工的程度与性质或最终食用前还需进一步处理；
- 食品的储藏条件；
- 食品的保质期限。

10.3 指导和监督

定期评估培训和指导计划的有效性，而且还应做好日常的监督和检查工作，以保证卫生程序得到有效地贯彻和执行。

食品加工厂的管理人员和监督人员应具有食品卫生原理的操作规范的知识，能对工作中的潜在危害作出正确的判断，并采取有效的措施对工作中的不足进行改进。

10.4 培训的回顾

应对培训计划进行定期评估，必要时，对其进行修订。培训制度应保证让食品操作人员都知道：为保证食品的安全性与适宜性，应执行卫生操作程序。